高新技能型紧缺人才培养系列教材·模具专业

数控机床及操作

袁名伟　王明川　谭　斌　主　编
　　　　吴立国　魏骏喆　副主编

北京航空航天大学出版社

内 容 简 介

本书共9章,包括:绪论、数控加工工艺、数字控制原理、数控机床的伺服系统、数控机床的结构、数控机床及编程、数控机床的操作与加工、加工中心的编程、加工中心的操作与加工等内容。

本书全面系统地介绍了数控机床的原理、结构和加工特点,加工工艺,数控编程的基础知识,数控车和数控加工中心的操作与加工实例;突出实用性、应用性、综合性和先进性;可操作性强,形式新颖,内容翔实而精辟,便于更好地培养具有较强数控编程、数控加工工艺和操作技能的专门人才。

书中内容适用于高等职业院校机械类专业大学生数控技术理论的学习。

图书在版编目(CIP)数据

数控机床及操作/袁名伟,王明川,谭斌主编. -- 北京:
北京航空航天大学出版社,2010.7
ISBN 978-7-5124-0152-5

Ⅰ.①数… Ⅱ.①袁… ②王… ③谭… Ⅲ.①数控机床—程序设计②数控机床—操作 Ⅳ.①TG659

中国版本图书馆 CIP 数据核字(2010)第 135741 号

数控机床及操作

袁名伟 王明川 谭 斌 主 编
吴立国 魏骏喆 副主编
责任编辑 金友泉

*

北京航空航天大学出版社出版发行
北京市海淀区学院路 37 号(邮编 100191) http://www.buaapress.com.cn
发行部电话:(010)82317024 传真:(010)82328026
读者信箱:bhpress@263.net 邮购电话:(010)82316936
涿州市新华印刷有限公司印装 各地书店经销

*

开本:787 mm×1 092 mm 1/16 印张:16.75 字数:429 千字
2010 年 7 月第 1 版 2010 年 7 月第 1 次印刷 印数:4 000 册
ISBN 978-7-5124-0152-5 定价:30.00 元

前　言

本书由天津工程师范学院组织编写。它是多年从事数控技术教学和实训的经验总结，是根据高职高专教育机电类专业人才培养目标及规格的要求编写的，适用于高等职业院校机械类专业大学生数控技术理论的教学。在编写本书的过程中，遵从"理论联系实际，管用够用，培养技能，重在应用"的编写原则，从高等职业技术院校的实际出发，以培养大学生综合技术应用能力为目的，为加深对现代制造技术理论的理解和全面掌握机械加工技术打下良好的基础。

本书的内容特点是实践操作性、系统性、综合性强。为适应高等职业教育对人才的需求，对课程体系进行了整体优化，对传统的教学内容进行了调整、合并，适当降低难度和深度，拓宽知识面。为加强职业能力需要的新技术、新知识，将必要的知识支撑点融于能力培养的过程中，注重实践教学，注重知识的综合应用，将数控加工工艺和编程有机结合起来，达到满意的教学效果。

本书所涉及的内容主要是数控机床的结构特点、数字控制原理、数控编程、数控工艺和加工操作，目的明确，层次清晰。

全书由袁名伟、谭斌、王明川组织和统稿。参加编写的有天津职业技术师范大学的袁名伟、谭斌、赵巍、吴立国、方沂、王金城、张永丹、陈晓曦、谭积明、贺琼义、袁国强、何平、徐国胜和河北工业大学的王明川、魏骏喆等教师。这些教师大多数都参加过全国技能大赛并取得过优异成绩，多名教师荣获"全国技术能手"、"突出贡献技师"或是享受国务院政府特殊津贴专家等称号，并评聘为高级技师。他们从事机械加工技术实践与教学多年，多次组织和裁判过国家级大赛，担任过裁判长和教练，实践经验十分丰富。天津职业技术师范大学阎兵教授认真审阅了全书，并提出了许多的宝贵意见和建议，在此谨致谢意。

本书在编写过程中，还得到了天津职业技术师范大学校长孟庆国教授和王健民教授、张兴会教授、方沂教授、阎兵教授和工程实训中心主任张玉洲的关心和大力支持，在此特向他们表示感谢。

由于编者的水平有限，书中难免存在一些缺点，恳请读者批评指正。

编　者

2009 年 10 月

目 录

第1章 绪 论 ··· 1
  1.1 数控机床的产生 ··· 1
  1.2 数控机床的基本概念 ·· 1
  1.3 数控机床的特点 ··· 2
  1.4 数控机床的使用特点 ·· 3
  1.5 数控机床的主要性能指标 ·· 3
  1.6 数控机床的发展趋势 ·· 4
  1.7 机械制造系统的发展 ·· 5
  1.8 STEP ··· 9

第2章 数控加工工艺 ·· 11
  2.1 数控车削工艺概述 ·· 11
    2.1.1 加工准备和装夹工艺 ··· 12
    2.1.2 切削液 ·· 15
    2.1.3 工件的定位方法和定位基准 ·· 15
  2.2 加工工序的安排和典型数控车零件的加工工艺分析 ··················· 16
    2.2.1 毛坯的选择 ·· 16
    2.2.2 确定加工用量 ··· 16
    2.2.3 工序的安排 ·· 18
    2.2.4 典型数控车削零件的加工工艺分析 ································· 22
  2.3 数控车削刀具与工件旋转中心不等高造成的几何误差分析 ·········· 27
    2.3.1 切削刃与工件旋转中心不等高对加工外圆的影响 ··············· 27
    2.3.2 切削刃与工件旋转中心不等高对加工圆锥工件的误差分析 ··· 28
    2.3.3 切削刃与工件旋转中心不等高对加工圆弧工件的误差分析 ··· 29
    2.3.4 高度差的消除方法 ··· 29
  2.4 数控铣削加工工艺 ·· 30
    2.4.1 工艺的设计 ·· 30
    2.4.2 定位基准与夹紧方式的确定 ··· 32
    2.4.3 换刀点位置的确定 ··· 33
    2.4.4 确定走刀路线 ··· 34
    2.4.5 刀具的选择 ·· 36
    2.4.6 确定合理的切削用量 ·· 37

2.5 数控机床的精度检测与维护 ……………………………………………………… 37
2.5.1 数控机床精度检测 …………………………………………………………… 37
2.5.2 数控机床预防性维护 ………………………………………………………… 38
2.5.3 数控机床的故障诊断及常规处理 …………………………………………… 40
2.6 数控铣削工件的加工 …………………………………………………………… 43
2.6.1 数控加工工件方式 …………………………………………………………… 43
2.6.2 加工工件操作过程 …………………………………………………………… 43
2.7 零件的检测 ……………………………………………………………………… 47
2.7.1 离线检测使用的测量仪器及使用方法 ……………………………………… 47
2.7.2 加工中心的在线检测 ………………………………………………………… 53
2.8 工艺及检测方案确定原则 ……………………………………………………… 58
2.8.1 测量基准与定位方式选择 …………………………………………………… 58
2.8.2 正确选择测量工具 …………………………………………………………… 59
2.8.3 形位精度的测量 ……………………………………………………………… 60
2.8.4 表面粗糙度的检测 …………………………………………………………… 61

第3章 数字控制原理 ……………………………………………………………… 63

3.1 数字控制系统 …………………………………………………………………… 63
3.1.1 数控机床控制基础 …………………………………………………………… 63
3.1.2 CNC 系统的工作原理 ………………………………………………………… 65
3.1.3 CNC 装置的硬件结构 ………………………………………………………… 66
3.1.4 CNC 的装置软件 ……………………………………………………………… 68
3.1.5 CNC 的装置功能 ……………………………………………………………… 68
3.1.6 CNC 装置的特点 ……………………………………………………………… 70
3.2 数控插补原理 …………………………………………………………………… 71
3.2.1 插补概述 ……………………………………………………………………… 71
3.2.2 逐点比较法插补 ……………………………………………………………… 73
3.2.3 加减速控制 …………………………………………………………………… 78
3.3 刀具补偿原理 …………………………………………………………………… 78
3.3.1 刀具长度补偿 ………………………………………………………………… 79
3.3.2 刀具半径补偿 ………………………………………………………………… 80

第4章 数控机床的伺服系统 ……………………………………………………… 83

4.1 概 述 …………………………………………………………………………… 83
4.1.1 伺服系统及数控机床对其要求 ……………………………………………… 83
4.1.2 伺服系统的类型 ……………………………………………………………… 84
4.2 常用驱动元件 …………………………………………………………………… 85
4.2.1 步进电机 ……………………………………………………………………… 85

4.2.2　直流伺服电机 ……………………………………………………… 88
　　　4.2.3　交流伺服电机 ……………………………………………………… 90
　4.3　伺服系统中的检测元件 ……………………………………………………… 91
　　　4.3.1　测速发电机 …………………………………………………………… 91
　　　4.3.2　编码盘与光电盘 ……………………………………………………… 91
　　　4.3.3　旋转变压器 …………………………………………………………… 92
　　　4.3.4　感应同步器 …………………………………………………………… 93
　　　4.3.5　光　栅 ………………………………………………………………… 94
　　　4.3.6　磁　尺 ………………………………………………………………… 95

第5章　数控机床的结构 …………………………………………………………… 97

　5.1　数控机床对结构的要求 ……………………………………………………… 97
　　　5.1.1　数控机床自身特点对其结构的影响 ………………………………… 97
　　　5.1.2　数控机床对结构的要求 ……………………………………………… 98
　5.2　数控机床的布局特点 ………………………………………………………… 100
　　　5.2.1　数控车床的布局结构特点 …………………………………………… 100
　　　5.2.2　加工中心的布局结构特点 …………………………………………… 101
　5.3　数控机床的主传动系统 ……………………………………………………… 103
　　　5.3.1　主传动变速（主传动链） ……………………………………………… 103
　　　5.3.2　主轴（部件）结构 ……………………………………………………… 104
　5.4　数控机床进给传动 …………………………………………………………… 106
　　　5.4.1　进给运动 ……………………………………………………………… 106
　　　5.4.2　滚珠丝杠螺母副 ……………………………………………………… 107
　　　5.4.3　数控机床进给系统的间隙消除 ……………………………………… 108
　　　5.4.4　回转坐标进给系统 …………………………………………………… 110
　　　5.4.5　导　轨 ………………………………………………………………… 111
　5.5　其他装置 ……………………………………………………………………… 112
　　　5.5.1　刀具系统 ……………………………………………………………… 112
　　　5.5.2　排屑装置 ……………………………………………………………… 113

第6章　数控车床及编程 …………………………………………………………… 114

　6.1　数控车床概述 ………………………………………………………………… 114
　　　6.1.1　数控车床的基本构成 ………………………………………………… 114
　　　6.1.2　数控车床的周边机器和装置 ………………………………………… 117
　　　6.1.3　数控车床的分类 ……………………………………………………… 118
　　　6.1.4　数控车床的加工特点 ………………………………………………… 118
　6.2　数控车床编程知识 …………………………………………………………… 119
　　　6.2.1　数控车床的坐标系和运动方向 ……………………………………… 119

6.2.2 数控车床手工编程的方法 ················· 121
6.2.3 数控车床常用各种指令 ·················· 124

第7章 数控车床的操作与加工 ·················· 150

7.1 数控车床的操作方法 ······················ 150
    7.1.1 操作面板 ························· 150
    7.1.2 机床按钮及功能介绍 ·················· 152
    7.1.3 操作步骤 ························· 159
7.2 数控车床编程实例 ························ 167
7.3 数控车床的维护与保养 ···················· 184
    7.3.1 数控机床主要的日常维护与保养工作内容 ······ 185
    7.3.2 数控车床维护与保养一览表 ·············· 188

第8章 加工中心的编程 ······················· 189

8.1 加工中心简介 ··························· 189
    8.1.1 概 述 ··························· 189
    8.1.2 工艺特点 ························· 189
8.2 加工中心的辅具及辅助设备 ················· 191
    8.2.1 刀 柄 ··························· 191
    8.2.2 刀具系统 ························· 193
    8.2.3 常用工具 ························· 195
    8.2.4 辅助轴 ··························· 196
    8.2.5 夹具系统 ························· 197
8.3 加工中心程序的编制 ······················ 198
    8.3.1 简单程序编制 ······················ 198
    8.3.2 刀具半径补偿 ······················ 200
    8.3.3 子程序 ··························· 205
    8.3.4 固定循环 ························· 208
    8.3.5 镜像指令 ························· 210
    8.3.6 自动回归原点 G28 ··················· 211
    8.3.7 局部坐标系 G52 ···················· 212
    8.3.8 设定工件坐标系 G92 ················· 212
    8.3.9 刀具长度补偿 ······················ 213
8.4 宏程序编制 ····························· 215
    8.4.1 概 述 ··························· 215
    8.4.2 变量 ···························· 217
    8.4.3 运算指令 ························· 220
    8.4.4 控制指令 ························· 221

  8.4.5 宏程序体编制 ……………………………………………………… 221

第9章 加工中心的操作与加工 ………………………………………………… 224
9.1 数控系统面板的基本操作 ……………………………………………… 224
  9.1.1 概　述 ……………………………………………………………… 224
  9.1.2 MDI 面板 …………………………………………………………… 225
  9.1.3 功能键和软键 ……………………………………………………… 227
9.2 机床操作面板的基本操作 ……………………………………………… 238
  9.2.1 概　述 ……………………………………………………………… 238
  9.2.2 机床操作面板上各按钮的说明 …………………………………… 238
  9.2.3 乔福加工中心的部分常用操作 …………………………………… 242
9.3 加工中心的编程实例 …………………………………………………… 246
  9.3.1 训练要点 …………………………………………………………… 246
  9.3.2 零件的工艺安排 …………………………………………………… 247
9.4 加工中心的维护 ………………………………………………………… 255

参考文献 …………………………………………………………………………… 258

第1章 绪 论

1.1 数控机床的产生

数控机床的诞生是内在动力、外部条件共同作用的结果。

内在动力:零件加工的复杂程度迫切需要一种精度高、柔性好的加工设备。

随着科学技术和社会生产的迅速发展,机械产品日趋复杂,社会对机械产品的质量和生产效率提出了越来越高的要求。尤其是在航空航天、造船、军工和计算机等工业中,零件精度高,形状复杂,批量小,品种多,加工困难,劳动强度大,传统的机械加工方法已难以保证质量、难以保证零件的同一性。为解决这一系列的问题,数控机床应运而生。

外在的技术基础:电子技术、计算机技术、控制技术的发展。

1948年美国空军部门为制造飞机的复杂零件,提供了设备研制经费,由Parsons公司与MIT(麻省理工学院 MIT,Massachusettes Institute of Technology)合作研究四年,于1952年,研制成功了世界上第一台数控机(铣)床。该台数控机床用来加工直升机叶片轮廓检查用样板,用以直线插补。尔后立即生产100台交付军工使用。这一成果显示了社会需求、科技水平、人员素质三者的结晶;在技术上则显示出机电一体化机床在控制方面的巨大创新。

数控机床为多品种、单件、小批量生产的精密复杂零件提供了自动化加工手段。随着数控机床的普及,数控机床的适用范围也愈来愈广泛,对一些形状不太复杂而重复工作量很大的零件,如印刷电路板的钻孔加工等,由于数控机床生产效率高,也已大量使用。另外,需要频繁改型的零件,由于价格昂贵、不允许报废的零件和需要生产周期最短的急需零件则也要用数控机床来加工,以提高效率。

1.2 数控机床的基本概念

需要指出的是,数控机床虽然在国外早已改称为计算机数控,即 CNC,computer-numerical control),而我国仍习惯称数控(NC)。所以人们日常讲的"数控",实质上已是指"计算机数控"。

数字控制技术简称数控(NC,numerical control)是一种采用数字化信息实现加工自动化的控制技术。

NC机床:用数字化信号对机床的运动及其加工过程进行控制的机床。

CNC机床:采用微处理器或专用微机作为数控系统,由系统程序来实现对机床的运动及其加工过程进行控制的机床。

数控机床是将加工过程所需的各种操作(如主轴变速、松夹刀具、进刀退刀、自动关停冷却液、程序的启停等)、步骤和工件的形状尺寸用数字化代码表示,然后通过控制介质(磁盘、串口、网络)送入数控装置,并对输入的信息进行处理与运算,发出相应的控制信号,控制机床的伺服系统或其他驱动元件,使机床自动加工出所需要的工件。

1.3　数控机床的特点

1. 适应性强,具有高柔性

适应性即所谓的柔性,是指数控机床随生产对象变化而变化的适应能力。在数控机床上改变加工零件时,只需重新编制程序,输入新的程序后就能实现对新的零件的加工;而不需改变机械部分和控制部分的硬件,且生产过程是自动完成的。这就为复杂结构零件的单件、小批量生产以及试制新产品提供了极大的方便。适应性强是数控机床最突出的优点,也是数控机床得以生产和迅速发展的主要原因。

2. 加工精度高,产品质量稳定

数控机床是按数字形式给出的指令进行加工的,一般情况下工作过程不需要人工干预,这就消除了由操作者人为产生的误差。在设计制造数控机床时,由于采取了许多措施,使数控机床的机械部分达到了较高的精度和刚度。数控机床工作台的移动当量普遍达到了 0.01～0.0001 mm,而且进给传动链的反向间隙与丝杠螺距误差等均可由数控装置进行补偿,高档数控机床采用光栅尺进行工作台移动的闭环控制。数控机床的加工精度由过去的±0.01 mm 提高到±0.005 mm 甚至更高。定位精度于 20 世纪 90 年代初中期已达到±(0.002～0.005) mm。此外,数控机床的传动系统与机床结构都具有很高的刚度和热稳定性。通过补偿技术,数控机床可获得比本身精度更高的加工精度。尤其提高了同一批零件生产的一致性,产品合格率高,加工质量稳定。

3. 自动化程度高,劳动强度低(改善劳动条件)

数控机床加工前经调整好后,输入程序并启动,机床就能自动连续地进行加工,直至加工结束。操作者主要是进行程序的输入、编辑,装卸零件、刀具准备、加工状态的观测和零件的检验等工作,致使人工劳动强度极大降低,劳动趋于智力化。另外,机床一般是封闭式加工,既清洁、又安全。

4. 生产效率高,减少辅助时间和机动时间

零件加工所需的时间主要包括机动时间和辅助时间两部分。数控机床主轴的转速和进给量的变化范围比普通机床大,因此数控机床每一道工序都可选用最有利的切削用量。由于数控机床结构刚性好,因此允许进行大切削用量的强力切削,这就提高了数控机床的切削效率,节省了机动时间。数控机床的移动部件有空行程运动速度快,工件装夹时间短,刀具可自动更换,辅助时间比一般机床大为减少。

数控机床更换被加工零件时几乎不需要重新调整机床,节省了零件安装调整时间。数控机床加工质量稳定,一般只做首检验和工序间关键尺寸的抽样检验,因此节省了停机检验时间。在中心机床上加工时,一台机床实现了多道工序的连续加工,生产效率的提高更为显著。

5. 良好的经济效益

数控机床虽然设备昂贵,加工时分配到每个零件上的设备折旧费较高。但在单件、小批量生产的情况下,使用数控机床加工可节省画线工时,减少调整、加工和检验时间,节省直接生产费用。数控机床加工零件一般不需制作专用夹具,节省了工艺装备费用。数控机床加工精度稳定,减少了废品率,使生产成本进一步下降。此外,数控机床可实现一机多用,节省厂房面积和建厂投资。因此使用数控机床可获得良好的经济效益。

6. 有利于生产管理的现代化

数控机床使用数字信息与标准代码处理和传递信息,特别是在数控机床上使用计算机控制,为计算机辅助设计、制造以及管理一体化奠定了基础。

1.4 数控机床的使用特点

1. 数控机床对操作维修人员的要求

数控机床采用计算机控制,驱动系统具有较高的技术复杂性,机械部分的精度要求也比较高。因此,要求数控机床的操作、维修及管理人员具有较高的文化水平和综合技术素质。

数控机床的加工是根据程序进行的,零件形状简单时可采用手工编制程序。当零件形状比较复杂时,编程工作量大,手工编程较困难且往往容易出错,因此必须采用计算机自动编程。数控机床的操作人员除了应具有一定的工艺知识和普通机床的操作经验之外,还应对数控机床的结构特点、工作原理非常了解,具有熟练操作计算机的能力,须在程序编制方面进行专门的培训,考核合格才能上机操作。

正确的维护和有效的维修也是在使用数控机床中的一个重要问题。数控机床的维修人员应有较高的理论知识和维修技术,要了解数控机床的机械结构,懂得数控机床的电气原理及电子电路,还应有比较宽的机、电、气、液专业知识,这样才能综合分析、判断故障的根源,正确地进行维修,保证数控机床的良好运行状况。因此,数控机床维修人员和操作人员一样,必须进行专门的培训。

2. 数控机床对夹具和刀具的要求

数控机床对夹具的要求比较简单,单件生产时一般采用通用夹具。当批量生产时,为了节省加工工时,应使用专用夹具。数控机床的夹具应定位可靠,可自动夹紧或松开工件。夹具还应具有良好的排屑、冷却性能。

数控机床的刀具应该具有以下特点:
① 具有较高的精度、耐用度,几何尺寸稳定、变化小。
② 刀具能实现机外预调和快速换刀,加工高精度孔时要经试切削确定其尺寸。
③ 刀具的柄部应满足柄部标准的规定。
④ 很好地控制切屑的折断和排出。
⑤ 具有良好的可冷却性能。

1.5 数控机床的主要性能指标

1. 规格指标

指数控机床的基本能力指标,主要包括:
(1) 行程范围:$X-762$ mm;$Y-406$ mm;$Z-508$ mm;
(2) 工作台面尺寸:914 mm$\times 356$ mm;
(3) 承载能力:680 kg;
(4) 刀库　刀库容量、刀柄锥度号和换刀时间等;
(5) 控制轴数和联动轴数:
控制轴数　机床数控装置能够控制的进给轴数目;

联动轴数　数控装置同时控制的进给轴数目有 2 轴、2.5 轴、3 轴、4 轴和 5 轴控制等。其中：

2.5 轴联动　两个轴是同时、连续控制,而第三轴是间歇控制；

3 轴联动　三个坐标轴 $X、Y、Z$ 是同时插补,是三维连续控制；

5 轴联动　三个坐标轴 $X、Y、Z$,与工作台的回转、刀具的摆动同时联动(或是与两轴的数控转台联动,或刀具做两个方向的摆动)。

2. 精度指标

① 定位精度：机床移动部件沿某一坐标轴运动时实际值与给定值的接近程度(± 0.0051 mm)。

② 重复定位精度：同一台数控机床上应用相同程序、相同代码加工一批零件所得到结果的一致性(± 0.0025 mm)。

③ 分度精度：分度工作台在分度时指令要求回转的角度值和实际回转的角度值的差值。

3. 性能指标

① 最大主轴转速：主轴所能达到的最高转速,是影响零件表面加工质量、生产效率和刀具寿命的主要因素(12 000 r/s)。

② 主轴的最大转矩、最大额定功率。

③ 最高快移速度：指进给轴在非加工状态下的最高移动速度(35.6 m/min)。

④ 最高进给速度：指进给轴在加工状态下的最高移动速度(21.2 m/min)。

⑤ 各进给电机的最大额定功率和最大额定推力(3.73 kW, 8 874 N)。

性能指标给出的数值来源于 HAAS 超高速立式加工中心。

1.6　数控机床的发展趋势

1. 继续向开放式、基于 PC 的第六代方向发展

基于 PC 所具有的开放性、低成本、高可靠性和软硬件资源丰富等特点,更多的数控系统生产厂家会走上这条道路。至少采用 PC 机作为它的前端机,来处理人机界面、编程、联网通信等问题,由原有的系统承担数控的任务。PC 机所具有的友好的人机界面,将普及到所有的数控系统。PC 机的远程通信、远程诊断和维修将更加普遍。

2. 向高速化和高精度化发展

这是适应机床向高速和高精度方向发展的需要。目前世界机床精度在迅速提高,并向纳米级进军。日本掀起了发展纳米技术的热潮。世界加工中心定位精度已普遍超过 ± 5 μm,有的达 ± 3 μm、± 2 μm、± 1 μm,而中国的同类产品精度定位却在 ± 8 μm 以下。机床精度的提高,依靠的是高素质的人才和高精度的设备。我们应该树立自信心,迎头赶上。

(1) 机械方面

- 机床主轴要高速化：目前高速铣削,其电主轴最高转速达 10^5 r/min。
- 提高主轴和机床机械结构的动、静态刚度,提高机床的稳定性。
- 采用能承受高速的机械零件,如陶瓷球轴承等。
- 缩短自动换刀和自动交换工作台时间,目前的数控车床刀架的转位时间达 0.4~0.6 s,加工中心自动换刀时间达 3 s,最快达 1 s 以内。自动交换工作台时间可达 6~10 s,个别可达到 2.5 s。

(2) 数控系统方面

- CPU 由 16 位发展到 32 位再到 64 位。

- 主机频率由 5 MHz 提高到 20~33 MHz。
- 插补器专用芯片以提高插补速度。
- 多 CPU 系统,提高控制速度。

(3) 伺服系统方面
- 采用数字伺服系统。
- 采用现代控制理论提高跟随精度。
- 采用高分辨率的位置编码器。
- 1993 年后逐步推广用直线电动机直接驱动的新技术,使加工中心的快移速度比用滚珠丝杠副驱动时又提高了一倍。
- 数控系统能实现多种补偿功能,提高数控机床的加工精度和动态特性。数控系统的补偿功能主要用来补偿机械系统带来的误差。例如:直线度的补偿,采用丝杠导程误差补偿方法,丝杠、齿轮间隙补偿,热变形误差补偿,刀具长度和半径等补偿。

3. 向智能化方向发展

随着人工智能在计算机领域的不断渗透和发展,数控系统的智能化程度将不断提高。智能化技术包括:

① 应用自适应控制技术　数控系统能检测过程中的一些重要信息,并自动调整系统的有关参数,以达到改进系统运行状态的目的。

② 引入专家系统指导加工　将工人和专家的经验、加工的一般规律和特殊规律存入系统中,以工艺参数数据库为支撑,建立具有人工智能的专家系统。

③ 引入故障诊断专家系统。

④ 智能化数字伺服驱动装置。

可以通过自动识别负载而自动调整参数,使驱动系统获得最佳的运行。

4. 提高数控系统的可靠性
- 大规模集成电路;
- 超大规模集成电路;
- 专用芯片;
- 表面封装技术;
- 人工智能(AI)故障诊断系统。

CNC 系统如何与人工智能技术相结合,尚待发展。除了上述在故障诊断和编程方面的应用外,还有更大的领域留待我们去探索。

5. 具有更高的通信功能、网络化和远程故障诊断
- 直接数字控制系统 DNC,direct numerical control)系统。
- RS232 和 RS485 串口通信。
- MAP(制造自动化协议)接口,现在已实现 MAP3.0 版本。

1.7　机械制造系统的发展

随着数控机床自动化程度的不断提高,以数控机床为基础的自动化制造系统已成为各工业化国家机械制造自动化的研发重点。

1. 柔性制造的理解

"柔性"是相对于"刚性"而言的,传统的"刚性"自动化生产线主要实现单一品种的大批量生产。柔性制造的优点是:生产率很高;由于设备是固定的,所以设备利用率也很高,单件产品的成本很低。但生产线的价格相当昂贵,且只能加工一个或几个相类似的零件,难以应付多品种、中小批量的生产。随着批量生产时代正逐渐被适应市场动态变化的生产所替换,一个制造自动化系统的生存能力和竞争能力在很大程度上取决于它是否能在很短的开发周期内,生产出较低成本、较高质量的不同品种的能力。因此,柔性制造已占有相当重要的位置。

为什么能够实现柔性加工呢?因为柔性制造系统(FMS)的工艺基础是成组技术,它按照成组的加工对象确定工艺过程,选择相适应的数控加工设备和工件、工具等物料的储运系统,并由计算机进行控制,故能自动调整并实现一定范围内对多种工件的成批高效生产(即具有"柔性"),并能及时地改变产品以满足市场需求。

采用 FMS 的主要技术经济效果是:能按装配作业配套需要,及时安排所需零件的加工,实现及时生产,从而减少毛坯和在制品的库存量及相应的流动资金占用量,缩短生产周期;提高设备的利用率,减少设备数量和厂房面积;减少直接劳动力,在无人看管条件下可实现昼夜 24 h 的连续"无人化生产";提高产品质量的一致性。

2. 柔性制造的分类

(1) 柔性制造单元(FMC)

FMC(flexible manufacturing cell)是规模最小的 FMS,是 FMS 向廉价化及小型化方向发展的一种产物。FMC 可由一台或少数几台加工中心、工业机器人、数控机床及物料运送存储设备组成。FMC 具有独立且自动加工的功能,又部分具有自动传送和监控管理功能,可实现某些种类的多品种小批量的加工。有些 FMC 还可实现 24 h 无人运转。它适用于财力有限的中小型企业,目前国外众多厂家将 FMC 列为发展之重点。

(2) 柔性制造系统(FMS)

我国国家军用标准的定义是:"柔性制造系统是由数控加工设备、物料运储装置和计算机控制系统组成的自动化制造系统,它包括多个柔性制造单元,能根据制造任务或生产环境的变化迅速进行调整,适用于多品种、中小批量生产。"简单地说,FMS 是由若干数控设备、物料运储装置和计算机控制系统组成的并能根据制造任务和生产品种变化而迅速进行调整的自动化制造系统。目前常见的组成通常包括 4 台或更多台全自动数控机床(加工中心与车削中心等),由集中的控制系统及物料搬运系统连接起来,可在不停机的情况下实现多品种、中小批量的加工及管理。

(3) 柔性制造线(FML)

它是处于单一或少品种大批量非柔性自动线与中小批量多品种 FMS 之间的生产线。其加工设备可以是通用的加工中心、CNC 机床;亦可采用专用机床或 NC 专用机床。对物料搬运系统柔性的要求低于 FMS,但生产效率更高(多品种大批量的生产企业如汽车及拖拉机等工厂对 FML 的需求引起了 FMS 制造厂的极大关注,采用价格低廉的专用数控机床替代通用的加工中心将是 FML 的发展趋势)。它是以离散型生产中的柔性制造系统和连续生产型过程中的分散型控制系统(DCS)为代表,其特点是实现生产线柔性化及自动化,其技术已日臻成熟,迄今已进入实用化阶段。

(4) 柔性制造工厂(FMF)

FMF 是将多条 FMS 连接起来,配以自动化立体仓库,用计算机系统进行联系,采用从订货、设计、加工、装配、检验、运送至发货的完整 FMS。它包括了 CAD/CAM,并使计算机集成制造系统(CIMS)投入实际,实现生产系统柔性化及自动化,进而实现全厂范围的生产管理、产品加工及物料储运进程的全盘化。FMF 是自动化生产的最高水平,反映出世界上最先进的自动化应用技术,是实现 CIMS 的基础。

由单纯加工型 FMS 进一步开发以焊接、装配、检验及钣材加工乃至铸、锻等制造工序兼具的多种功能 FMS。

3. 柔性制造系统的组成

典型的柔性制造系统由数控加工系统、物料储运系统和信息控制系统组成。

(1) 数控加工系统

加工系统中的自动化加工设备通常由 5~10 台数控机床和加工中心组成。按照加工需要分为加工箱体类和板类零件 FMS,加工轴类和盘类零件 FMS。

(2) 物料储运系统

① 输送方式 机床与搬运系统的相互关系可分为直线型、循环型、网络型和单元型。加工工件品种少、柔性要求小的制造系统多采用直线布局,虽然加工顺序不能改变,但管理容易;单元型具有较大柔性,易于扩展,但调度作业的程序设计比较复杂。

② 输送设备 有输送带、有轨输送车、无轨输送车、堆装起重机、行走机器人和托盘等。对于较大的工件常利用托盘自动交换装置(简称 APC)来传送,也可采用在轨道上行走的机器人,同时完成工件的传送和装卸。磨损了的刀具可以逐个从刀库中取出更换,也可由备用的子刀库取代装满待换刀具的刀库。车床卡盘的卡爪、特种夹具和专用加工中心的主轴箱也可以自动更换。切屑运送和处理系统是保证 FMS 连续正常工作的必要条件,一般根据切屑的形状、排除量和处理要求来选择经济的结构方案。

③ 输送系统结构 一般情况下,单元内部使用的机器人、单元间是采用输送带。

④ 输送物料 输送物料有毛坯、工件、刀具、夹具、检具和切屑等;储存物料的方法有平面布置的托盘库,也有储存量较大的桁道式立体仓库。毛坯一般先由工人装入托盘上的夹具中,并储存在自动仓库中的特定区域内,然后由自动搬运系统根据物料管理计算机的指令送到指定的工位。固定轨道式台车和传送滚道适用于按工艺顺序排列设备的 FMS,自动引导台车搬送物料的顺序则与设备排列位置无关,具有较大灵活性。

(3) 信息控制系统

性能完善的软件是实现 FMS 功能的基础,除支持计算机工作的系统软件外,更多的是根据使用要求和用户经验所开发的专门应用软件。这些软件包括:

- 控制软件(控制机床、物料储运系统、检验装置和监视系统);
- 计划管理软件(调度管理、质量管理、库存管理和工装管理等);
- 数据管理软件(仿真、检索和各种数据库)等。

为保证 FMS 的连续自动运转,必须对刀具和切削过程进行监控。可能采用的方法有:测量机床主轴电动机输出的电流功率或主轴的扭矩;利用传感器拾取刀具破裂的信号;利用接触测头直接测量刀具的刀刃尺寸或工件加工面尺寸的变化;累积计算刀具的切削时间以进行刀具寿命管理。此外,还可利用接触测头来测量机床热变形和工件安装误差,并据此对其进行补偿。

4. 计算机集成制造系统（CIMS）

1974年，约瑟夫·哈林顿（Joseph Harrington）博士在《Computer Integrated Manufacturing》一书中首先指出了计算机集成制造的概念，即由计算机集成制造组成的系统称为计算机集成制造系统（CIMS）。计算机集成制造是组织现代化生产的一种哲理，是一种指导思想，计算机集成制造系统是这种哲理的实现。其核心内容是：利用计算机硬件、网络和数据库技术，将企业的经营、管理、计划、产品设计、加工制造、销售及服务等部门和人、财、物集成起来，以便能够高效率、高质量、高柔性地管理企业，提高企业的竞争力。它着重解决产品设计和经营管理中的系统信息集成，将信息技术、管理技术和制造技术相结合，缩短了产品开发、设计和制造周期，更好地适应了市场需求多样化的时代特征。

整个生产过程实质是一个数据的采集、传送和加工处理的过程。最终形成的产品可以看做是数据的物质表现。

CIMS 由 5 个分系统组成：

① 管理信息分系统（MIS） 支持生产计划和控制、销售、采购、仓储、财会等功能，用以处理生产任务方面的信息。

② 技术信息分系统（TIS） 产品设计与制造工程设计自动化系统（CAD）、计算机辅助工艺规程编制（CAPP）等子系统，用以支持产品的设计和工艺准备等功能，处理有关产品结构方面的信息。

③ 制造自动化分系统（MAS） 如各种不同自动化程度的制造系统，如 NC 机床、柔性制造系统（FMS）以及其他制造单元，用来实现信息对物流的控制和完成物流的转换。它是信息流和物流的结合部，用来支持企业的制造功能。

④ 计算机质量保证分系统（CAQ） 用来支持生产过程的质量管理和质量保证功能，不仅处理管理信息（如废品率），也处理技术信息（如测量产品性能等）。

⑤ 计算机网络和数据库系统　CIMS 就是用计算机通过信息集成实现现代化的生产制造，以求得企业的总体效益。

CIMS 功能示意图如图 1-1 所示，其中包括：

- 经营管理功能　使企业的经营决策科学化。
- 工程设计自动化　采用 CAD/CAPP/CAM 提高产品的研制、开发和生产能力。
- 加工制造自动化　采用 FMC、FMS 等先进技术提高制造质量和增加制造的柔性。
- 质量保证　管理和保证生产过程的质量，降低废品率，提高产品性能。

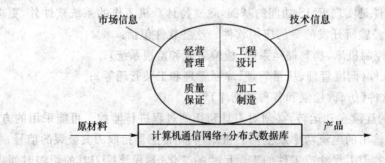

图 1-1　CIMS 的功能示意图

5. DNC 系统

DNC 是 direct numerical control 或 distributed numerical control 的简称,意为直接数字控制或分布数字控制。DNC 最早的含义是直接数字控制,其研究开始于 20 世纪 60 年代。它指的是将若干台数控设备直接连接到一台中央计算机上,由中央计算机负责 NC 程序的管理和传送。当时的研究目的主要是为了解决早期数控设备(NC)因使用纸带输入数控加工程序而引起的一系列问题和早期数控设备的高计算成本等问题。

20 世纪 70 年代以后,随着数控机床(CNC)技术的不断发展,数控系统的存储容量和计算速度都大为提高,DNC 的含义由简单的直接数字控制发展到分布式数字控制。它不但具有直接数字控制的所有功能,而且具有系统信息收集、系统状态监视以及系统控制等功能。

20 世纪 80 年代以后,随着计算机技术、通信技术和 CIMS 技术的发展,DNC 的内涵和功能不断扩大,与 20 世纪 60(70)年代的 DNC 相比已有很大区别,它开始着眼于车间的信息集成,针对车间的生产计划、技术准备、加工操作等基本作业进行集中监控与分散控制,把生产任务通过局域网分配给各个加工单元,并使之信息相互交换。而对物流等系统可以在条件成熟时再扩充,既适用于现有的生产环境,提高了生产率,又节省了成本。

构成 DNC 系统的主要组成部分有:中央计算机及外围存储设备、通信接口、机床及机床控制器。由计算机进行数据管理,从大容量的存储器中取回零件程序并把它传递给机床。然后在这两个方向上控制信息的流动,在多台计算机间分配信息,使各机床控制器能完成各自的操作,最后由计算机监视并处理机床反馈。其中解决计算机与数控机床之间的信息交换和互联,是 DNC 的核心问题。它与 FMS(柔性制造系统)的主要差别是没有自动化物流输送系统,因而成本低,容易实现。由于它可以通过计算机网络实现 NC(数控)程序的直接装载和灵活存储,因此能:

- 消除程序读入装置维护所需的费用;
- 减少程序输入的错误;
- 简化 NC 程序的管理;
- 便于进行生产调度和监控。

DNC 适用于数控机床数量大(一般为 4~6 台或更多)、NC 程序管理问题多的制造环境(NC 程序太长,数控机床的程序存储器不能容纳,或在加工过程中,需要频繁地更换程序等)。

1.8 STEP

随着现代化标准生产对 CNC 要求的不断提高,系统之间不兼容,编程困难,智能化程度低和难以实现系统集成或数据共享等诸多问题,由此大大限制了现代化生产以及数控技术本身的发展。同时,数控系统一直采用的 G、M 代码(ISO 6983),也限制了 CNC 系统的开放性和智能化的发展,这种面向运动和开关控制使得 CNC 与 CAX 技术之间形成了瓶颈,严重阻碍了机械制造业的发展。

这一问题早在上世纪末已引起制造业的关注,1997 年欧共体通过 OPTIMAL 计划开发了一种遵从 STEP 标准、面向对象的数据模型,重新定义了面向对象的数据模型,重新定义了面向铣削加工的编程界面,提出了 STEP-NC 的概念。随后 STEP-NC 成了世界工业化国家研究的热点,其中较具代表性的研究项目有欧洲的 STEP-NC 项目、美国的 Super Modal 项目和日本的 Digital Master 项目等。

　　STEP-NC 将产品数据转换标准 STEP 扩展至 CNC 领域，为 CNC 开放性和智能化提供了广阔的发展空间。STEP-NC 重新定义了 CAD/CAM 与 CNC 之间的接口，解决了 CNC 与 CAX 之间双向无缝连接的核心问题。它要求 CNC 系统直接使用符合 STEP 标准（ISO 10303）的 CAD 三维产品数据模型（包括几何数据、设计和制造特征）、工艺和刀具信息，直接产生加工程序来控制机床。

　　实现 STEP-NC 数据驱动机床完成加工，需要相关的 STEP-NC 应用软件来支持。STEP-NC 数据只记录产品生命周期全部的数据信息，具体完成对机床的每一步操作由系统的 STEP-NC 控制器来完成，这就是目前研究的前沿。

　　STEP-NC 对未来的自动化制造有着难以预料的深远影响。目前，STEP-NC 控制器的研究虽然尚处于起步阶段，但发展非常迅速，前景非常光明。这也是我国缩小差距、发展国产数控乃至全面提升我国自动化制造水平的一个绝佳的机会。

第 2 章 数控加工工艺

2.1 数控车削工艺概述

数控车床是目前使用最广泛的数控机床之一。数控车床主要用于加工轴类、盘状类等回转体零件。通过执行数控程序,可以自动完成内外圆柱面、成形表面、螺纹、端面等工序的切削加工,并能进行车槽、钻孔、扩孔、铰孔等工作。由于数控车床具有加工精度高、能作直线和圆弧插补及在加工过程中能自动变速等特点,因此其工艺范围要比普通车床宽得多,而数控车削中心和数控车铣中心可在一次装夹中完成更多的加工工序,更加提高了加工精度和生产率。

编写数控加工专用技术文件是数控加工工艺设计的内容之一。这些专用技术文件既是数控加工、产品验收的依据,也是需要操作者遵守、执行的规程;有的则是加工程序的具体说明或附加说明,目的是让操作者更加明确程序的内容,定位装夹方式和各个加工部位所选用的刀具及其他问题。

编制数控车工艺编制要点为:

① 根据工件的要求,合理选择毛坯种类和加工方法以提高材料利用率和生产率。

② 合理安排工序。同工序中的切槽和螺纹加工应在半精车之后和精车之前进行,精度高的孔加工应在精车外圆之后进行。

③ 选择工序余量应能消除以前工序的尺寸、热处理变形及本工序的装夹定位等误差。

④ 选择工件的装夹方法应尽可能在一次装夹中加工出多个加工表面,以避免两次装夹误差。

⑤ 加工顺序应符合车间机床布局。

⑥ 合理选用车削用量,以减少刀具磨损,抑制积屑瘤和鳞刺,防止自激振动;还可以细化工件表面粗糙度。

表 2-1 列出了材料加工方法、精度、粗糙度及适用范围。

表 2-1 车削精度及适用范围

加工方法	精 度	表面粗糙度 $Ra/\mu m$	适用范围
粗 车	IT 12~IT 13	6.3~12.5	
半精车	IT 9~IT 10	1.6~6.3	车削硬度低于 RC35 钢件的外圆内孔和端面
精车一	IT 6~IT 8	0.8~1.6	
精车二	IT 6~IT 8	0.2~0.8	车削铜合金
金刚石车刀精细车	IT 5~IT 6	0.05~0.4	车削有色金属外圆

2.1.1 加工准备和装夹工艺

1. 刀具的选用

数控加工的盘点对刀具的刚性及耐用度要求较普通、加工更严格。因为刃具的刚性不好,一是影响生产效率;二是在数控自动加工中极易产生打断刀具的事故;三是加工精度会大大下降。刃具的耐用度差,则要经常换刀、对刀,因此要增加准备时间,极易在工件轮廓上留下接刀阶差,影响工件表面质量。由于编程人员不直接设计刃具,仅能向刃具设计或采购人员提出技术条件及建议,因此,多数情况下只能在现有刃具规格的情况下进行有限的选择。然而,数控加工中配套使用的各种刃具、辅具(刀柄、刀套、夹头等)要求严格,在如何配置刃具、辅具方面应掌握一条原则:质量第一,价格第二。只要质量好,耐用度高,即使价格高一些,也值得购买。然而这个原则常常不容易被管理人员所接受。因此工艺人员应特别注意国内外新型刀具的开发成果。

在如何使用数控机床刃具方面,也应掌握一条原则:尊重科学,按切削规律办事。众所周知,对不同的零件材质,在客观规律上就有一个切削速度(v)、切削深度(t)、进给量(s)三者互相适应的最佳切削参数。这对大零件,稀有金属零件、贵重零件更为重要,工艺编程人员应努力摸索这个最佳切削参数。

在选择刃具时,要注意对工件的结构及工艺性认真分析,结构工件材料、毛坯余量及具体加工部位综合考虑。在确定好以后,要把刃具规格、专用刃具代号和要加工的内容列表记录下来,供编程时使用。

数控车有车刀、镗刀、钻头等,现在以车刀的选择为例,进行分析。

(1) 车刀刀杆截面形式

车刀刀杆截面形状有圆形截面、正方形截面和矩形截面刀杆截面是指高度(h)与宽度(b)之比,一般为1.25,1.6和2三种。刀杆的截面尺寸的选取,通常与机床中心高、刀夹形状及切削断面尺寸有关。建议优先采用圆形截面、正方形截面或选用h与b之比约为1.6的矩形截面,因为这些截面具有较高的强度。

表2-2所列为机床中心高与选择刀杆截面的关系,以供读者选择。

表2-2 根据机床中心高选择刀杆截面尺寸   单位:mm

中心高	150	180~200	260~300	350~400
矩形截面/($h×b$)	20×12	25×16	32×20	40×25
方形截面/($h×b$)	16×16	20×20	25×25	32×32

(2) 车刀刀杆悬伸长度

车刀刀杆悬伸长度l约等于刀杆高h的1~1.5倍为宜;垫片要平整;数量要尽量少,并与刀架对齐,以防车削时产生振动。当刀杆悬伸长度较长或进行重切削时有必要进行强度和刚度验算。

(3) 刀尖圆弧半径的选用

粗切削刀尖圆弧半径的选择:粗切时,为提高切削刃的强度,尽可能使用较大的刀尖圆弧半径,在可能出现振动的切削中,选用较小的刀尖圆弧半径;在进给量较大时,选用较大的刀尖圆弧半径。粗切时,与刀尖圆弧半径相对应的最大推荐进给量关系如表 2-3 所列。一般情况下,最好选用 1.2~1.6 mm 的刀尖圆弧半径。

表 2-3 刀尖圆弧半径与最大推荐进给量

刀尖圆弧半径 r/mm	0.4	0.8	1.2	1.6	2.4
最大进给量 f/mm	0.25~0.35	0.4~0.7	0.5~1.0	0.7~1.3	1.0~1.8

精切车刀刀尖圆弧半径的选用,由于受工件表面粗糙度和进给量的影响,其相互关系为

$$Ry = \frac{f^2}{8r_\varepsilon} \times 1000 \ \mu m$$

式中:Ry——表面粗糙度轮廓最大高度,μm;

r_ε——刀尖圆弧半径,mm;

f——进给量,mm/r。

通常,表面粗糙度用 Ra 表示。由于 Ra 与 Ry 不存在数学关系,为了便于选用刀尖圆弧半径,表 2-4 中给出 Ra、Ry 与进给量 f 的对应关系。为了获得精加工所需的表面粗糙度,进给量应小些。

表 2-4 Ra、Ry、进给量 f 与刀尖圆弧半径的对应关系

表面粗糙度		刀尖圆弧半径 r/mm				
$Ra/\mu m$	$Ry/\mu m$	0.4	0.8	1.2	1.6	2.4
		进给量 f/mm·r^{-1}				
0.63	1.6	0.07	0.10	0.12	0.14	0.17
1.6	4	0.11	0.15	0.19	0.22	0.26
3.2	10	0.17	0.24	0.29	0.34	0.42
6.3	16	0.22	0.30	0.37	0.43	0.53
8	25	0.27	0.30	0.47	0.54	0.66
3.2	100				1.08	0.32

(4) 刀片与断削槽型选用

① 刀片厚度选用原则 是使刀片有足够的强度来承受切削力。切削深度、进给量与刀片厚度的关系是:切削深度↗→进给量↗→刀片厚度↗。

② 刀片有效长度选用 刀片有效长度 l_f 取决于刀具的主偏角和最大切削深度,即通常情况下当粗车时,$l_f = \left(\frac{1}{2} \sim \frac{2}{3}\right)L$;当精车时,$l_f = \left(\frac{1}{4} \sim \frac{1}{3}\right)L$。

③ 断削槽型的选用 断削槽亦称卷屑槽,其作用是使切屑在切削过程中能呈螺旋状或螺卷状折断而排出。断削槽型有直线圆弧型、直线型和全圆弧型三种。直线圆弧型和直线断削槽用于切削碳钢型、全钢型和工具钢型等;其前角 r_o 一般在 5°~15°范围内。当切削紫铜、不锈钢等高塑性材料时,应使用全圆弧型,前角增大到 25°~30°。因为相同前角时,全圆弧型的切削刃强度比前两种好。槽底圆弧半径 R_o 和前角 r_o 之间存在以下关系:$\sin r_o = \frac{\omega}{2R_o}$。

2. 夹具的选用

在切削加工中,必须使工件相对刀具(或机床)有一个正确的位置,使工件在机床上占有正确位置的过程称为定位;用于装夹工件,使之占有正确位置的工艺装备称为机床夹具;使工件在机床上占有正确位置并将工件夹紧的过程,称为工件的装夹。很明显,夹具是用于工件的定位和装夹的。

数控加工的特点对夹具提出了两个基本要求:一是要保证夹具的坐标方向与机床的坐标方向相对固定;二是要能协调零件与机床坐标系的尺寸。

因为车床的结构和加工工艺特点,对车床夹具的特点和技术要求是:

(1) 车床夹具的特点

① 夹具和工件随机床主轴旋转,应确保夹具使用安全和夹具的平衡。

② 当加工工件是回转体时,夹具具有定心作用。

③ 与机床的连接方式决定于主轴前端的结构形式。

④ 夹具的回转精度取决于和机床连接的精度。

(2) 车床夹具的结构要求

① 夹具与机床主轴、花盘或过渡法兰连接要安全可靠。

② 结构力求简单、紧凑,重量尽可能轻一些。

③ 夹具工作时力求保持平衡,夹具的重心应尽量接近回转体轴线,平衡重心的位置应远离回转轴线,并可沿圆周方向调整。

④ 当安装中需找正中心时,应将夹具的最大外圆设计成校准回转中心的基准(或找正圆)。

⑤ 最大回转直径不允许与机床发生干涉。

⑥ 不应在圆周上有凸出部分,一般应设置防护罩防止事故发生。

(3) 车床夹具的技术要求

车床夹具常以工件的内孔或外圆表面作为定位基准。因此,在设计制造这类夹具时,一般在形位公差方面包括以下几个方面的技术要求:

① 与工件配合的圆柱面(即定位表面)对其轴线或相当于轴线的同轴度。

② 工件与夹具心轴为双重配合时,双重配合部分的同轴度。

③ 定位表面与其轴向定位台肩的垂直度。

④ 夹具定位表面对夹具在机床上能安装、定位基准面的垂直度或平行度。

⑤ 定位表面的直线度和平面度或等高性。

(4) 卧式车床加工的典型装夹方法

工件装夹的各定位形式依据工件大小、形状、精度和生产批量等不同而定,正确选用定位基准和装夹方法是保证工件精度各表面质量的关键。以下是 10 种典型装夹方法:

① 三爪定心卡盘装夹　三爪自定心卡盘能自动定心,装夹方便,精度高,工件装夹后一般不需要找正。装夹效率比四爪单动卡盘高,但夹紧力较四爪单动卡盘小。它只限于装夹圆柱形、正三边形、六边形等形状规则的短小工件,如工件伸出卡盘较长,则仍需找正。

② 四爪单动卡盘装夹　由于四爪单动卡盘的四个卡爪是各自独立运动的,因此必须通过找正,使工件的旋转中心与机床主轴的旋转中心重合,才能车削。四爪单动卡盘的夹紧力较大,适合于装夹形状不规则及直径较大的工件。

③ 花盘角铁装夹　用于装夹形状复杂和不规则的工件(有平衡块)。
④ 夹或拨顶　用于长、径之比≥8 的轴类工件粗精车。
⑤ 内梅花顶尖拨顶　用于一端有中心孔且有余量较小的轴类工件。
⑥ 外梅花顶尖拨顶　用于车削两端有孔的轴类工件。
⑦ 光面顶尖拨顶　车削工件余量较少，两端有孔的轴类工件。
⑧ 中心架装夹　车削长、径比较大的阶梯轴和光类工件。中心架直接安装在工件中间的装夹方法可提高车削细长轴时工件的刚性。安装中心架前，须先在工件毛坯中间车出一段沟槽，使中心架的支撑爪与工件能良好的接触。
⑨ 跟刀架　跟刀架固定在车床床鞍上，与车刀一起移动，主要用来车削不允许接刀的细长轴。使用跟刀架时，要在工件端提前车一段安装跟刀架支撑爪的外圆。支撑爪与工件接触的压力应适当；否则车削时跟刀架可能不起作用，或者工件车成竹节形或螺旋形。
⑩ 尾座卡盘装夹　除装夹轴类工件外还可更换形状各异的顶尖以适用各种工件的装夹。

2.1.2　切削液

切削液主要起冷却、润滑、清洗及防锈作用。切削液分为水溶液、乳化液、切削油三类。车铣加工中心的切削液应按机床说明书的规定，最好选用特定厂家的特定牌号的切削液，不能随便选用切削液。

使用切削液的注意事项：
① 油库泵出的乳化液成膏状，使用时应加 15～20 倍的水冲成稀溶液。
② 冷却液用量使用时不能过少，否则作用不大；用硬质合金刀具时，冷却液不可断续使用，否则易造成硬质合金刀片碎裂。
③ 冷却液应浇在刀具与切屑接触处，因为该处就是切削热源。

2.1.3　工件的定位方法和定位基准

1. 工件的定位

在确定定位基准与夹紧方案时应注意下列三点：
① 力求设计、工艺与程编计算的基准统一；
② 尽量减少装夹次数，尽可能做到在一次定位装夹后就能加工出全部待加工表面；
③ 避免采用占机人工调整式方案。

2. 工件的定位基准

(1) 粗基准的选择
① 选加工余量小、较准确的、光洁的、面积较大的毛面做粗基准。因此，不应选有毛刺的分型面等做粗基准。
② 选重要表面为粗基准，因为重要表面一般要求余量均匀。
③ 选不加工的表面做粗基准，这样可以保证加工表面和不加工表面之间的相对位置要求，同时可以在一次安装下加工更多的表面。
④ 粗基准只能使用一次。因为粗基准为毛面，定位基准位移误差较大，如重复使用，将造成较大的定位误差，不能保证加工要求。因此在制定工艺规程时，第一工序、第二工序一般都是为了加工精基准的。

(2) 精基准的选择

① 基准重合的原则 设计基准为定位基准,这样就没有基准不重合误差。

② 基准单一原则 为了进行自动化生产,在零件的加工过程中,采取单一基准的原则。选择了单一基准,必然会带来基准不重合。因此,基准重合原则和单一基准原则是有矛盾的,应根据具体情况处理。

③ 互为基准的原则 对某些空间位置精度要求很高的零件,通常采用互为基准、反复加工的原则。

④ 自为基准的原则 对于某些精度要求很高的表面,在精密加工时,为了保证加工精度,要求加工表面的余量很小并且均匀,这时常以加工面本身定位,待到夹紧后将定位元件移去再进行加工。

2.2 加工工序的安排和典型数控车零件的加工工艺分析

2.2.1 毛坯的选择

表 2-5 所列为毛坯选择应考虑的因素和原则。

表 2-5 毛坯选择应考虑的因素

应考虑的因素	应掌握的原则
生产批量	生产批量大时,宜采用高精度与高生产率的毛坯制造方法;生产批量小时,宜采用设备投资小的毛坯制造方法
零件的结构形状和尺寸大小	(1) 直径相差不大的阶梯轴宜采用棒料;直径相差较大的宜采用锻件 (2) 尺寸较大的毛坯,不宜采用模锻、压铸和精铸,宜用自由锻造和砂型铸造 (3) 形状复杂、力学性能要求不高的毛坯可采用铸钢件 (4) 形状复杂和薄壁的毛坯不宜采用金属型铸造 (5) 外形复杂的小型零件宜采用压铸、熔模铸造等精密铸造方法,以减少切削加工或不进行切削加工
零件的力学性能	(1) 铸铁件的强度按离心浇注,压力浇注的铸件、金属型浇注的铸件和砂型浇注的铸件依次递减 (2) 钢质锻造毛坯的力学性能高于钢质棒料和铸钢件
工厂现有设备和技术水平	应考虑设备的加工范围和承载能力,可参看机床的参数说明书
技术经济性	必要时,应对所选的毛坯进行技术经济分析

2.2.2 确定加工用量

数控加工用量主要包括切削深度、主轴转速及进给速度等。对粗精加工、钻、铰、镗孔与攻丝等的不同切削用量都应编入程序。上述加工用量的选择原则与通用机床加工相同,具体数值应根据数控机床使用说明书和金属切削原理中规定的方法及原则,结合实际加工经验来确定。在计算好各部位与各把刀具的切削用量后,最好能建立一张切削用量表,主要是为了防止遗忘和方便编程。

进给量、主轴转速以及加工余量的选择可参照以下公式计算。

1. 切削速度和转速的关系

$$v = \frac{\pi D n}{1\,000}$$

式中：v——切削速度，m/min；D——被切削材料的直径，mm；n——主轴转速，r/min，而 $n = \frac{1\,000 v}{\pi D}$。

2. 高速钢及硬质合金车刀的切削速度

以被切削材料牌号为 S35C～45C 时

① v_1（高速钢）：约 30～40 m/min；v_2（硬质合金）：约 100～400 m/min。

② 使用钻头及立铣刀时

v_3 约 15～18 m/min（切削速度约是车削的 1/2）。

3. 利用高速钢弹性车刀精加工及切削螺纹

利用弹性车刀精加工约 4～8 m/min；

切削螺纹时：粗加工约 10～12 m/min；

精加工约 7～9 m/min。

例：当 $v = 30$ m/min，$\pi \approx 3$，切削 $\Phi 50$ 工件时的转速为

$$n = \frac{1\,000 \times 30}{3 \times 50} \text{ r/min} = \frac{10\,000}{50} \text{ r/min} = 200 \text{ r/min}$$

4. 高速钢、硬质合金车刀被切削材料的直径和转速

以中碳钢为例，可参考表 2-6 所列参数。

表 2-6 中碳钢（S35C～50C）的主轴转速参考

直径 Φ/mm	高速钢（$v = 30$ m/min）	硬质合金（$v = 100$ m/min）
10	1 000	3 300
20	500	1 660
30	330	1 110
40	250	830
50	200	660
60	170	550
70	140	480
80	125	420
90	110	370
100	100	330
120	83	280

5. 加工余量的确定

由于毛坯不能达到零件所要求的精度和表面粗糙度，因此要留有加工余量，以便经过机械加工来达到这些要求。当然，每道工序都应留有加工余量。

如果加工余量过大，一方面增加了机械加工工时，降低了生产效率。另一方面又增加了材料、电能、工具等的消耗，提高了产品的成本。

(1) 分析计算法

分析了影响工序间余量的因素后,将余量的各组成部分综合起来,便得到工序叙述的余量,各工序间余量之和便是该表面的总余量。考虑到这些余量的组成部分中,有些是系统误差,有些是随机误差,可用概率法来综合。

(2) 查表法

查表法是根据资料中查出工序间余量,比较方便迅速,但有时不能考虑具体情况,因此余量值偏大。

(3) 经验法

由一些有经验的工程技术人员或工人根据经验确定,多用于单件、小批量生产的场合。

表 2-7 所列反映了影响加工余量的因素。

表 2-7 影响加工余量的因素

影响因素	说明
加工前(或毛坯)的表面质量(表面缺陷层 H 和表面粗糙度 Ra)	(1) 铸件的冷硬、气孔和夹渣层,锻件和热处理件的氧化皮、脱碳层、表面型纹等表面缺陷层以及切削加工后的残余应力层 (2) 前工序加工后的残余应力层
前工序的尺寸公差 T_a	(1) 前工序加工后的尺寸误差和形状误差,其总和不超过前工序的尺寸公差 T_a (2) 当加工一批工件时,若不考虑其他误差,本工序的加工余量不应小于 T_a
前工序的形状与位置公差(如直线度、同轴度、垂直度公差等) ρ_a	(1) 前工序加工后产生的形状与位置误差,两者之和一般小于前工序的形状与位置公差 (2) 当不考虑其他误差的存在,本工序的加工余量不应小于 ρ_a (3) 当存在两种以上形状与位置误差时,其总误差为各误差的向量和
本工序加工时的安装误差 ε_b +	安装误差等于定位误差和夹紧误差的向量和

表 2-8 所列为轴类零件半精车、精车外圆加工余量的参考值。

表 2-8 轴类零件半精车、精车外圆加工余量   单位:mm

轴的直径	工件加工部分的长度			
	500 以下	500~1 000	1 000~2 000	>2 000
<18	1	1.2	1.5	—
18~50	1.5	1.5	2.0	2.0
50~120	1.5	1.5	2.0	2.0
120~260	2.0	2.0	3.0	3.0
260~410	3.0	3.0	3.0	3.0

2.2.3 工序的安排

1. 数控车的工艺路线设计

数控车的工艺路线设计与用通用机床加工的工艺路线设计的主要区别在于它仅是几道数控加工工序工艺过程的概括,而不是指毛坯到成品的整个工艺过程。由于数控加工工序一般均穿插于零件加工的整个工艺过程中,因此在工艺路线设计中一定要全面考虑,瞻前顾后,使之与整个工艺过程协调吻合。在车铣加工路线设计中应注意以下几个问题。

(1) 工序的划分

根据数控车加工的特点,数控加工工序的划分一般可按下列方法进行:

① 以一次安装、加工作为一道工序。这种方法适合于加工内容不多的工件,加工完后就能达到待检。

② 以同一把刀具加工的内容划分工序。有些零件虽然能一次安装加工出很多的待加工面,但考虑到程序太长,会受到某些限制。如:控制系统的限制(主要是内存容量)和机床连续工作时间的限制(如一道工序在一个工作班内不能结束)等。此外,程序太长会增加出错率,查错与检索困难。因此程序不能太长,一道工序的内容不能太多。

③ 以加工部位划分工序。对于加工内容很多的零件,可按其结构特点将加工部位分成几个部分,如内形、外形或平面等。

④ 以粗、精加工划分工序。对于易发生加工变形的零件,由于粗加工后可能发生的变形而需要进行校形,故一般来说凡要进行粗、精加工的都要将工序分开。

综上所述,在划分工序时,一定要视零件的结构与工艺性、机床的功能和零件数控加工内容的多少、安装次数及本单位生产组织灵活掌握。何种零件宜采用工序集中的原则还是采用工序分散的原则,也要根据实际情况来确定,但一定要力求合理。

(2) 顺序的安排

顺序的安排应根据零件的结构和毛坯状况,以及定位与夹紧的需要来考虑,重点是工件的刚性不被破坏。安排顺序一般应按下列原则进行:

① 上道工序的加工不能影响下道工序的定位与夹紧,中间穿插有通用机床加工工序的也要综合考虑。

② 先进行内孔加工工序,后进行外圆加工工序。

③ 以相同定位、夹紧方式或同一类加工的工序最好连接进行,以减少重复定位次数、换刀次数和找正次数。

④ 在同一次安装中进行的多道工序,应先安排对工件刚性破坏较小的工序。

⑤ 车铣加工工序与普通工序的衔接数控工序前后一般都穿插有其他普通工序,如衔接不好就容易产生矛盾,最好的办法是相互建立状态要求。如:要不要留加工余量,留多少;定位面与孔的精度要求及形位公差;对校形工序的技术要求和对毛坯的热处理状态等。目的是达到相互能满足需要,且质量目标及技术要求明确,交接验收有依据。关于手续问题,如果是在同一个车间,编程人员可与主管该零件的工艺员共同协商确定,在制订工序工艺文件中互审会签,共同负责;如不是同一车间,则应用交接状态表进行规定,共同会签,然后反映在工艺规程中。

数控加工工艺路线设计是下一步工序设计的基础,其设计的质量直接影响零件的加工质量与生产效率。设计工艺路线应对零件图、毛坯图认真消化,结合数控加工的盘点灵活运用普通加工工艺的一般原则,尽量把数控加工工艺路线设计得更合理一些。

2. 工序的安排

加工顺序就是指工序的排列先后,它与加工质量、生产率与经济性有密切关系,是拟定工艺路线的关键之一。

(1) 先安排精基准面加工

一个零件加工时其前几道工序都是加工精基准面,然后立即用精基准定位来加工其他表面。如果在加工中有几个精基准面,则必须安排在使用之前加工完毕。因此,当选定粗、精定位基准面后,加工顺序的安排就有了一个初步的轮廓。

对于轴类零件,一般是以外圆为粗基面准来加工中心孔,再以中心孔为精基准来加工外圆、端面等各个表面。

(2) 先安排主要表面的加工

零件的主要表面一般是指精度或表面质量要求比较高的表面。它们的加工好坏对整个零件的质量影响很大,其加工工序比较多。因此,应该先安排主要表面的加工,再将其他表面加工适当安插在其前后。

(3) 对于易出现废品的工序

如精加工和光整加工可适当提前,一般情况下主要表面的精加工和光整加工应放在最后阶段进行。

(4) 辅助工序的安排(中间检验)

一般安排在粗加工精加工之前全部结束之后。在车铣加工中心上,可在需要检验的程序段之间(即换刀动作之间),插入 M01 指令,暂停进行检测。

(5) 分加工阶段

对于精度和表面质量要求较高的零件,应安排粗、精加工分开。加工总是由粗到精,粗加工切削用量较大,工件内应力大,容易产生变形;而精加工主要是保证加工质量,所以粗加工和精加工不能混杂。如果某些表面已经精加工完毕,而有些表面还在进行粗加工,则会影响这些表面的精度。

3. 加工程序的编制

数控加工程序的编制过程就是编制刀具走刀路线的过程。

(1) 确定走刀路线

走刀路线是刀具在整个加工工序中的运动轨迹,它不但包括了工步的内容,也反映出工步顺序。走刀路线是编写程序的依据之一,因此,在确定走刀路线时最好画一张工序简图,将已经拟定出的走刀路线画上去(包括进、退刀路线),这样可为编程带来不少方便。工步的划分与安排一般可随走刀路线进行,在确定走刀路线时,主要注意下列几点:

① 寻求最短加工路线,减少空刀时间以提高加工效率。

② 为保证工件轮廓表面加工后的粗糙度要求,最终轮廓将安排最后一次走刀连续加工出来。

③ 刀具的进退刀(切入与切出)路线要认真考虑,以尽量减少在轮廓处停刀(切削力突然变化造成弹性变形)而留下刀痕,也要避免在工件轮廓面上垂直上下刀而划伤工件。

④ 要选择工件在加工后变形小的路线,对面积小的细长零件或薄板零件就采用分几次走刀加工到最后尺寸或对称去余量法安排走刀路线。

(2) 确定对刀点与换刀点

对刀点就是刀具相对工件运动的起点。在编程时无论是刀具相对工件移动,还是工件相对刀具移动,都是把工件看作静止,而刀具在运动。常常把对刀点称为程序原点,刀点可以设在被加工零件上(如零件的定位孔中心位置处距机床工作台或夹具表面的某一点处),也可以设在零件定位基准有固定尺寸联系的夹具上的某一位置(如专在夹具上设计一圆柱销或孔等)。其选择原则如下：

① 找正容易；

② 编程方便；

③ 对刀误差小；

④ 加工时检查方便、可靠；

在实际生产中，对刀误差可以通过试切加工结果进行调整。

换刀点是为加工中心、数控车床等多刀加工的机床编程而设置的，因为这些机床在加工过程中间自动换刀。为防止换刀时碰伤零件或夹具，换刀点常常设置在被加工零件的外面，并要有一定的安全量。

(3) 中间停车检测

为了能在加工中随时掌握工件质量情况，最好安排几次计划停车，用人工介入的方法进行中间检测。

4. 圆轴类零件的外圆轮廓的加工

圆轴类零件的外圆轮廓的加工，包括端面、圆柱面、阶梯轴、锥面、曲面和外倒角等。数控加工过程中，这些外圆轮廓都可用一把刀一次性加工出来，因此这些特征的加工在数控加工过程中可以归为外圆轮廓的加工。

① 根据车铣加工中心的特点，外圆轮廓的加工一般是右补刀，即 G42。

② 端面加工原理与通用机床一样，切削速度与工件端面的半径存在以下关系：

$$v = \frac{2\pi R n}{1\,000}$$

式中：v——切削速度，m/min；

R——被切削材料的半径，mm；

n——主轴转速，r/min。

由上式可看出：

- 如果转速 n 一定，随着刀具从外圆向端面圆心进给运动，R 逐渐变小，n 不变，则 v 逐渐变小。这样的结果使端面圆内外圈切削不平整，粗糙度不一。
- 如果切削的线速度 v 一定，随着刀具从外圆向端面圆心进给运动，R 逐渐变小，v 不变，则 n 逐渐变大，当到端面圆心时，n 无限大。这样的结果是很危险的，必须避免。
- 鉴于以上原因，端面切削时，先用 G50 设定最高转速，用设定的恒定线速度 G96 进行加工。例：G50S1500；

　　　　……．

　　　　G96S120；

　　　　……．

③ 圆柱面、锥面、曲面和外倒角加工，都可用直线插补运动完成。若曲面或锥面的轮廓直径变化较大或锥度较大，需考虑与端面加工同样设定线速度和最高转速的方法进行加工。

④ 外圆轮廓的固定循环指令，循环点要设定在最大外圆之外(一般相差 2~5 mm 左右)。

5. 盘套类零件的内孔轮廓加工

盘套类零件的内孔轮廓加工包括点中心钻、钻孔、扩、车孔、铰、镗、攻丝和内倒角等。虽不是一把刀来完成所有的加工,但归为内孔轮廓的加工一类比较合适。

① 根据车削加工的特点,内部轮廓的加工一般为左补刀,即 G41。主要指车孔、内倒角和镗孔。

② 钻中心孔、钻孔、扩、铰和攻丝刀具运动轨迹在刀具轴线上,一般无须补正。但刀具半径不能过大,以防过切,不是精加工,还要留有一定的精加工余量。

③ 内孔的固定循环指令,循环点要设定在最小内孔以内(小于钻孔直径 0.5~1 mm 左右)。

6. 螺纹的加工(内、外、锥、管螺纹等)

螺纹加工一般安排在切槽之后,因为螺纹一般需要退刀槽。

车螺纹时,沿工件的轴线进给应增加 $(2\sim5)p$ 的引入距离。螺纹车削工艺相对来说有一定的难度,现详细介绍一下:

G92 螺纹切削循环指令可以用循环切削完成螺纹的加工,可用于圆柱螺纹和锥螺纹。

输入格式为:

圆柱螺纹　　G92 X(U)__ Z(W)__ F__　　　　F 为螺纹的导程(单头螺纹)

锥螺纹　　　G92 X(U)__ Z(W)__ R__ F__　　R 为锥面的径向尺寸

　　　　　　　　　　　　　　　　　　　　　F 为螺纹的导程(单头螺纹)

螺纹牙深为 $h=0.6495p$,近似为 $h=0.65p$。

最后到位直径 $d=d_0-1.3p$,p 为螺距。

2.2.4　典型数控车削零件的加工工艺分析

1. 轴类零件数控车削加工工艺

图 2-1 为典型轴类零件,毛坯为 Φ35 mm 棒料。其数控车削加工工艺分析如下。

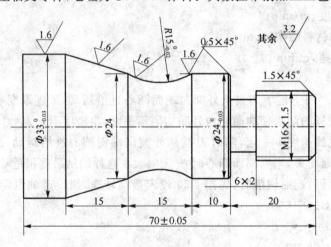

图 2-1　典型轴类零件

(1) 零件图工艺分析

该零件表面由圆柱、圆锥、圆弧及螺纹等表面组成。其中多个尺寸有较严格的尺寸精度和表面粗糙度等要求。尺寸标注完整,轮廓描述清楚。零件材料为 45 号钢,无热处理和硬度要求。

通过上述分析,可采取以下几点工艺措施:

① 对图样上给定的几个精度要求较高的尺寸,因其公差数值较小,故编程时不必取平均值,应全部取其基本尺寸。

② 在轮廓曲线上,有一处凹圆弧,采用G73指令编程。为了确保尺寸公差,加工前给以刀具磨损补偿。

③ 为便于装夹,坯件左端应预先车出夹持部分,右端面也应先粗车出并钻好中心孔。

(2) 确定装夹方案

确定坯件轴线和左端大端面(设计基准)为定位基准。左端采用三爪自定心卡盘定心夹紧,右端采用活动顶尖支撑的装夹方式。

(3) 确定加工顺序及进给路线

加工顺序按由粗到精、由近到远(由右到左)的原则确定。即先从右到左进行粗车(留精加工余量),然后从右到左进行精车,最后车削螺纹。

一般数控车床都具有粗车循环和车螺纹循环功能,只要正确使用编程指令,机床数控系统就会自行确定其进给路线,因此,只需将精车进给路线确定即可。该零件从右到左沿零件表面轮廓精车。

(4) 刀具选择

① 选用 $\Phi 3$ 中心钻中心孔。

② 粗车及平端面选用90°硬质合金右偏刀,为防止副后刀面与工件轮廓干涉,副偏角不宜太小,采用刀尖角为30°的刀片。

③ 为减少刀具数量和换刀次数,车螺纹选用硬质合金60°外螺纹车刀。

将所选定的刀具参数填入数控加工刀具卡片中,如表2-9所列。

表2-9 数控加工刀具卡片

产品名称或代号		×××	零件名称	典型轴	零件图号	×××
序 号	刀具号	刀具规格名称	数 量	加工表面	刀尖半径	备 注
1	T01	$\Phi 3$ mm 中心钻	1	钻 $\Phi 3$ mm 中心孔	—	—
2	T02	硬质合金90°外圆车刀	1	车端面及车轮廓	0.2	右偏刀
3	T03	切断刀	1	切槽	宽4.5	
4	T04	硬质合金60°外螺纹车刀	1	精车轮廓及螺纹	0.15	—
编 制	×××	审 核	×××	批 准	×××	共页 第页

(5) 切削用量的选择

① 背吃刀量的选择 轮廓粗车循环时选 $a_p=2.5$ mm,精车 $a_p=0.3$ mm;螺纹车削循环第一刀粗车时选 $a_p=1$ mm,最后一刀精车时选 $a_p=0.05$ mm。

② 主轴转速的选择 车直线和圆弧时,查表选粗车切削速度 $v_c=90$ m/min、精车切削速度 $v_c=120$ m/min,然后利用主轴转速计算公式 n 得:

粗车为 500 r/min;

精车为 1 200 r/min;

车螺纹时主轴转速度 $n=320$ r/min。

③ 进给速度的选择 根据表选择粗车、精车每转进给量分别为 0.2 mm/r 和 0.1 mm/r。

综合以上分析,将结果填入数控加工工艺卡片中,作为编制加工程序的主要依据和操作人员配合数控程序进行数控加工的指导性文件。

表 2-10 为数控加工工序卡片。

表 2-10 数控加工工序卡片

单位名称	×××	产品名称或代号		零件名称		零件图号	
		×××		典型轴		×××	
工序号	程序编号	夹具名称		使用设备		车 间	
001	×××	三爪卡盘和活动顶尖		×××		数 控	
工步号	工步内容	刀具号	刀具规格/mm	主轴转速/r·min^{-1}	进给速度/mm·r^{-1}	切削深度/mm	备 注
1	平端面	T01	25×25	500			手 动
2	钻中心孔	—	—	800			手 动
3	粗车轮廓	T01	25×25	500	0.2	2.5	自 动
4	精车轮廓	T01	25×25	1 000	0.01	0.3	自 动
5	切 槽	T02	25×25	300	0.1	—	自 动
6	粗车螺纹	T03	25×25	320			自 动
7	精车螺纹	T03	25×25	320		0.05	自 动
编制	×××	审核	××× 批 准	×××	年 月 日	共 页	第 页

2. 轴套类零件数控车削加工工艺

下面以图 2-2 所示轴承套零件为例,分析其数控车削加工工艺。

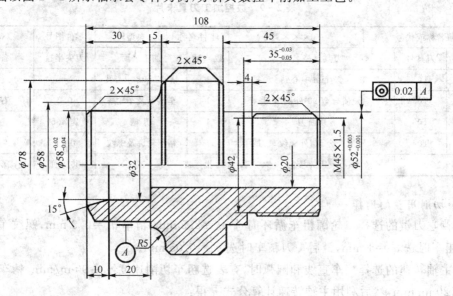

图 2-2 轴承套零件

(1) 零件图工艺分析

该零件表面由内外圆柱面、内圆锥面、顺圆弧、逆圆弧及外螺纹等表面组成,加工表面包括车端面、外圆、倒角、内锥面、圆弧、螺纹和退刀槽等。其中多个直径尺寸与轴向尺寸有较高的尺寸精度和表面粗糙度的要求。零件图尺寸标注完整，符合数控加工尺寸标注要求；轮廓描述清楚完整；零件材料为 45 钢，切削加工性能较好，无热处理和硬度要求。

(2) 工艺处理

通过以上分析，工艺上可采取以下措施。

① 装夹定位方式 此工件不能一次装夹完成加工，必须分两次装夹。该工件右端外表面为螺纹不适用做装夹表面，Φ52 圆柱面又较短，也不适用做装夹表面，所以，第一次装夹工件右端面时应加工左端面，伸出长度定位 76 mm，使用三爪卡盘夹持，如图 2-3 所示。

第二次装夹如图 2-4 所示完成工件右端面、2×45°倒角、螺纹、Φ42 退刀槽、Φ52 外圆、轴肩、2×45°倒角的粗、精加工。

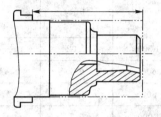

图 2-3 第一次装夹示意图

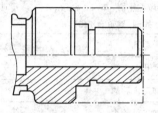

图 2-4 第二次装夹示意图

② 换刀点 换刀点为 (200.0, 300.0)。

③ 公差处理 尺寸公差不对称取中值。

④ 工步和走刀路线 按加工过程确定走刀路线如下：

- 第一次装夹 Φ80 表面，粗加工零件左侧端面、2×45°倒角、Φ50 外圆、Φ58 台阶和 R5 圆弧、2×45°倒角和 Φ78 外圆。
- 精加工上述轮廓。
- 钻中心孔。
- 钻通孔。
- 粗加工 Φ32 内轮廓。
- 精加工 Φ32 内轮廓。
- 第二次调头装夹 Φ50 外圆，粗加工右端面、2×45°倒角、螺纹、Φ42 退刀槽、Φ52 外圆、轴肩、2×45°倒角的粗和精加工。
- 精加工上述轮廓。
- 精加工 Φ20 内轮廓。
- 切槽、螺纹加工。

(3) 填写工艺文件

① 按加工顺序将工步的加工内容、所用刀具及切削用量等填入表 2-10 数控加工工序卡片中。

② 将选定的各工步所用刀具的刀具型号、刀片牌号及刀尖圆弧半径等填入表 2-9 数控加工刀具卡片中。

表 2-11 为某轴承套数控加工工序卡片，表 2-12 为某轴承套数控加工刀具卡片，供读者

参考。

表 2-11 轴承套数控加工工序卡片

单位名称	×××	产品名称或代号	零件名称	材料	零件图号
		×××	轴承套	45	×××
工序号	程序编号	夹具名称	使用设备	车间	
001	×××	三爪卡盘	×××	数控	

工步号	工步内容	刀具号	刀具规格 /mm	主轴转速 /r·min^{-1}	进给量 /mm·min^{-1}	切削深度 /mm	余量
1	夹Φ80表面,粗车左侧端面、车Φ78外圆、车Φ8台阶、车Φ50外圆、倒角2×45°	T01	—	500	0.2	3	0.3
2	钻中心孔	—	—	1 500	0.02	—	—
3	钻通孔	—	—	600	0.1	—	—
4	粗加工内轮廓	T04	—	300	0.25	2	0.2
5	精加工外轮廓	T01	—	1 000	0.1	—	—
6	精加工内轮廓	T04	—	400	0.1	—	—
7	夹Φ50表面,粗车右侧端面、车Φ52外圆、车M45螺纹外圆Φ44.82至右端面35、倒角2×45°	T01	—	500	0.15	3	0.3
8	精加工内轮廓	T04	—	400	—	—	—
9	精加工外轮廓	T02	—	100	—	—	—
10	切槽	T07	—	300	0.2	—	—
11	螺纹加工	T03	—	400	—	—	—
编制	×××	审核	×××	批准	×××	年 月 日	共1页 第1页

表 2-12 轴承套数控加工刀具卡片

产品名称或代号	×××	零件名称	轴承套		零件图号	×××
序号	刀具号	刀具名称	刀具型号	刀片	刀尖半径 /mm	备注
				型号 / 牌号		
1	T01	外圆粗精车刀	PCLNL2525M12	DNMG150404-PF / GC4015	0.4	—
2		中心孔钻	—	— / —	—	—
3		钻头	—	— / —	—	—
4	T03	内圆粗精车刀	PCLNR09	CNMG090304-PM /	0.4	—
5	T04	切槽刀	LF123H13-2525B	N123H2 0400-0003-GM / C4025	0.3	
6	T02	螺纹刀	L166.4FG-2525-16	R166.OG-16MM01-150 / Cl020	—	
编制	×××	审核	×××	批准 ×××	年 月 日	共 页 第1页

2.3 数控车削刀具与工件旋转中心不等高造成的几何误差分析

随着机械制造业的飞速发展,数控机床已普遍应用在机械加工中,尤其是数控车床,已得到相当广泛的应用和发展。数控车床车削加工是在普通车床车削加工的基础上发展起来的,生产效率和产品精度都有显著提高。然而在机械生产实践中,数控设备作为基本硬件,虽然能够满足产品的加工要求,但作为软件的操作技术和加工工艺显得更加重要。因为在生产中,有很多因素都会影响产品的质量,如加工环境、加工工艺、刀具刚性、刀具材料和刀具安装等都会对产品的精度造成一定的影响。下面所探讨的是刀具切削刃与工件旋转中心不等高所造成的几何误差分析。

2.3.1 切削刃与工件旋转中心不等高对加工外圆的影响

为了便于分析,将刀具切削刃看作一点来研究,如图 2-5 所示,车刀切削刃高于工件旋转中心 h,加工直径为 D 的外圆工件,在一定的切削条件下,实际加工出的工件直径为

$$D_x = 2\sqrt{R^2 + h^2}$$

式中:D_x 为实际工件直径;R 为理想工件半径;h 为刀尖与工件旋转中心高度差。

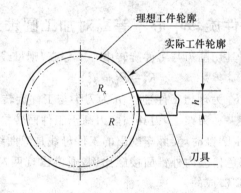

图 2-5 误差分析图

刀具刀尖根据程序中 D 确定横向位置,因 h 的存在,实际加工出的工件直径变大,h 与误差 δ 的关系如图 2-6 所示。

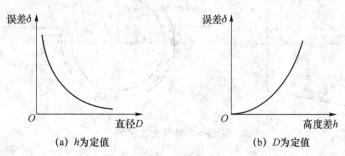

图 2-6 高度 h 与误差 δ 关系图

由图 2-6 看出,当 h 一定时,直径越大,产生的误差越小;反之所产生的误差就越大,加工出来的工件偏差越大。

如图 2-7 所示,用数控车床加工阶梯轴。若刀尖位置比旋转中心高 0.5 mm,编制加工程序时,以工件的基本尺寸为基准,不进行任何刀具补偿,所加工的工件直径为:

$$d_1 = (2\sqrt{50^2+0.5^2}) \text{ mm} = 100.005 \text{ mm}, \quad d_2 = (2\sqrt{5^2+0.5^2}) \text{ mm} = 10.05 \text{ mm}$$

d_1 和 d_2 都产生了一定的误差,但 d_2 的误差比率要大得多。如将 d_1 控制在公差范围内,d_2 有可能超出公差。若采用刀具补偿的办法,将 d_2 控制在公差范围内,d_1 将变小,有可能超出公差,尺寸难以保证。因此如不消除 h,单纯靠增加横向进给量来补偿直径误差,不能同时保证阶梯轴各段的精度要求。

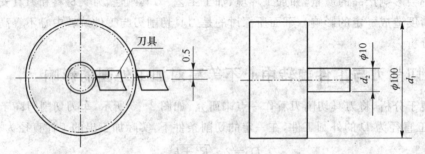

图 2-7 零件图

2.3.2 切削刃与工件旋转中心不等高对加工圆锥工件的误差分析

加工圆锥工件时,若刀具切削刃与工件旋转中心不等高,则母线方程为:

$$R_x^2 = R_i^2 + h^2$$

式中:R_x 为实际工件半径;R_i 为理想工件半径;h 为刀尖与工件旋转中心高度差。

在实际切削时,刀具装夹在刀架上,刀具切削刃高于工件回转中心的 h 为固定值,而 R_i 为变量。由母线方程可知车削圆锥时,实际车削出的工件母线是双曲线,如图 2-8 所示。因此,在加工圆锥面配合体时,着色检验内外锥面接触比例,通常出现两端接触的现象,这是刀具切削刃与工件旋转中心不等高造成的。

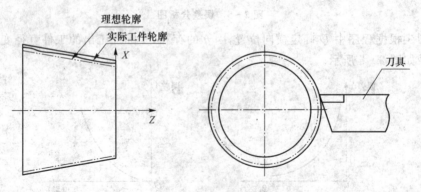

图 2-8 锥体加工分析

2.3.3 切削刃与工件旋转中心不等高对加工圆弧工件的误差分析

刀具切削刃与工件旋转中心不等高加工圆弧工件时,工件母线为一个类椭圆。工件的母线方程为:

$$R_x^2 = (R\sin\psi_i)^2 + h^2$$

式中:ψ_i 的变化范围值为 $0°\sim 180°$。

当车刀在加工圆弧两端时,$\sin\psi_i$ 等于零,实际上两端车出了一个直径为 $2h$ 的凸圆台。当刀具在加工 b 位置时,$\sin\psi_i = 1$,$R_x^2 = R^2 + h^2$ 工件直径 $d = 2\sqrt{R^2 + h^2}$。

图 2-9 和图 2-10 为车刀车削外圆球面的情况。

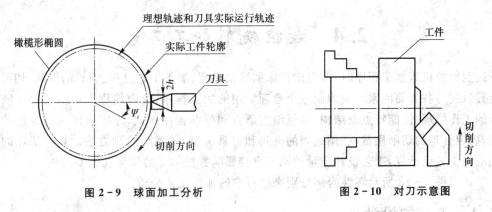

图 2-9 球面加工分析　　图 2-10 对刀示意图

2.3.4 高度差的消除方法

刀具切削刃与工件旋转中心不等高将产生形状误差。在实际加工中,切削刃稍高或稍低的现象经常出现,因此应加以控制,特别是加工高精度产品,应严格控制刀具切削刃的中心高,以避免影响产品精度。消除对刀误差的方法有:

1. 试切法

保证刀具切削刃与工件旋转中心等高,实际上是一个对刀的过程,最直观且比较准确的方法是试车削工件端面,当刀具车削到工件旋转中心时,以不留任何凸台为准。刀具车削不到工件的中心或留有小凸台,应增减垫刀片来调整刀具切削刃的相对高度,使之与工件旋转中心等高。

2. 比较法

用比较法能有效地消除切削刃与工件旋转中心不等高造成的误差影响,按如图 2-11 所示进行检测,刀具偏高或偏低可采用增减垫块来进行调整。

3. 采用标准机夹式刀具

为确保刀具切削刃与工件旋转中心等高,应尽可能地采用与机床配套的标准刀具。为满足各种工件的加工要求,刀具应系列化、标准化。对于常用规格的 25 mm×25 mm 刀具来说,刀具主切削刃与刀具底面的距离为 25 mm,如图 2-12 所示。

车削内锥、内球面与车削外圆锥、外球面原理相同,所不同的是切削刀具安装方向相反。

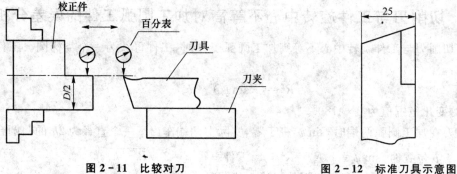

图 2-11 比较对刀　　　图 2-12 标准刀具示意图

2.4 数控铣削加工工艺

编制数控机床加工程序时,应考虑机床的运动过程、加工工艺过程、刀具的形状、切削用量和走刀轨迹等各方面因素。为编制一个合理实用的加工程序,要求编程人员不仅要了解数控机床的工作原理、性能特点及结构,掌握编程语言和标准程序格式,还应熟练掌握零件的加工工艺,确定合理的切削用量,选用适当的夹具和刀具类型,并熟悉检测方法。数控机床的编程首先应把工艺设计好,工艺设计质量的水平直接影响数控加工的质量和效率。

下面以图 2-13 所示零件为例分别来进行它的加工工艺分析。

2.4.1 工艺的设计

1. 分析零件图

首先确定零件的加工部位,根据零件图的技术要求,分析零件的形状、基准面、尺寸公差和粗糙度的要求,还有加工面的种类、零件的材料、热处理等其他技术要求,如图 2-13 所示。

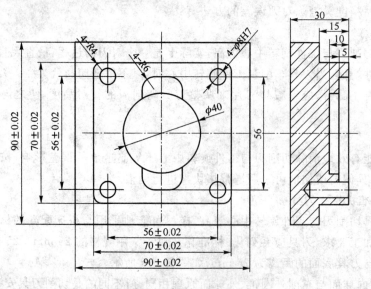

图 2-13 加工零件图

2. 数控机床的选择

通过对零件图纸的分析,根据工件的数量合理选用数控机床。例如:箱体、箱盖和壳体等可以选用立式数控铣床或加工中心;若被加工零件是圆柱体、锥体和各种成形回转表面等可以选用数控车床。

3. 加工工序的安排

数控加工工序的设计任务就是进一步把本工序的加工内容、加工用量、工艺准备、定位夹紧方式及刀具运动轨迹具体确定下来。安排加工工序时应遵循以下原则:

① 充分考虑机床的性能特点,尽量采用一次装夹、多道工序集中加工的原则。

② 对形状尺寸公差要求较高时,应考虑零件尺寸、刚性和变形等因素,加工同一表面应按粗加工、半精加工、精加工顺序进行;对于位置尺寸公差要求较高时,对整个零件的加工应安排为先粗加工,后半精加工,最后精加工的顺序。

③ 当工件的设计基准和孔加工的位置精度与机床的重复定位精度接近时,采用同一尺寸基准集中的加工原则,这样可以解决多工位设计尺寸基准的加工精度问题。

④ 有复合加工(有铣削又有镗孔)的零件,采用先铣后镗的原则。为了减少换刀次数,减小空行程时间,消除不必要的误差,采用按刀具划分工序的原则。即用同一把刀具完成所有该刀具能加工的部位后,再换第二把刀具。

⑤ 钻孔时要采用先钻后扩再铰孔的顺序进行。当加工位置精度要求较高的孔系时,要注意安排孔的加工顺序。安排不当可能把坐标轴的反向间隙带入,直接影响位置精度。

⑥ 攻丝时先钻底孔后攻螺纹,对精度有要求的螺纹孔,需要二次攻螺纹。

⑦ 加工工件既有平面又有孔时,应先加工平面后钻孔,可提高孔的加工精度。但对于槽型孔,可以先钻孔后加工平面。

⑧ 同工位集中加工,尽量就近位置加工,以缩短刀具移动距离,减少空运行时间。

通常根据具体情况,以上原则必须综合考虑,制定出比较合理的加工切削工艺。

图 2-13 所示的工件在结构上并不复杂,精度要求也不高,各加工表面之间位置精度要求不高,制定的加工工序如表 2-13 所列。

表 2-13 加工工序

序号	工序	刀号	刀具名称	主轴转速 n	进给速度 F	长度补偿 H	刀具半径补偿
1	粗加工外框轮廓	T1	Φ16 端铣刀 (2刃)	597 ($v=30$)	119 ($f_z=0.1$)	H01	D21=9.0
2	粗加工内框轮廓	T1	Φ16 端铣刀 (2刃)	597 ($v=30$)	119 ($f_z=0.1$)	H01	D21=9.0
3	粗加工内圆槽	T1	Φ16 端铣刀 (2刃)	597 ($v=30$)	119 ($f_z=0.1$)	H1	D21=9.0
4	粗加工内长方槽	T2	Φ12 端铣刀 (4刃)	796 ($v=30$)	159 ($f_z=0.1$)	H02	D22=7.0
5	半精加工外框轮廓	T3	Φ10 端铣刀 (4刃)	955 ($v=30$)	191 ($f_z=0.05$)	H03	D23=5.2

续表 2-13

序号	工序	刀号	刀具名称	主轴转速 n	进给速度 F	长度补偿 H	刀具半径补偿
6	半精加工内框轮廓	T3	Φ10 端铣刀(4刃)	955 ($v=30$)	191 ($f_z=0.05$)	H03	D23=5.2
7	半精加工内圆槽	T3	Φ10 端铣刀(4刃)	955 ($v=30$)	191 ($f_z=0.05$)	H03	D23=5.2
8	半精加工内长方槽	T3	Φ10 端铣刀(4刃)	955 ($v=30$)	191 ($f_z=0.05$)	H03	D23=5.2
9	精加工外方轮廓	T4	Φ10 端铣刀(4刃)	955 ($v=30$)	76 ($f_z=0.02$)	H04	D24=5.0
10	精加工内圆槽	T4	Φ10 端铣刀(4刃)	955 ($v=30$)	76 ($f_z=0.02$)	H04	D24=5.0
11	精加工内长方槽	T4	Φ10 端铣刀(4刃)	955 ($v=30$)	76 ($f_z=0.02$)	H04	D24=5.0
12	钻中心孔	T5	Φ3 中心钻(2刃)	849 ($v=8$)	85 ($f_z=0.05$)	H05	—
13	钻 Φ8H7 孔	T6	Φ7.8 麻花钻(2刃)	612 ($v=15$)	85 ($f_z=0.05$)	H06	
14	铰 Φ8H7 孔	T7	Φ8 铰刀(6刃)	199 ($v=5$)	24 ($f_z=0.02$)	H07	

注：表中 v 的单位：m/min，F 的单位：r/min；n 的单位：r/min。

2.4.2 定位基准与夹紧方式的确定

1. 工件的定位

工件的定位基准应与设计基准保持一致，以防止过定位；对于箱体工件最好选择一面两销的方法作为定位基准，定位基准在数控机床上要细心找正。

2. 工件的装夹

确定工件的装夹方法时，应注意减少装夹次数，尽可能做到一次装夹后能加工出全部待加工表面，以充分发挥数控机床的功能。夹具选择必须力求其结构简单，装卸工件迅速，安装准确可靠。

在数控机床上工件定位安装的基本原则与普通机床相同，工件的装夹方法影响工件的加工精度和加工效率。为了充分发挥出数控机床的工作特点，装夹工件时，应考虑以下几种因素：

① 尽可能采用通用夹具，必要时才设计制造专用夹具。
② 结构设计要满足精度要求。
③ 易于定位和夹紧。
④ 夹紧力应尽量靠近支撑点，力求靠近切削部位。
⑤ 对切削力有足够的刚度。

⑥ 易于排屑的清理。

在实际加工中,最常见的通用夹具为压板和虎钳,如图 2-14 和图 2-15 所示。

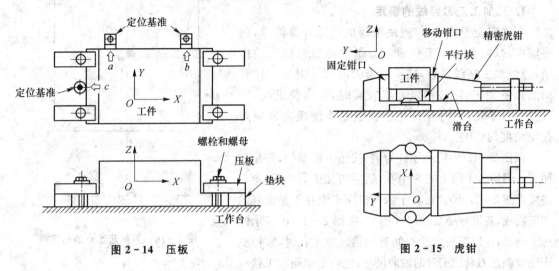

图 2-14 压板　　　　　　　　图 2-15 虎钳

由于图 2-13 所示的工件不大,可采用通用夹具虎钳作为夹紧装置。用虎钳夹紧如图 2-13 所示的工件时要注意以下几点:

① 安装的虎钳要与工作台固定,沿着机床某个坐标轴找正钳口。
② 安装工件时要放在虎钳口的中间部位。
③ 工件被加工部分要高出钳口,避免刀具与钳口发生干涉。
④ 安装工件时,应避免工件上浮现象,如图 2-15 所示。

2.4.3 换刀点位置的确定

1. 程序原点和换刀点的确定

为了提高零件的加工精度,程序原点应尽量选在零件的设计基准和工艺基准上。例如,以孔定位的零件,以孔的中心作为原点较为合适。程序原点还可选在两垂直平面的交线上,不论是用已知直径的铣刀,还是用标准芯棒加塞尺或是用测头都可以很方便地找到这一交线。

换刀点是为带刀库的加工中心而设定的。为了防止换刀时刀具与工件或夹具发生碰撞,换刀点应设在被加工零件的外面。

编制程序时需选择一个合理的刀具起始点。刀具起始点也就是程序的起始点,有时又称为对刀点或换刀点。

2. 设定起始点应考虑的因素

① 刀具在起始点换刀时,不能与工件或夹具产生干涉碰撞。
② 起始点尽量选在工件外的某一点,但该点必须与工件的定位基准保持一定精度的坐标系在铣削加工时,起始点应尽可能选在工件设计基准或工艺基准上,这样可以提高加工精度。
③ 刀具退回到起始点时,应能方便测量加工中的工件。
④ 刀具的几何尺寸也会影响起始点的位置。

图 2-13 所示的工件刀具起始点如图 2-16 所示。

2.4.4 确定走刀路线

1. 孔加工走刀路线的确定

在确定走刀路线时,应使编程的数值计算简单,程序段少,以减少程序工作量。为了发挥数控机床的作用,应使加工路线最短,减少空走刀时间。对于点位移动的孔系加工,定位精度要求较高时,应定位迅速,空行程尽可能短,同时应避免机械进给系统反向间隙对孔位精度的影响。

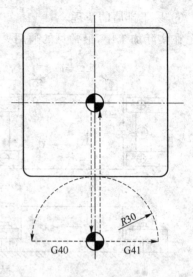

图 2-16 刀具起始点的确定

以图 2-17(a)所示零件为例,按照一般习惯,都是先加工一圈均布于圆上的 8 个孔,然后再加工另一圈,走刀路线见图 2-17(b)。这对于数控机床来说并不是最好的加工路线,若进行必要的尺寸换算,按图 2-17(c)所示的加工路线,可以节省定位时间近一倍。加工孔时,数控机床还要确定刀具加工时的轴向尺寸,也就是轴向加工路线的长度,这个长度由工件的轴向尺寸来确定。

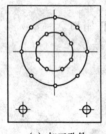 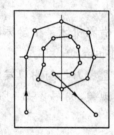 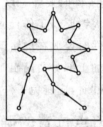

(a) 加工孔件　　　　(b) 走刀路线　　　　(c) 最佳路线

图 2-17 确定走刀路线

2. 轮廓铣削加工走刀路线的确定

在轮廓加工时,走刀路线的确定与程序中各程序段安排次序有关。图 2-18 所示是一个铣槽的例子,图中列举了三种加工路线,程序段安排次序及坐标尺寸都不同。为了保证凹槽侧面最后达到所要求的粗糙度,最终轮廓应由最后一次走刀连续加工出来为好。所以,图 2-18(c)的走刀路线方案就不佳。加工路线应选择先从中间走一刀,然后再次连续走刀把两侧边加工出来,这样既保证了侧边的尺寸公差,又保证了两侧边的粗糙度。在铣镗类加工中心上加工零件,为了保证轮廓表面的粗糙度,减小接刀的痕迹,对刀具的切入和切出路线应精心设计。

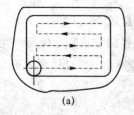 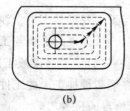 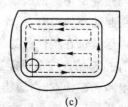

(a)　　　　　　　　(b)　　　　　　　　(c)

图 2-18 铣槽走刀路线

(1) 两种刀具的切入和切出方法

在外轮廓加工中,刀具的切入和切出方向应考虑外延,以保证工件轮廓形状的平滑。刀具的切入和切出分为两种方法:

① 刀具沿零件轮廓法向切入　方法是在切入点 A 作 AB 的法线,在这条法线上使刀具离开切入点一段距离,而这一距离要大于刀具直径,如图 2-19(a)所示。

② 刀具沿零件轮廓切向切入　切向切入可以是直线切向切入,也可以是圆弧切向切入如图 2-19(b)、(c)所示。

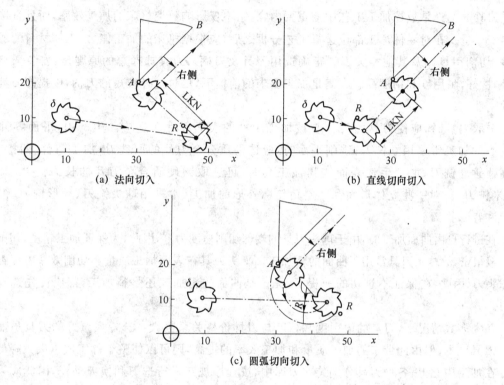

图 2-19　刀具的切入和切出方法

(2) 铣削凸槽类表面的注意点

铣削凹槽一类的封闭内轮廓表面时,切入和切出无法外延,铣刀可沿工件轮廓的附加圆弧引入、引出线方向切入和切出。

(3) 轮廓加工过程应避免进给停顿

轮廓加工过程中,工件、刀具、夹具和机床系统处在弹性变形的状态下,当进给停顿时,因切削力的减小,会改变系统的平衡状态,刀具会在进给停顿处的工件表面留下划痕,因此在轮廓加工过程中应避免进给停顿。

(4) 铣削平面轮廓工件应注意的方向

在铣削平面轮廓工件时,还要避免在垂直零件表面的方向上、下刀或是抬刀,因为这样会留下较大的划痕。

走刀路线是数控机床加工过程中,刀具的中心运动轨迹和方向,编制程序时,主要是编写刀具的运动轨迹和方向,在确定走刀轨迹时应注意以下几点:

① 铣削中应尽量采用圆弧切入的走刀路线,避免在交接处重复切削而在工件表面上产生痕迹。

② 在保证加工精度和表面粗糙前提下,应尽量缩短走刀路线,多次重复的加工动作,可以编制子程序,由主程序调用。应用子程序,可以减少程序段数目和编程的工作量,减少空走刀行程可以提高生产效率。

2.4.5 刀具的选择

刀具的选择是数控加工工艺中的重要内容,它不仅影响数控机床的加工效率,而且直接影响加工质量。在对零件加工部位进行工艺分析之后,应根据机床的加工能力、工件材料的加工工序、切削用量以及其他相关因素正确选用刀具及刀柄。刀具选择总的原则是:安装调整方便,刚性好,耐用度和精度高。在满足加工要求的前提下,尽量选择较短的刀柄,以提高刀具加工的刚性。

选取刀具时,应使刀具的尺寸与被加工工件的表面尺寸相适应。生产中,平面零件周边轮廓的加工常采用立铣刀;铣削平面时,应选硬质合金刀片的面铣刀;加工凸台、凹槽时,选高速钢立铣刀;加工毛坯表面或粗加工孔时,可选取镶硬质合金刀片的长刃铣刀(又称"玉米铣刀");对一些立体形面和变斜角轮廓外形的加工,常采用球头铣刀、环形铣刀、锥形铣刀和盘形铣刀。

在进行自由曲面加工时,由于球头刀具的端部切削速度为零,因此,为保证加工精度,切削行距一般很密,故球头刀具常用于曲面的精加工。平头刀具在表面加工质量和切削效率方面都优于球头刀,因此,在保证不过切的前提下,无论是曲面的粗加工还是精加工,都应优先选择平头刀。

在大多数情况下,刀具的耐用度和精度与刀具价格关系极大。选择质量好的刀具虽然增加了刀具成本,但由此带来的加工质量和加工效率的提高,则可以使整个加工成本大大降低。

在加工中心上,各种刀具分别装在刀库中,按程序规定进行选刀和换刀动作,因此应采用标准刀柄,以便使钻、扩、铰和铣削等工序用的刀具,能迅速、准确地装到机床主轴或刀库上去。编程人员应了解机床上所用刀柄的结构尺寸、调整方法和调整范围,以便在编程时确定刀具的径向和轴向尺寸。目前我国的加工中心采用 TSG 工具系统,其刀柄有直柄(三种规格)和锥柄(四种规格)两种,共包括 16 种不同用途的刀柄。

在经济型数控加工中,由于刀具的刃磨、测量和更换多为人工手动进行,占用辅助时间较长,应合理安排刀具的排列顺序。一般应遵循以下原则:

- 尽量减少刀具数量;
- 一把刀具装夹后,应完成其所能进行的所有加工部位;
- 粗精加工的刀具应分开使用,即使是相同尺寸规格的刀具也不例外;
- 先铣后钻;
- 先进行曲面精加工,后进行二维轮廓精加工;
- 在可能的情况下,应尽可能利用数控机床的自动换刀功能,以提高生产效率。

加工图 2-13 所示的工件,其刀具的选择如表 2-13 所列。

2.4.6 确定合理的切削用量

在工艺处理中,应选择合适的切削用量(即背吃刀量)、主轴转速和进给速度。切削用量的具体数值,应根据数控机床使用说明书的规定、被加工工件材料的类型(如铸铁、钢材、铝材等)、加工工序(如铣、钻等精加工、半精加工、精加工等)以及其他工艺要求,并结合实际经验来确定。表2-13中列出了图2-13工件的切削用量。

1. 切削速度 v 的计算

$$v = \frac{\pi D n}{1\,000}$$

式中:v——切削速度,m/min;
　　D——铣刀最大直径,mm;
　　n——主轴转速,r/min。

2. 主轴转速 n 的确定

切削速度确定后,即可计算出主轴转速,公式为

$$n = \frac{1\,000\,v}{\pi D}$$

3. 进给量 f 和进给速度 F 的确定

(1) 进给量 f 的确定

刀具在进给运动方向上相对于工件的位移量,用刀具或工件每转的位移量来表述,其单位为 mm/r。铣削加工常采用每齿进给量,即铣刀每转一齿相对于工件在运动方向上的位移量称为每齿进给量,记作 f_z,单位为 mm/齿。因此,刀具的进给量 f 为:

$$f = f_z \cdot z$$

式中:f——进给量,mm/r;
　　f_z——每齿进给量,mm/齿;
　　z——刀齿数。

f_z 和 z 都可以通过刀具资料查出来。

(2) 进给速度 F 的确定

进给速度 F 的单位为:mm/min。公式为:

$$F = n \cdot f = n \cdot f_z \cdot z$$

2.5 数控机床的精度检测与维护

为使数控机床发挥其高精度、高效率的优势,使机床各部件始终保持良好的运行状态,应做到定期检查,经常维护保养,尽可能的将故障隐患消灭在萌芽阶段。如数控机床在使用前及使用过程中的精度检验,润滑系统的定期检查及维护,各种过滤装置的及时清扫以及数控机床故障报警的常规处理等。

2.5.1 数控机床精度检测

数控机床精度检测可参照 JB2670 或 ISO/R230 及生产厂家所提供的精度检测项目和精

度指标,精度检测项目主要包括数控机床的几何精度、定位精度和切削精度。

1. 数控机床的几何精度检测

数控机床的几何精度是反映该机床的各关键零部件及其组装后的几何形状误差。数控机床出厂时几何精度检测应满足国家标准。

常用检测数控机床几何精度的工具有精密水平仪、精密方箱、直角尺、平尺、平行光管、千分表、测微仪和主轴芯棒等。检测工具的精度必须比所测的几何精度高一等级,否则测量的结果将是不可信的。同时要注意的是几何精度的检测必须在机床精调后一次性完成,如果调整一项检测一项,将无法避免有些几何精度互相联系互相影响等现象。测量中还应注意检测工具及测量方法造成的附加误差。

2. 数控机床定位精度的检测

数控机床定位精度是指机床各坐标轴在数控装置控制下运动所能达到的位置精度。它可以理解为机床的运动精度,精度的大小取决于数控系统和机械传动系统的综合误差,它将直接反映加工工件所能达到的精度。

(1) 直线运动定位精度

直线运动定位精度是在空载条件下测量的,测量仪器为激光干涉仪,对于一般用户也可采用标准刻度尺,配以光学读数显微镜进行比较测量。两种测量方法参看图 2-20 所示。按照原部颁标准规定:任意 300 mm 测量长度上的定位精度,普通级是 0.02 mm,精密级是 0.01 mm。

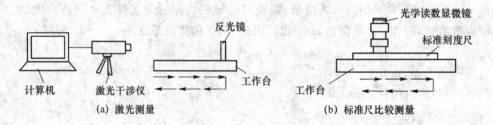

(a) 激光测量　　(b) 标准尺比较测量

图 2-20　直线定位精度测量

(2) 直线运动重复定位精度

重复定位精度是反映轴运动稳定性的一个基本指标,决定了加工工件质量的稳定性和误差的一致性。重复定位精度普通级为 0.016 mm,精密级为 0.010 mm。

机床定位精度的检测项目还包括机床直线运动原点复归精度、回转工作台的定位精度和重复分度精度等。

(3) 数控机床切削精度的检验

切削精度是一项综合精度,它不仅反映了机床的几何精度和定位精度,同时还包括了试件的材料、环境温度、刀具性能以及切削条件等各种因素造成的误差,所以在切削和试件的计量时应尽量减少这些因素的影响。卧式加工中心切削精度应该满足国家标准的要求。

2.5.2　数控机床预防性维护

为充分发挥数控机床的效益,重要的是做好预防性维护,减少和降低机床报警及故障的出

现次数,保持机床的良好运行状态,提高机床的使用寿命。通常应注意以下几个方面:

1. 机床的良好工作环境

良好的工作环境包括:温度、湿度、振动、电源电压和光照等。它将直接影响工件的加工尺寸,数控系统中电子元件的工作指标和寿命及机床报警率的多少。

2. 长期不用数控机床的保养

对于长期封存的数控机床,应每周通电1次,每次空运行1 h左右,利用电器元件本身发热驱走数控装置内的潮气,以保证电子器件性能的稳定和可靠。如果机床闲置半年以上,应将直流伺服电动机的电刷取下来清除表面的化学腐蚀层,使其接触良好。

3. 空气过滤器的清扫

如果空气过滤器上的灰尘过多,会使系统控制柜内冷却空气循环不畅,引起柜内温度过高而使系统工作可靠性降低。建议每3个月到6个月检查并清扫一次。

4. 电池的更换

为了避免电池更换时丢失机床参数,一定要在接通电源的情况下更换电池,且不可将电池极性接反。电池应每年定期检查和更换。

5. 伺服电动机的保养

加工中心的伺服电动机每年应检查一次,检查要在数控系统断电后,且电机完全冷却下来以后进行。维护保养的内容有:用干燥的压缩空气吹除电刷上的粉尘;检查电刷的磨损情况,如果新更换了电刷,应使电动机走合一定时间,使其与换向器表面充分接触;检查清扫电枢整流子以防止短路。

6. 电器柜及电路板的清扫

电器柜及电路板和元件上有灰尘、油污时,容易引起机床故障。因此,机床的电器柜根据使用环境的优劣定期清扫,一般为每年清扫一次。清扫工具可根据电器柜的部位选择毛刷清扫、吸尘器清扫及干燥压缩空气清扫等方法,但应注意清扫力量一定要小,防止元器件脱落和松动。

7. 热管冷却装置的清扫

主轴电动机的端部或主轴温控箱设有冷却装置。如果冷却装置的保护网或散热片很脏,使冷却能力降低而产生报警,应定期清除灰尘。

8. 机械运动部件的润滑

机械运动部件包括交换工作台、滚珠丝杠、换刀装置、导轨和主轴箱等。应根据各运动部件的工作性质,严格按照产品说明书的规定,进行定期更换或添加润滑油或润滑脂,使其运动部件保持良好的运行状态。

9. 冷却液循环系统的原理

冷却液循环系统由液压泵、一级(或二级)过滤网、过滤罩、冷却液回路、开关和喷嘴组成。根据切屑的粗细及材质情况,及时清除过滤网及过滤罩中的切屑,以防细小的切屑阻塞冷却液回路。如果冷却液回路被阻塞,应采用压缩空气反吹法将阻塞物吹出。

10. 对其他一些装置的清理

对纸带阅读装置、加工中心的刀具库、压缩空气回路等也应定期清理,还有已购置的备用电路板,也应定期装到系统上通电运行,以防损坏。

2.5.3 数控机床的故障诊断及常规处理

数控机床操作者除应按照机床操作规程及说明书要求严格使用机床外,还应全面掌握所用机床的机械结构、数控系统的工作原理、电器元件的工作性质、气液回路的工作内容及加工程序的正确编制,尽量避免因操作不当而引起的机床报警及故障的发生。一般数控系统都装有故障自动诊断软件,软件具有几十条到几百条的报警提示功能。在大部分故障出现时,自动诊断程序将通过报警指示灯和操作面板上的屏幕显示报警内容及报警序号;还有部分故障出现时,无报警信息提示,或报警提示内容不明确、不具体。此时,操作者应根据故障的现象分析出是因操作不当、编程有误或日常维护不当等原因而引起的。而当数控系统硬件、电动机及机械部件等发生故障时,则应由维修人员或厂家来解决。以下是机床常见故障与维修的方法。

1. 数控系统故障诊断与维修

(1) 数控系统无法接通电源的原因

① 交流电源有无输入。

② 若有交流电源输入,检验保险是否烧断及开关是否接触良好。

③ 各直流工作电压(+5 V、+24 V 等)电路的负载是否短路。

④ 电源输入单元是否损坏。

(2) CRT 无辉度或无显示

① CRT 单元输入电压是否正常。

② 与 CRT 单元有关的电缆接触是否良好。

③ CRT 接口板或主控板是否良好。

(3) CRT 无显示,但机床能正常工作

CRT 部分或 CRT 控制板损坏。

(4) 机床不能动作

① 机床处于报警状态。

② 机床处于"急停"状态。

③ CRT 显示执行程序的移动内容,而机床不动作,说明机床处于锁住状态。

④ 进给速度设置为 0。

(5) 不能正常返回机床原点

① 机床距机床原点距离太近。

② 脉冲编码器断线。

(6) 手摇脉冲发生器不能工作

① 转动手摇脉冲发生器,CRT 位置变化,而机床不动时,机床是否处于"锁住"状态;如未"锁住",故障则多出在伺服系统中。

② 转动手摇脉冲发生器,CRT 位置无变化,且机床不动时,可能是手摇脉冲发生器或其接口有故障。

(7) 垂直运动轴失控、突然下滑

① 机床主轴平衡重物脱落。

② 主板上的位置控制部件有故障。

(8) RS232C 输入或输出异常

① 有关通信的系统参数设置错误。

② 通信线有问题。

③ 通信软件设置错误。

④ 主板有故障。

(9) 机床参数异常

机床工作不正常,且发现机床参数变化不定,说明控制系统内部电池需要更换。

2. 机械故障的诊断与维护

数控机床机械部分的修理与普通机床有许多共同之处,维修方法在此不再多述,仅叙述其产生故障的原因。

(1) 机床滚珠丝杠副润滑状况不良

定期向 X 轴、Y 轴、Z 轴的滚珠丝杠副内注入润滑脂,以保证机床运转轻快。

(2) 机床导轨缺油报警

将导轨油注入供油箱后,报警将自动解除。

(3) 主轴发热

① 主轴前后轴承是否损伤或轴承润滑脂已经耗尽。

② 主轴前端盖与主轴箱体压盖是否碾伤。

③ 主轴与电动机连接的传送带过紧及传送带轮上的动平衡块是否脱落。

④ 主轴冷却系统故障,如风扇不转,排热不畅和主轴液有问题等。

(4) 主轴在强力切削时丢转或停转

电动机与主轴连接的传送带过松或传送带表面有油。

(5) 刀具不能卡紧或刀具卡紧后不能松开

① 刀具不能卡紧时,检查气压是否在 0.5 MPa 左右;增压回路是否漏气;刀具卡紧油缸是否漏油;刀具松卡弹簧上的螺帽是否松动。

② 刀具卡紧后不能松开时,要检查松锁刀弹簧是否压合过紧。

(6) 刀库中的刀套不能卡紧刀具

顺时针旋转刀套两边的调整螺母,压紧弹簧和顶紧卡紧销。

(7) 刀具交换时掉刀

① 刀具装入刀库时,刀具未插牢固。

② 刀具重量过重(一般>10 kg)。

③ 机械手卡紧销损坏或没有弹出。

④ 机械手转位不准或换刀位置飘移。

(8) 机械手换刀途中停止

① 主轴定向不准。

② 利用机床辅助功能指令,分步完成机械手转动、抓刀、插刀各分解动作;或利用机床 ATC 自动恢复功能,完成换刀动作。

(9) 排屑器及冷却装置故障

及时排除因切屑卡住排屑器或切屑阻塞冷却回路等故障。

3. 伺服系统故障诊断

(1) 伺服系统过热

① 机床摩擦力矩过大或电动机因切削力增加而过载。

② 伺服单元的热继电器设定值错误。

③ 变压器有故障。

④ 伺服电动机有故障。

(2) 机床振动

① 电动机尾部测速发电机电刷接触不良。

② 速度控制单元故障。

(3) 机床运动失控

① 检测器故障或检测信号线故障。

② 电动机与位置检测器连接故障。

③ 主板或伺服单元板故障。

(4) 电动机不转

① 电动机的永久磁体脱落。

② 伺服系统中制动装置失灵。

③ 电动机损坏。

4. 主轴伺服系统故障分析

(1) 主轴电动机不转或达不到正常转速

① 高/低挡齿轮啮合不正常。

② 机床主轴负载(切削力)过大。

③ 程序指令有问题。

④ 伺服单元有故障,如主轴电动机损坏、测速发电机故障等。

(2) 主轴振动及噪音增加

① 主轴齿轮啮合不良。

② 主轴部件松动或脱开。

③ 主轴箱内润滑液有无问题。

④ 主轴载荷是否过大。

(3) 主轴定位不准

调整主轴准停装置后,即可排除故障。

(4) 主轴过热

① 主轴前后轴承是否损伤或轴承润滑脂已经耗尽。

② 主轴前端盖与主轴箱体压盖是否碾伤。

(5) 电动机转速超过设定值

① 机床参数设定错误。

② 励磁电流改变。

③ 主轴电动机电枢部分故障。

④ 主轴控制板故障。

机床在使用过程中发生的其他故障,大部分可以通过屏幕自诊断程序所显示的报警序号及提示,查阅机床维护手册的相关部分,找出发生故障的原因及相应的解决方法。

2.6 数控铣削工件的加工

2.6.1 数控加工工件方式

数控加工方式主要包括以下 4 种类型,即一维铣削加工、二维铣削加工、三维铣削加工和多维铣削加工。

① 二维铣削加工包括以下几种形式:平面加工;钻孔加工和外形轮廓的加工。

② 平面上的外形轮廓的加工又包括外轮廓和内轮廓。

③ 槽铣削加工 其型腔有简单型腔和带岛型腔两种,加工分为环切和行切两种。

④ 二维字符加工 平面上的刻字加工,采用雕刻刀雕刻加工所设计的字符。其刀具轨迹一般就是字符轮廓轨迹,字符的线条宽度一般有雕刻刀刀尖直径保证。当字符的线条较宽时,可将字符线条看为轮廓,对其围成的区域直接进行二维槽铣加工则获得凹陷字符,若将字符线条围成的区域看成岛,在字符外围再指定轮廓,对外围轮廓和字符之间的区域进行二维槽铣加工,则获得凸起字符。

⑤ 三维铣削加工 三维铣削主要是三维曲面加工。三维粗加工方式主要有平行铣削、放射状、投影加工、曲面流线、等高外形和挖槽;三维精加工方式主要有平行铣削、陡斜面、放射状、曲面流线、等高外形、浅平面、交线清角及环绕等距。

2.6.2 加工工件操作过程

以图 2-21 的 FANUC SERIES16-MA 数控铣床为例,介绍图 2-13 所示工件二维铣削过程的操作步骤。

具体加工操作步骤如下:

① 首先打开主控电源,再打开压缩空气阀,然后打开控制面板电源。

② 手动回机床原点 在 POWER(电源)键和 EMERGENCY(急停)键打开后,可以执行手动回机床原点的操作。对于每个坐标轴来说,如果当前位置距离原点(机床原点)非常近($<$100 mm)时,应先操作各轴远离机床原点($>$100 mm),然后再进行回机床原点的操作。

③ 刀具的安装 将表 2-13 中选择好的刀具 T1、T2、T3、T4、T5、T6、T7 依次测量完毕后,按程序的加工顺序依次安装到刀库中(可以根据库座号依次安装刀具)。

④ 刀具的登录 因为 ATC 使用软件随机系统,在刀具放入刀库之后,通过手动数据输入(MDI)或编制程序,使刀座号及相应的刀号存储在数控系统的内存中。登录刀号有两种方法:

• 按顺序从刀座号 01 开始使刀具与刀座相对应;
• 为刀座及主轴上的刀具安排特殊刀座号。

⑤ 刀具半径、长度补偿量输入 在数控铣床上,由于程序所控制的刀具刀位点的轨迹和实际刀具切削刃口切削出的形状并不重合,它们在尺寸大小上存在一个刀具半径和刀具

长短的差别。为此,就需要根据实际加工的形状尺寸算出刀具刀位点的轨迹坐标,据此来控制加工。

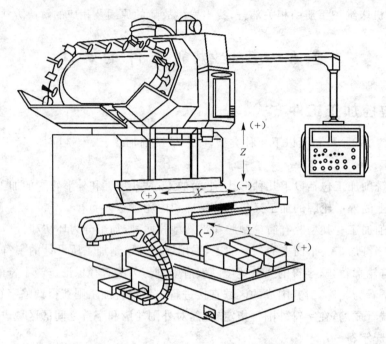

图 2-21 FANUC SERIES16-MA 数控铣床

- 数控铣床刀具补偿类型

刀具半径补偿 补偿刀具半径对工件轮廓尺寸的影响。

刀具长度补偿 补偿刀具长度方向尺寸的变化。

- 刀具补偿的方法

人工预刀补 人工计算刀补量进行编程。

机床自动刀补 数控系统具有刀具补偿功能。

- 刀具半径、长度补偿的方法

测量所用刀具的直径值,并将不同长度的刀具通过对刀操作获取其长度差参数。

通过机床 MDI 方式将各刀具的半径、长度参数依次输入刀具参数表。

执行程序中刀具的半径、长度补偿指令。

⑥ 工件的装夹:在装夹工件前,应先对机床工作台上的所用夹具进行找正。在本例中,操作步骤如下:

第一,松开虎钳的四个螺母,在主轴端面安装磁力表座和百分表,表针接触虎钳的钳口,如图 2-22(a)所示。

第二,在操作面板上按手动键进入机床手动模式,缓慢移动 X 轴(或 Y 轴),根据百分表指针旋转方向和数值大小,找正虎钳钳口的角度和位置。

第三,找正完成后拧紧虎钳与工作台之间的固定螺母。

第四,缓慢移动 X 轴,再校核一次百分表。

第五,把图 2-13 所示的工件装夹到虎钳钳口之间,如图 2-22(b)所示。

⑦ 工件编程原点的确定：工件装夹后，应正确测出工件坐标系的原点（实际上就是工件坐标系原点在机床坐标系中的值），这个过程称为"对刀"。对于表面要求较高的工件，应采用找正器（即寻边器）或百分表对已加工的轮廓尺寸找正。

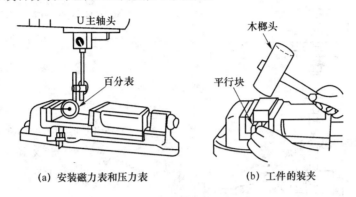

(a) 安装磁力表和压力表　　　　(b) 工件的装夹

图 2-22　虎钳的找正和工件的装夹

找正器通常有偏心式和光电式两种，图 2-23 所示的是偏心式找正器。用找正器找正时要使机床在手动模式下进行。工件找正后，也就确定出了 G54（或 G55、G56、G57、G58、G59）的坐标系原点值，即工件的编程原点。

- XY 坐标值的测量（如图 2-23 所示）

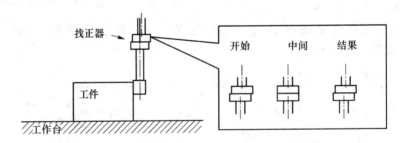

图 2-23　偏心式找正器测量 XY 坐标

在手动数据输入（MDI）模式下输入以下程序：S600 M03。

按运行键，让找正器转起来，转数为 600 r/min。

进入手动模式，把屏幕切换到机床坐标系显示状态。

用手摇脉冲发生器分别缓慢移动 X 轴和 Y 轴，找正 X 坐标值和 Y 坐标值，分别记录屏幕上显示的 X 轴和 Y 轴的值。

找正期间应注意的事项有：

使用找正器时要注意它的转速范围在 600~660 r/min 之间。

在找正器接触工件时机床的手动进给倍率要由快到慢变化。

此找正器不能找正 Z 坐标原点。

- Z 坐标值测量方法

在 MDI 模式下输入程序：T1 M98 P8999。

按运行键，把刀库中第一号刀调入主轴。

进入手动模式，把机床屏幕切换到机床坐标系的显示状态。

平稳放置一块 100.0 mm 量块到工件上表面。

用手摇脉冲发生器缓慢移动 Z 轴,使刀刃和量块微微接触即可记下屏幕上显示 Z 的值,然后将此 Z 值减去 100.0 mm 的量块值,则是所需要的 Z 向的坐标值,如图 2-24 所示。

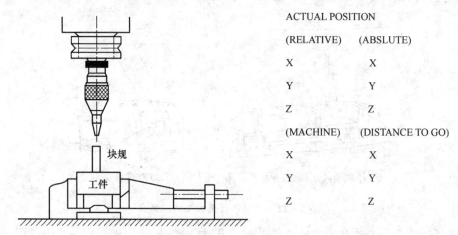

图 2-24　Z 坐标值测量方法

用百分表找正的方法与找正器一样,只是用百分表找正时,主轴不需要转起来,只手动就可以了,如图 2-25 所示。对于要求以孔中心轴线为坐标原点的工件,应使用杠杆式百分表或杠杆式千分表。

⑧ 工件坐标系的输入:根据上一步所得出的 X、Y、Z 坐标值,把屏幕切换到工件坐标系显示屏幕,将坐标值输入即可。

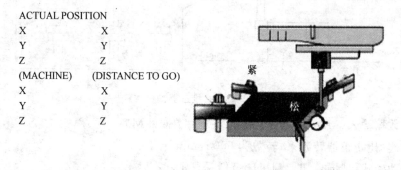

图 2-25　用百分表测量 XY 坐标

⑨ 程序的输入:程序的输入有三种方法:
- 在编辑状态(EDIT)下,可将程序清单上的程序代码通过操作面板按键直接输入机床数控系统。
- 可以用磁盘或可移动盘等通过计算机专用接口把程序输入机床数控系统。
- DNC 方法。DNC(distributed numerical control)称为分布式数控,是实现 CAD/CAM 和计算机辅助生产管理系统集成的纽带,是机械加工自动化的又一种形式。

⑩ 试运行:试运行的目的是为了检查程序是否有误,其操作步骤如下:
- 在程序编辑模式下,按下控制面板上 RESET 键,按 recollection 键,进入 MEMORY 模式。

- 把屏幕切换到工件坐标屏幕显示:将 EXT 坐标中的 Z 值改为 100.0 mm 或者更多一些,即把 G54 坐标系的原点向+Z 轴方向平移 100.0 mm。
- 按程序启动钮即可进行程序加工动作的模拟。

⑪ 试切:此步骤可以不做,如果需要试切的话,可以试切一个毛坯为石蜡或塑料的工件。

⑫ 自动加工:试运行完成之后,如果程序完全通过,则可以进行加工工件。其加工步骤如下:

- 回到程序编辑状态。
- 按控制面板上 RESET 键。
- 关闭试动行键,屏幕切换到工件坐标屏幕显示。
- 把 EXT 坐标中的 Z 值恢复为 0.0 mm,即把 G54 坐标原点还原。
- 按 MEMORY 进入 MEMORY 模式,按程序启动钮即可进行工件加工。

⑬ 其他:检验工件;清扫床面,整理刀、量具;关闭电源、关压缩气。

2.7 零件的检测

工件的检测可分为离线检测和在线检测。

2.7.1 离线检测使用的测量仪器及使用方法

1. 常用测量仪器

(1) 游标卡尺

游标卡尺是利用游标原理对两测量面相对移动分隔的距离进行读数的测量器具。游标卡尺(简称卡尺)与千分尺、百分表都是最常用的长度测量器具。

游标卡尺的结构如图 2-26 所示。游标卡尺的主体是一个刻有刻度的尺身,称为主尺,而沿着主尺滑动的尺框上装有游标。游标卡尺可以测量工件的内、外尺寸(如长度、宽度、厚度、内径和外径)、孔距、高度和深度等。优点是使用方便、用途广泛,测量范围大,结构简单和价格低廉等。

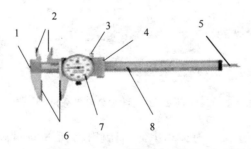

1.尺身，2.内量爪，3.紧固螺钉，4.尺框，5.深度尺，6.外量爪，7.表盘，8.主尺

图 2-26 游标卡尺的结构

① 游标卡尺的读数原理和读数方法 游标卡尺的读数值有 0.1、0.05、0.02 mm 三种,其中 0.02 mm 的卡尺应用最普遍。

以下是 0.02 mm 游标卡尺的读数原理和读数方法：

游标上共有 50 格刻线，其总宽度与主尺上 49 格刻线宽度相同，因此游标的每格宽度为 49/50＝0.98，则游标上的读数值是(1.00－0.98) mm＝0.02 mm。所以，0.02 mm 为该游标卡尺的读数值。

② 游标卡尺读数的三个步骤

先读整数　看游标零线的左边，尺身上最靠近的一条刻线的数值，读出被测尺寸的整数部分；

再读小数　看游标零线的右边，数出游标上第几条刻线与尺身刻线对齐，读出被测尺寸的小数部分(即游标读数值乘以对齐刻线的顺序数)；

得出被测尺寸　把上面两次读数的整数部分和小数部分相加，就是卡尺的所测尺寸。

③ 游标卡尺使用注意事项　测量前要进行检查。游标卡尺使用前要进行检验，若卡尺出现问题，势必影响测量结果，甚至造成整批工件的报废。首先要检查外观，要保证无锈蚀、无伤痕和无毛刺，要保证清洁。然后检查零线是否对齐，将卡尺的两个量爪合拢，看是否有漏光现象。如果贴合不严，需进行修理。若贴合严密，再检查零位，看游标零件是否与尺身零线对齐、游标的尾刻线是否与尺身的相应刻线对齐。另外检查游标在主尺上滑动是否平稳、灵活，不要太紧或太松，如图 2－27 所示。

图 2－27　游标卡尺的使用

- 读数时，要看准游标的哪条刻线与尺身刻线正好对齐。如果游标上没有一条刻线与尺身刻线完全对齐时，可找出对得比较齐的那条刻线作为游标的读数。
- 测量时，要平着拿卡尺，朝着光亮的方向读数，使量爪轻轻接触零件表面，量爪位置要摆正，视线要垂直于所读数的刻线，防止读数误差。

(2) 外径千分尺

千分尺类测量器具是利用螺旋副运动原理进行测量和读数的一种测微量具，测量准确度高，按性能可分为一般外径千分尺(见图 2－28)、数显外径千分尺(见图 2－29)、尖头外径千分尺，如图 2－30 所示等。

图 2－28　外径千分尺　　　图 2－29　数显外径千分尺　　　图 2－30　尖头外径千分尺

外径千分尺使用普遍，是一种体积小、坚固耐用、测量准确度较高，使用方便、调整容易的一种精密测量器具。

外径千分尺可以测量工件的各种外形尺寸，如长度、厚度、外径以及凸肩厚度、板厚或壁厚等。

外径千分尺分度值一般为 0.01 mm，测量精度可达百分之一毫米，也称为百分尺，但国家标准则称为千分尺。

① 外径千分尺的读数原理和读数方法　外径千分尺测微螺杆的螺距为 0.5 mm，微分筒圆锥面上一圈的刻度是 50 格。当微分筒旋转一周时，带动测微螺杆沿轴向移动一个螺距，即 0.5 mm，若微分筒转过 1 格，则带动测微螺杆沿轴向移动 (0.5/50) mm＝0.01 mm，因此外径千分尺的读数值是 0.01 mm。

② 外径千分尺的读数步骤
- 先读整数　微分筒的边缘（或称锥面的端面）作为整数毫米的读数指示线，在固定套管上读出整数。固定套管上露出来的刻线数值，就是被测尺寸的毫米整数和半毫米整数。
- 再读小数　固定套管上的纵刻线作为不足半毫米小数部分的读数示线，在微分筒上找到与固定套管中线对齐的圆锥面上的刻线，将此刻线的序号乘以 0.01 mm，就是小于 0.5 mm 的小数部分的读数。
- 得出被测尺寸　把上面两次读数相加，就是被测尺寸。

③ 外径千分尺的使用方法
- 减少温度的影响　使用千分尺时，应用手握住隔热装置。若用手直接拿着尺架去测量工件，会引起测量尺寸的改变。
- 保持测力恒定　测量时，当两个测量面将要接触被测表面，就不要用手直接旋转微分筒了，只需旋转端部测力装置的转帽，等到棘轮发出"卡、卡"响声后，再进行读数。不允许猛力转动测力装置。退尺时，要旋转微分筒，不要旋转测力装置，以防拧松测力装置，影响零位。
- 正确操作方法　测量较大工件时，最好把工件放到 V 形铁或平台上，采用双手操作法，左手拿住尺架的隔热装置，右手用两指旋转测力装置的转帽。测量小工件时先把千分尺调整到稍大于被测尺寸之后，用左手拿住工件，采用右手单独操作法，用右手的小指和无名夹住尺架，食指和拇指旋转测力装置或微分筒。
- 减少磨损和变形　不允许测量带有研磨剂的表面、粗糙表面和带毛刺的边缘表面等。当测量面接触被测表面之后，不允许用力转动微分筒。否则会使测微螺杆、尺架等发生变形。
- 应经常保持清洁，轻拿轻放，不要摔碰。

(3) 内径千分尺

① 内径千分尺的结构　内径千分尺（见图 2-31）是由测微头（或称微分头）和各种尺寸的接长杆组成。

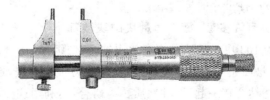

图 2-31　内径千分尺

② 内径千分尺使用方法
- 校对零位　在使用内径千分尺之前，也要像外径千分尺一样进行各方面的检查。在检

查零位时,要把待测微头放在校对卡板两个测量面之间,若与校对卡板的实际尺寸相符,说明零位"准"。

- 测量孔径　先将内径千分尺调整到比被测孔径略小一点,然后把它放进被测孔内,左手拿住固定套管或接长杆套管,把固定测头轻轻地压在被测孔壁上不动,然后用右手慢慢转动微分筒,同时还要让活动测头沿着被测件的孔壁,在轴向和圆周方向上细心地摆动,直到在轴向找出最大值为止,才能得出准确的测量结果。
- 测量两平行平面间距离　测量方法与测量孔径时大致相同。测量时一边转动微分筒,一边使活动测头在被测面的上、下、左、右摆动,找出最小值,才是被测平面间的最短距离。
- 正确使用接长杆　接长杆的数量越少越好,可减少累积误差。把最长的接杆接在前端,最短的接杆接在最端。
- 其他注意问题　不允许把内径千分尺用力压进被测件内,以避免过早磨损,避免接长杆弯曲变形。

(4) 深度千分尺

① 深度千分尺的结构　如图 2-32 所示,其结构与外径千分尺相似,只是用底板代替了尺架和测砧。深度千分尺的测微螺杆移动量是 25 mm,使用可换式测量杆,测量范围为 25～50 mm、50～75 mm、75～100 mm。

② 深度千分尺的使用方法　深度千分尺的使用方法与前面介绍的千分尺的使用方法类似。测量时,测量杆的轴线应与被测面保持垂直。测量孔的深度时,由于看不到里面,所以用尺要格外小心。

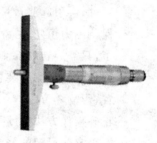

图 2-32　深度千分尺

(5) 量　块

量块又称块规,其截面为矩形或圆形,一对相互平行测量面间具有准确尺寸的测量器具,如图 2-33 所示。

① 量块的主要用途:
- 检定和校准各种长度测量器具。
- 在长度测量中,作为相对测量的标准件。
- 用于精密画线和精密机床的调整。
- 直接用于精密被测件尺寸的检验。

在实际生产中,量块有许多套,每一套量块的块数都不一样(如图 2-34 所示为 103 块),量块是成套使用的,以便组

图 2-33　量块

成各种尺寸。量块的测量面非常平整和光洁,用少许压力推合两块量块使它们的测量面互相紧密接触,两块量块便能粘合在一起,这种性质称为研合性,利用这种性质,便能将不同尺寸的量块组合成所需求的各种尺寸。

② 量块的使用方法
- 量块、尺寸组合

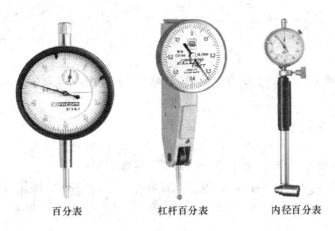

图 2-34 百分表

根据使用需要,可把不同尺寸的量块研合起来组成量块组,这个量块组的总长度尺寸就等于各组成量块的长度尺寸的总和。由此可见,组成量块用得越多,累积误差也会越大,所以,在使用量块组时,应尽可能减少量块的组合块数,一般不超过 4～5 块。

组合量块组时,为了减少所用量块的数量,应遵循一定的原则来选择量块长度尺寸:

根据需要的量块组尺寸,首先选择能够去除最小位数尺寸的量块;

然后再选择能够依次去除位数较小尺寸的量块,并使选用的量块数目为最少。

例如,如需组合 69.475 mm 的量块组,先选 1.005 mm 一块,再选 1.47 mm 块和 7 mm 各一块,最后选 60 mm 一块共四块研合而成。

- 量块的研合方法

一般有以下 2 种研合方法,而平行研合法应用比较普遍。

平行研合法:量块沿着测量面的长边方向,先将端缘部分的测量面相接触,使初步产生研合力;然后推动一个量块沿着另一个量块的测量面平行方向滑进,最后使两个测量面全部研合在一起。

交叉研合法:先将两块量块的测量面交叉成十字形相互叠合;把一块量块转 90°,使两个测量面变为相互平行的方向;再沿着测量面长边方向后退,使测量面的边缘部分相接触。再按上述平行研合法,使两个测量面全部研合在一起。

(6) 百分表

① 百分表结构形式与工作原理　百分表、杠杆百分表和内径百分表的应用非常普遍,图 2-34 是这 3 种表的外观,百分表的结构如图 2-35 所示。

在测量过程中,测头 8 的微小移动,经过百分表内的一套传动机构而转变成主指针 1 的转动,可在表盘 5 上读出被数值来。测头 8 安装在测量杆 7 的下端,测量杆移动 1 mm 时,主指针 1 在表盘上正好转一圈,由于表盘上均匀刻有 100 个

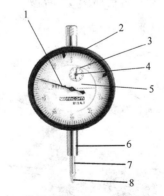

1. 主表针; 2. 表框; 3. 转数指示盘; 4. 转数指针;
5. 表盘; 6. 轴; 7. 测量杆; 8. 测头

图 2-35 百分表的结构

格,因此表盘的每一小格表示 1/100 mm,即 0.01 mm,这就是百分表的分度值。当指针 1 转动一圈的同时,在转数指示盘 3 上的转数指针 4 就跟着转动一格(共有 10 个等分格),所以转数指示盘 3 的分度值是 1 mm。旋转表圈 2 时,表盘 5 也随着一起转动,可使指针 1 对准表盘上的任何一条刻线。测量杆 7 的上端有个档帽,对测量杆向下移动起限位作用;也可以用它把测量杆提起来。

② 百分表使用方法
- 使用前要认真检查外观、表蒙玻璃是否破裂或脱落,是否有灰尘和湿气侵入表内,检查测量杆的灵敏性,是否移动平稳、灵活、无卡住等现象。
- 使用时,必须把表可靠地固定在表座或其他支架上,否则可能摔坏百分表。
- 百分表既可用做绝对测量,也可用做相对测量。相对测量时,是用量块作为标准件,因此具有较好的测量精度。
- 测量头与被测表面接触时,测量杆应该预先有 0.3~1 mm 的压缩量,可提高示值的稳定性,所以要先使主指针转过半圈到一圈左右。当测量杆有一定的预压量后,再把百分表紧固住。
- 为读数的方便,测量前一般把百分表的主指针指到表盘的零位,通过转动表圈,使表盘的零刻线对准主指针,然后再提拉测量杆,重新检查主指针所指零位是否有变化,反复几次直到校准为止。
- 测量工件时应注意测量杆的位置,测量平面时,测量杆应与被测表面垂直,否则会产生较大的测量误差。测量圆柱形工件时,测量杆的轴线应与工件直径方向一致。
- 测量时,测量杆的行程不要超过它的测量范围,以免损坏表内零件,避免振动、冲击和碰撞。
- 要保持清洁。

2. 特殊测量仪器

① 轮廓投影仪如图 2-36 所示。

② 三坐标测量仪如图 2-37 所示。

图 2-36 轮廓投影仪

图 2-37 三坐标测量仪

③ 表面粗糙度测量仪如图 2-38 所示。

图 2-38 表面粗糙度测量仪

④ 万能工具显微镜。

2.7.2 加工中心的在线检测

在线检测分为通用量具和特殊量具的检测。

1. 在线检测的通用仪器

在线检测使用的通用测量仪器及使用方法与机外使用方法相同,这里不在赘述。

在线检测使用的在线检测传感器,是利用机床本身的功能在加工过程中进行检测,将检测到的数据反馈给加工程序并进行修正,从而保证加工精度。在线传感器有许多种,其测量方法也各不相同。其中的一种是接触传感器。它具有三维测量功能的测头,当测头与工件接触且接触力达到一定值时,则发出触发信号,数控系统接收到该信号后则将测量运动中断,并采集该瞬时的坐标值,由测量程序读出该坐标值并记入相应的变量中,将该坐标值与原存储的坐标值进行比较,进而对加工程序进行修正,保证加工的精度。这种传感器是与相应的测量软件配套使用的。

2. 工件自动测量

在切削加工过程中,工件尺寸会发生变化,刀具也会产生磨损甚至损坏。在加工中心上安装一套测量装置,使其能按照程序自动测出零件加工后的尺寸及刀具长度,从而达到自动监测的目的,这个过程称为自动测量,所用装置为自动测量装置。加工中心可以利用这些测量信息完成一些动作,如:换刀具、修正刀补再加工和零件报废等。此功能使加工中心更适合于自动生产。

(1) 工件自动测量

把测头安装在主轴上随机床按程序移动并接触工件,记录下触点的坐标位置,利用软件对其分析、计算、处理,从而起到对工件尺寸监控的作用。加工前它能测出工件的对称中心、基准孔中心、基准角和基准边的坐标值,加工中自动补偿工件坐标系的坐标值,消除安装误差,在加工后,能测量孔径、阶台高度差、孔距和面距等。

自动工件测量装置能利用自动测量孔、面等的方法实现高质量的加工。由于在机内进行测量,补偿了机床、刀具的热变形及工件安装误差,其过程如图 2-39 所示。

测量注意事项如下:

① 测头可以放在刀库内,与其他刀具一样分配一个刀具号。

② 测头的刀具长度是从锥柄基准线至触头球心的距离。在预调仪上测出基准线至触头

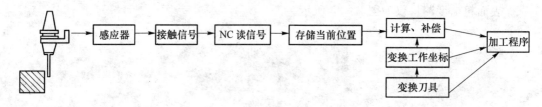

图 2-39 工件自动测量过程

端的长度,再减去触球半径即为刀具长度,应将此值输入刀具长度补偿存储器内。

③ 测头装在刀库内,必须保证其右侧刀库为空刀库,以避免测头的感应式传感器与相邻刀具干涉。一般立式加工中心的刀库选刀方式为刀号式,刀具经几次变换后可能已不在原刀库内,为避免此情况发生可采用以下编程方法:

```
---
M98 P8999;
T05;
---
M98 P8999;          ⎫
T98;                ⎬ 用5号刀加工
---                 ⎭
M98 P8999;          ⎫
T05;                ⎬ 测量程序
---                 ⎭
M98 P8999;          与5号刀交换
T10;
M98 P8999;          5号刀与10号刀交换
T11;
---
```

④ 标定 一般来说测头的触球位置与主轴轴线不共线,测杆也有一定变形误差,这就造成了测头的常值性误差,此误差可以用补偿的方法消除;另外传感器本身也有一些常值和随机误差,有一些也可用补偿的方法消除,这一过程就是标定。

每次把测杆装在测头上都要进行一次标定。它的原理是:用测头测标准零件,没有经过补偿的数据叫粗测值,计算粗测值与标准件实际值的误差,把测头的综合误差存入 NC 机床(此数据叫标定数,标定数被存储在保持式公用变量#500~#504中)。以后测量工件时把粗测数与标定数相加即得零件坐标,这一过程就是补偿。

#500X+标定数   #501X-标定数
#502Y+标定数   #503Y-标定数
#504Z-标定数

⑤ 测头进给方式 在自动测量过程中,测头先快速向工件运动,靠近工件时开始接近动作。接近动作的进给方式是一种跳步动作,其特点是机床行进中触头有信号时,机床不用停止系统就可读取瞬间坐标值,然后机床停止转向下一语句。接近动作是由基本检测指令 G31 完

成的,G31是完成自动检测的基础功能,它是一种跳步指令。
G31工作原理是:测头测球以一定速度接触工件表面,当触球
接触工件时,测头发出信号,控制系统接收此信号并停止该段
程序的执行,转向下一程序段。运行以下程序,测头轨迹如
图2-40。

G91 G31 X20. Y0 Z0 F500;
G01 X-20. F4000;

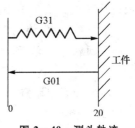

图2-40 测头轨迹

测头进给动作的几种方式如表2-14所列。

表2-14 测头进给方式

进给方式	进给速率		接触后退距离/mm	指令
跳步进给1	一般速度	F1500×比率	5	G31
	高速度		7	G31
跳步进给2	一般速度	F50	1	G31
	高速度	F500	3	G31
切削进给	F4000×比率		—	G01
快进	各档快进速度		—	G00

如图2-41所示,测头接近工件时的接近动作有2种方式:

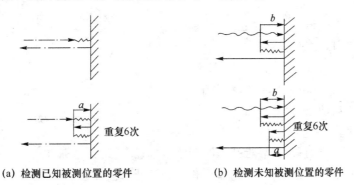

(a) 检测已知被测位置的零件　　(b) 检测未知被测位置的零件

图2-41 测头接近工件时的接近动作

- a方式　用于被测零件表面位置已知的情况,用于检测零件;
- b方式　用于被测零件表面位置未知或已知大概尺寸的情况,用于毛坯尺寸或已加工表面变化比较大的情况。

为得到更高的测量精度,每种方式下的测量动作可循环1~6次,取其平均值作为测量值。

(2) XY标定方法

① 在加工中心工作台上放一个直径30~200 mm的标准环规,以保证环规端面与XY平面平行。

② 机床回原点,关掉试运行(dry run)开关。

③ 在主轴上安装一个高精度杠杆表,精确找正环规中心。移动XY坐标轴离开找正位

置,快速移动回到找正中心,检验找正的准确度,重复几次,然后把中心位置设为(X_0, Y_0)。

④ 拿下杠杆表,使用 M19 命令使主轴定向,装上测头,注意对正传感器。

⑤ 手动靠近环规,移动测头到(X_0, Y_0)处,Z 轴降至环规端面下 10 mm 处,把 Z 轴设为 Z_0。

⑥ 使各轴返回原点。

(3) XY 标定程序

编写并执行以下程序:

O0001;

G90 G54 G00;

G65 P9700 X0 Y0 Z0 I100.0 M5;

M00;

M30;

其中:P9700 是测头 XY 标定宏程序。其使用格式如下:

　　G65 P9700 A__ B__ I__ M__ X__ Y__ Z__ ;

A——测头长度补偿号

B——测头长度实际值(A 与 B 只能选其一),单位:mm

X——基准孔 X 坐标,mm

Y——基准孔 Y 坐标,mm

Z——测量平面的 Z 方向位置,单位:mm

I——基准孔直径,mm

M——触球直径,默认值为 5 mm

运行此程序时,测头运动轨迹及工作过程如图 2-42 所示。

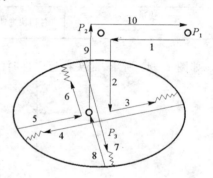

图 2-42 XY 标定方法

标定程序在 P_1 点被调用,动作顺序如下:

① 测头快速运动至 P_2 点。

② 下降至 Z 点。

③ 测头向 X+方向移动,靠近孔壁时开始接近过程(采集坐标点)。

④ 快速返回并到达孔壁 X-侧,靠近孔壁时又开始接近过程(采集坐标点)。

⑤ 沿 X+方向运动至孔中心。

⑥ 沿 Y+方向采集 Y+孔壁坐标点。

⑦ 采集 Y-方向坐标点。

⑧ 返回中心。

⑨ Z 轴返回起始高度。

⑩ 返回起始点。

其中③~⑧步重复七次,平均值被存储在#500 到#503 中。

(4) Z 轴标定

Z 轴标定步骤如下:

① 在工作台上放一个测量基准块,使测量面与 XY 平面平行,然后夹紧。

② 把千分表装在刀柄上(见图 2-43),用刀具预调仪测出千分表读数为 0 时的 l 值。

③ 把准备好的千分表装在主轴上，使各轴回原点，手动操作 XYZ 轴，使 XY 在工件中央位置，Z 轴接触工件并使千分表读数为零，记下当前坐标 (X_0,Y_0,Z_0)。计算 $Z_N=Z_0+1$，把 G54 坐标值设为 $(X_0、Y_0、Z_N)$。

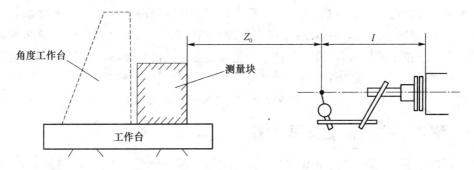

图 2-43 Z 轴标定

④ 各轴返回原点，装上测头，编辑并执行以下程序：
O0002;
G90 G54 G00 X0 Y0;
G43 Z50.0 H98;
G65 P9701 A98. Z0 M5;
G91 G28 Z0;
G49;
M00;
M30;

以上程序中，测头长度补偿号为 98，触球直径为 5 mm，测量 G54 的 Z0 点。测量 Z0 点的过程重复七次，取平均值存储在标定数 #504 中。该过程在机床内进行，因此补偿了机床热变形等误差。

Z 轴标定宏程序使用方法及说明如下：
G65 P9701 A　B　M　Z　;
A——测头长度补偿号
B——测头长度补偿值（A 与 B 只能取其一），单位：mm
Z——Z 基准面坐标值，单位：mm
I——基准孔直径，单位：mm
M——触球直径，默认值为 5 mm

（5）O0002 程序在 P 点开始运行的轨迹如图 2-44 所示，动作如下：
① 测头运动至点 G54(X0,Y0) 处。
② Z 轴降至 50 mm 高处。
③ O9701 开始运行，测头快速靠近工件，再以跳步进给方式接触工件，采集坐标点。
④ 快速返回 Z50.0 处。
⑤ 返回原点。其中③、④步要重复七次，平均值记入 #504。

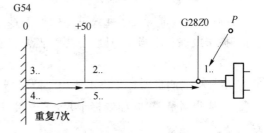

图 2-44 Z 轴标定过程

2.8 工艺及检测方案确定原则

自然界中存在的各种物理量,其特性都反映在"量"和"质"两个方面,而任何的"质"通常都反映为一定的"量"。测量的任务就在于确定物理量的数量性,所以成为认识和分析物理的基本方法。从科学技术的发展看,有关各种物理量及相互关系的定理和公式等,许多是通过测量而发现或证实的。因此,著名科学家门捷列夫说"没有测量就没有科学"。在工业生产中,测量技术是进行生产管理的手段,是贯彻高精度标准的技术保证。

2.8.1 测量基准与定位方式选择

在测量过程中,正确选择测量基准及定位方式可以减少测量误差,提高测量精度,保证产品质量。

1. 测量基准选择

用于测量已加工面的尺寸及位置的基准称为测量基准。选择测量基准时应遵守基准统一的原则,即设计基准、测量基准、装配基准和定位基准应统一。当基准不统一时,应遵守下列原则:

① 在工序检测时,测量基准就与定位基准一致。
② 在终结检测时,测量基准应与装配基准一致。

2. 定位方式选择

根据被测工件的结构形式及几何形状选择定位方式,其选择原则如下:

① 平面可用平面或三点支撑定位。
② 球面可用平面或 V 形块定位。
③ 外圆柱面 V 形块或顶尖、三爪定心卡盘定位。
④ 内圆柱面可用心轴或内三爪自动定心卡盘定位。

3. 测量过程注意事项

(1) 减少基准件误差的影响

基准件的误差虽小,但是,经常使用也会产生磨损而增大误差值。所以,必须坚持基准件的定期检定制度,以便按基准件的实际精度来合理选用。在选择基准件的精度时,一般基准件的精度要比被测工件的精度高 2~3 级,这是基准件选用的一般原则。为了提高测量的准确度,还应在测得值中加上基准件的修正值。

(2) 减少测量器具误差的影响

每种测量器具都规定了允许的示值误差,以便保证一定的测量准确度。但是,测量器具由于磨损、撞击或保养不当等原因,将逐渐丧失它原有的准确度;若继续使用会引起较大的测量误差。

① 不合格的测量器具坚决不使用。测量器具必须定期检定,检定合格后才准许使用。
② 在某些测量器具(如游标卡尺、千分尺等),在使用时,事先要校对零位,以便减少测量误差。
③ 量具的测头应滑动灵活、均匀,避免出现过松或过紧现象。

(3) 减少测量引起的测量误差

为了减少测量力引起的测量误差，要求测量力的大小要恰当，稳定性要好，即

① 测量力不能太大。

② 测量时的测量力，应该尽可能与"对零"时的测量力保持一致；各次测量的测量力大小要均匀一致。

③ 测量过程中，测量器具的测头要轻轻接触被测件，避免用力过猛或冲击。

④ 某些测量器具带有测量力的恒定装置，测量时应正确使用，如千分尺的测力装置。

(4) 减少温度引起的误差

物体有热胀冷缩的特性，所以，在不同的温度条件下，物体的尺寸都会发生变化，下列注意事项在测量工件中，是不容忽视的。

① 精密测量应在标准温度(20℃)的恒温室中进行。

② 测量器具与被测件的线膨胀系数相接近；在相对测量时，标准件的材料尽可能与被测件相同，或者挑选质量较好的被测件作为标准件。

③ 测量器具和被测件要在相同温度下进行测量，在加工中受热的工件或过冷的工件都不应立即进行测量。

④ 进行精密测量或大尺寸测量时，要采用定温的方法。即测量器具和被测件要在同一个温度并经过一定的时间，使两者与周围环境的温度相一致，然后再进行测量。

⑤ 测量器具不应放在热源附近和直射的阳光下。

⑥ 测量者的体温、手温和哈气对测量器具的影响。

(5) 减少主观原因造成误差

① 掌握测量器具的正确使用方法及读数原理，避免或减少测错现象，提高测量准确度，测量者对不熟悉的测量器具，不应随便动用。

② 测量时应认真仔细，注意力集中，避免出现读错、记错等误差。

③ 测量时可在同一个位置上多测几次，取其平均值作测量结果，可减少误差。

④ 正确读数减小误差。正确的读数方法是用一只眼睛正对着刻线或指针，而不是用鼻对正。

⑤ 减小估读误差。测量时，往往需要读出不足一格的数值，这种对于一格的几分之几的估计读数叫做估读。为减少估读误差，应经常进行估读练习。必要时还可以利用放大镜读数。

2.8.2 正确选择测量工具

一般情况下，测量方法的总误差主要决定于所选用的量具和仪器的误差。正确选用测量仪应遵循既要保证测量的准确度又要经济的原则。

1. 正确选用量具和仪器应考虑以下因素

① 根据被测件的尺寸大小确定所选用量仪的测量范围，测量仪的测量范围应能覆盖被测件的量值。

② 一般情况下，单件测量选用通用量具或仪器。批量大、数量多时可以选用极限量规、专用量仪或量具。

③ 考虑所选用标准化、系列化和通用化的计量器具，以便于安装、使用、维修和更换。

④ 根据被测件尺寸公差确定所选用量仪的准确度等级。测量精度系数 K 计算公式为：

$$测量精度系数\ K = \frac{测量极限误差}{被测件公差} = \frac{3\sigma}{T}$$

对于不同等级的工件可按表2-15查得。被测件公差等级越高,所选用的量仪要求也越高,则给测量仪的制造带来困难。对于精度很高的被测件,测量仪的极限误差可增大到被测件公差的1/2。

表 2-15 测量方法的精度系数

工件公差	轴	5	6	7	8~9	10	111	12~16
等级(IT)	孔	6	7	8	9			
测量精度系数 K/%		32.5	30	27.5	25	20	15	10

2.8.3 形位精度的测量

形位公差的研究对象是构成零件集合特征的点、线、面。这些点、线、面统称要素,在研究形状公差时,涉及的对象有线和面两类要素。在研究位置公差时,涉及的对象有点、线和面三类要素。形位公差就是研究这些要素在形状及其相互方向或位置方面的精度问题。

形位公差是指被测量要素的允许变动全量,所以,形状公差是指单一实际要素的形状所允许的变动量,位置公差是指关联实际要素的位置对基准所允许的变动量。

1. 形位误差的评定

在测量被测实际要素的形状位置误差、形位公差是用来限制零件本身形位的,它是实际被测要素的允许变动量。新国家标准将形位公差分为形状公差、形状或位置公差和位置公差。根据车铣加工中心的加工特点,圆柱度、同轴度、径向圆跳动对加工过程和加工质量影响较大,应注意观察检测。

在测量被测实际要素的形状和位置误差值时,首先应确定理想要素对被测实际要素的具体方位,因为不同方位的理想要素与被测实际要素上各点的距离是不相同的,因而测量所得的形位误差值也不相同。确定理想要素方位的常用方法为最小包容区域法。

最小包容区域法是用两个等距的理想要素包容实际要素,并使两理想要素之间的距离为最小。应用最小包容区域法评定形位误差是完全满足"最小条件"的。所谓最小,即被测实际要素对其理想要素的最大变动量为最小。

2. 形位误差的检测原则

形位误差的项目较多,为了能正确地测量形位误差,便于选择合理的检测方案。国家标准规定了形位的5个检测原则。

(1) 与理想要素的比较原则

将被测实际要素与理想要素相比较,量值由直接法或间接法获得,理想要素由模拟法获得。模拟理想要素的形状,必须有足够的精度。

(2) 测量坐标值原则

测量被测实际要素的坐标值,并经数据处理获得形位误差值。

(3) 测量特征参数原则

测量被测实际要素上具有代表性的参数(即特征参数)来表示形位误差值。按特征参数的变动量来确定形位误差是近似值。

(4) 测量跳动原则

被测量实际要素绕基准轴线回转过程中,沿给定方向或线的变动量;变动量是指示器最大与最小读数之差。

(5) 控制实效边界原则

检测被测实际要素是否超过实效边界,以判断被测实际要素合格与否。

2.8.4 表面粗糙度的检测

1. 表面粗糙度

是指被加工表面所具有的较小间距粗糙度和微小峰谷不平度,其相邻两波峰或两波谷之间的距离(波距)很小(在 1 mm 以下),用肉眼是难以区分的,因此它属于微观几何形状误差。表面粗糙度越小,则表面越光滑。表面粗糙度的大小,对机械零件的使用性能有很大的影响,主要表现在以下几个方面:

① 表面粗糙度影响零件的耐磨性　表面粗糙度增高,则配合表面间的有效接触面积减小,压强增大,表面磨损加重。

② 表面粗糙度影响配合性质的稳定性　对间隙配合来说,表面越粗糙,就越易磨损,工作过程中配合间隙逐渐增大;对过盈配合来说,由于装配时将微观凸峰挤平,减小了实际有效过盈,降低了连接强度。

③ 表面粗糙度影响零件的疲劳强度　粗糙度低的零件表面,存在较大的波谷,它们像尖角缺口和裂纹一样,对应力集中很敏感,从而影响零件的疲劳强度。

④ 表面粗糙度影响零件的抗腐蚀性　粗糙的表面,易使腐蚀性气体或液体通过表面的微观凹谷渗入到金属内层,造成表面腐蚀。

⑤ 表面粗糙度影响零件的密封性　粗糙的表面之间无法严密的贴合,气体或液体能够通过接触面的缝隙渗漏。

此外,表面粗糙度对零件的外观、测量精度也有一定的影响。

2. 表面粗糙度的评定参数及其选择原则

(1) 评定参数

① 轮廓算术平均偏差 Ra。

② 微观不平度十点平均高度 Rz。

③ 轮廓的最大高度 Ry。

④ 轮廓微观不平度的平均间距 S_m。

⑤ 轮廓单峰平均间距 S。

⑥ 轮廓支撑长度率 t_p。

(2) 选择的原则

在表面粗糙度的 6 个评定参数中,Ra、Rz、Ry 这 3 个高度参数为基本参数,S_m、S、t_p 为 3 个附加参数。这些参数从不同角度反映了零件的表面形貌特征,但都存在着不同程度的不完整性。因此,在具体使用时要根据零件的功能要求、材料性能、结构特点以及测量条件等情况用一个或几个作为评定参数。

通常情况下,工件表面仅选用高度参数。在高度参数常用的范围内($Ra=0.025\sim6.3\ \mu m$,$Rz=0.1\sim25\ \mu m$),优先推荐选用 Ra 值,因为 Ra 能较充分地反映零件表面轮廓的特征。但以

下情况不宜选用 Ra。

① 表面过于粗糙($Ra>6.3~\mu m$)或太光滑($Ra<0.025~\mu m$)时,可选用 Rz,因为在此范围便于选择用于测量 Rz 的仪器进行测量。

② 当零件材料较软时,不能选用 Ra,因为 Ra 值一般采用触针测量,如果用于软材料的测量,不仅会划伤零件表面,而且测量结果也不准确。

③ 如果测量面积较小,如顶尖、刀具的刃部以及仪表小元件的表面,在取样长度内,轮廓的峰或谷少于 5 个时,Rz 也难于进行测量,这时可以选用 Ry 值。

但表面有特殊功能要求时,为了保证功能的要求,提高产品的质量,可以同时选用几个参数综合控制表面的质量。

④ 当表面要求耐磨时,可以选用 Ra、Ry 和 t_p。

⑤ 当表面要求承受交变应力时,可以选用 Ry、S_m 和 S。

⑥ 当表面着重要求外观质量和可漆性时,可选用 S_m 和 S。

(3) 表面粗糙度的测量方法

① 比较法　是将被测表面和表面粗糙度样板直接进行比较,两者的加工方法和材料应尽可能相同,否则将产生较大误差。

② 光切法　应用"光切原理"测量表面粗糙度的方法称为光切法。常用的仪器为双管显微镜。

③ 干涉法　干涉法是利用光波干涉原理来测量表面粗糙度。干涉法测量表面粗糙度的仪器为干涉显微镜。

④ 印模法　利用石腊、低熔点合金或其他印模材料,压印在零件表面,取得被测表面复模型,再把复模型放在显微镜下间接地测量被检验表面的粗糙度。

第3章 数字控制原理

3.1 数字控制系统

3.1.1 数控机床控制基础

数控机床的核心是 CNC 系统(简称数控系统),是一种配有专用软件的计算机控制系统。从自动控制的角度看,数控系统就是一种轨迹控制系统,其本质是以多执行部件(各运动轴)的位移量为控制对象并使其协调运动的自动控制系统。

1. 数控系统的发展状况

自从 20 世纪 50 代世界上第一台数控机床问世至今已经历了 50 余年。数控机床经过了 2 个阶段和 6 代的发展历程。

第 1 阶段是硬件数控(NC):第 1 代　1952 年电子管;
　　　　　　　　　　　　　第 2 代　1959 年晶体管(分离元件);
　　　　　　　　　　　　　第 3 代　1965 年小规模集成电路。

第 2 阶段是软件数控(CNC):第 4 代　1970 年的小型计算机,中小规模集成电路;
　　　　　　　　　　　　　　第 5 代　1974 年的微处理器,大规模集成电路;
　　　　　　　　　　　　　　第 6 代　1990 年的基于个人计算机。

(1) 硬件数控阶段(NC,numerical control)(1952~1970 年)

早期计算机的运算速度低,虽然对当时的科学计算和数据处理影响还不大,但不能适应机床实时控制的要求。人们不得不采用数字逻辑电路"搭"成一台机床专用计算机作为数控系统,被称为硬件连接数控(HARD-WIRED NC),简称为数控(NC)。随着电子元器件的历经三代的发展,即 1952 年的第一代电子管;1959 年的第二代晶体管;1965 年的第三代小规模集成电路,使得数字控制成为现实。

图 3-1 和 3-2 展示了电子管和晶体管的实物外观。

图 3-1　电子管实物图

TD5

TO-92
TD92

SOT26

图 3-2　晶体管实物图

(2) 软件数控阶段(CNC,computer numerical control)(1970 年到现在)

计算机数控阶段也经历了三代,即1970年的第四代小型计算机;1974年的第五代微处理器和1990年的第六代基于个人电脑(PC)(国外称为PC-BASED)。

到1970年,通用小型计算机已出现并成批生产。于是将它移植过来作为数控系统的核心部件,从此进入了计算机数控(CNC)阶段(把计算机前面应有的"通用"两个字省略了)。到1971年,美国Intel公司在世界上第一次将计算机的两个最核心的部件——运算器和控制器,采用大规模集成电路技术集成在一块芯片上,这称为微处理器(microprocessor),又称为中央处理单元(简称CPU)。

到1974年,由于小型计算机功能日趋强大,控制一台机床的能力有了富余(故当时曾用于控制多台机床,称为群控),而且当时的小型机可靠性也不理想。于是为了更加经济合理,微处理器被应用于数控系统。早期的微处理器速度和功能虽还不够高,但可以通过多处理器结构来解决。基于微处理器是通用计算机的核心部件,故仍称为计算机数控。

1990年,PC机(个人计算机,国内习惯称微机)的性能已发展到很高的阶段,可以满足作为数控系统核心部件的要求,数控系统从此进入了基于PC的阶段。开放式数控系统最常用的形式就是CNC嵌入PC机型,即在PC机内部插入专用的CNC控制卡。

CNC与NC相比有许多优点,最重要的是CNC的许多功能是由软件实现的,可以通过软件的变化来满足被控机械设备的不同要求,从而实现数控功能的更改或扩展,为机床制造厂和数控用户带来了极大的方便。

2. 西门子数控系统简介

世界主要CNC系统,主要包括FANUC,SIEMENS,A-B,FAGOR,HEIDENHAIN(海德汉),三菱和NUM等厂家的产品。

SINUMERIK 802S/802C集成了所有的CNC,PLC,HMI,I/O于一身;具有免维护性能的SINUMERIK 802D,其核心部件PCU(面板控制单元)将CNC、PLC、人机界面和通信等功能集成于一体,可靠性高,易于安装。

在数字化控制的领域中,SINUMERIK 810D第一次将CNC和驱动控制集成在一块板子上,可以控制5~6个轴,适用于车铣磨削机床。

SINUMERIK 840D与SINUMERIK 611数字驱动系统和SIMATICS7可编程控制器一起,构成全数字控制系统,适用于各种复杂加工任务的控制,具有优于其他系统的动态品质和控制精度。标准的控制系统具有大量的特殊功能,如钻削、车削、铣削、磨削和手动加工技术。该系统也适用于其他特种技术,如剪切、冲压和激光加工等。

由上,可知数控机床的数字控制系统由CNC、PLC、(I/O、HMI)及驱动系统组成。CNC和PLC可以综合设计成为内装型PLC(built-in type)或集成式、内含式。

内装型PLC是CNC装置的一部分,一般不能独立工作,与CNC中CPU的信息交换是在CNC内部进行的,可与CNC装置共用一个CPU,如SINUMERIK 802S/810D/802C等数控系统都是这一类型;FANUC的0系统和15系统、美国A-B公司的8400系统和8600系统等属于单独CPU,CNC装置和PLC功能在设计时就作了统一考虑,因而这种类型的PLC在硬件和软件的整体结构上合理、实用,可靠性高,性价比高,适用于类型变化不大的数控机床。

对于开放式数控系统,某些板卡支持PLC软件编程,如PMAC;另外一类是专业化生产厂家生产的用于实现顺序控制PLC产品,称为独立型(stand-alone type)PLC,或称为"通用型PLC"。它具有完备的软硬件功能,能独立完成规定的控制任务,它通过输入/输出接口与

CNC 装置连接。独立型 PLC 有:西门子 SIMATIC S5、S7,FANUC 公司的 PMC-J 系列产品等。图 3-3 和图 3-4 分别是 SINUMERIK 802S 和 840Di 数控系统的外观图。

图 3-3　SINUMERIK 820S 外观图

图 3-4　SINUMERIK 840Di 外观图

3.1.2　CNC 系统的工作原理

按照美国电子工业协会(EIA)数控标准化委员会的定义,CNC 系统是一种借助于计算机通过执行其存储器内的程序来完成数控要求的部分或全部功能,并配有接口电路、伺服驱动装置的专用计算机系统。CNC 系统是通过软件来实现全部或部分控制功能,因此无须更改硬件,只需改变控制程序,就可以改变控制功能。由此可见,CNC 系统的通用性更强,灵活性更大,使用范围更广。

由数控系统定义可知,数控系统由程序、输入/输出设备(HMI)、计算机数字控制装置(CNC 装置)、可编程逻辑控制器(PLC)、主轴驱动和伺服驱动装置等组成。其中输入/输出设备包括纸带阅读机与纸带穿孔机(已很少见)、键盘、操作面板、显示器、外部存储设备等;数控系统的核心部件是 CNC 装置。从外部特征来看,CNC 装置由硬件和软件两大部分组成:硬件装置由 CPU、存储器、位置控制、输入/输出接口、PLC(内置的)、图形控制和电源等模块组成;软件则指管理软件和控制软件。与 NC 装置相比,CNC 装置具有更多更强的功能,更加适应数控机床复杂控制的要求。

CNC 系统的工作原理如下:

CNC 系统接收数控程序,经过译码、数据处理、插补运算,分别得到位置控制指令、主轴控制指令及辅助功能指令,然后通过 I/O 接口输出,实现相应的控制,同时进行显示和诊断功能。显示器或指示灯显示相应的参数,如当前位置、主轴转速、冷却液启停状态等;诊断程序可以在系统运行中进行在线诊断,也可以在运行前或停机后进行离线诊断,还可以进行远程诊断,查找故障部位。图 3-5 展示了 CNC 系统工作的流程。

译码就是将数控程序翻译成数控装置后续程序能够识别的代码,并进行相应的语法检查及数值校验等工作。

数据处理程序一般包括刀具半径补偿、长度补偿、速度计算以及辅助功能处理。

刀具半径、长度补偿是把零件轮廓轨迹转化成刀具中心轨迹,编程员只需按零件轮廓轨迹编程,减轻了工作量。

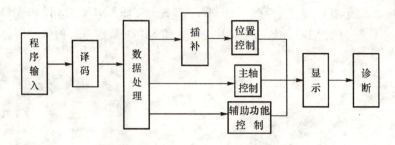

图 3-5 CNC 系统的工作流程

速度计算是解决该加工程序段以什么样的速度运动的问题。编程所给的进给速度是合成速度,速度计算是根据合成速度来计算各坐标运动方向的分速度。另外,对机床允许的最低速度和最高速度的限制进行判断并处理。

辅助功能诸如换刀、主轴启停、切削液开关等一些开关量信号也在此程序中处理。辅助功能处理的主要工作是识别标志,在程序执行时发出信号,让机床相应部件执行这些动作。

3.1.3 CNC 装置的硬件结构

CNC 装置的硬件结构一般分为单微处理机和多微处理机结构两大类。早期的 CNC 和现在一些经济型 CNC 系统都采用单微处理机结构。随着数控系统功能的增加,机床切削速度的提高,为适应机床向高精度、高速度、智能化的发展,以及适应更高层次自动化(FMS 和 CIMS)的要求,多微处理机结构得到了迅速发展。

CNC 装置由 CPU、BUS、存储器和 I/O 接口等组成。

1. 中央处理单元(CPU)

CPU 是 CNC 系统的核心与"头脑"。

主要具备的功能:可进行算术、逻辑运算;可保存少量数据;能对指令进行译码并执行规定动作;能和存储器、外设交换数据;提供整个系统所需的定时和控制;可响应其他部件发来的脉冲请求。

包括的部件是算术、逻辑部件,累加器和通用寄存器组,程序计数器、指令寄存器、译码器,时序和控制部件。

CNC 装置中常用的 CPU 数据宽度为 8 位、16 位、32 位和 64 位。CPU 满足软件执行的实时性要求,主要体现在 CPU 的字长、运算速度、寻址能力和中断服务等方面。

2. 总线(BUS)

总线是传送数据或交换信息的公共通道。CPU 板与其他模板如存储器板、I/O 接口板等之间的连接采用标准总线,标准总线按用途可分为内部总线和外部总线。数控系统中常用的内部标准总线有 S-100、MULTI BUS、STD 及 VME 等;外部总线有串行(如 EIARS-232C、485)和并行(如 IEEE-488)总线两种。

按信息线的性质分以下三种:

数据总线 DB(data bus):CPU 与外界传送数据的通道;

地址总线 AB(address bus):确定传输数据的存放地址;

控制总线 CB(control bus):管理、控制信号的传送。

3. 存储器(ROM、RAM)

存放 CNC 系统控制软件、零件程序、原始数据、参数、运算中间结果和处理后的结果的器件和设备。ROM 用于固化数控系统的系统控制软件。RAM 存放可能改写的信息。

4. I/O 接口

CNC 装置对设备的控制分为两类：一类是对各坐标轴的速度和位置的"轨迹控制"，由数控装置完成；另一类是对设备动作的"顺序控制"，由 PLC 或数控装置完成。"顺序控制"是指在数控机床运行过程中，以 CNC 内部和机床各行程开关、传感器、按钮、继电器等开关量信号状态为条件，并按预先规定的逻辑顺序对诸如主轴的启停、换向、刀具的更换、工件的夹紧、松开、液压、冷却、润滑系统的运行等进行控制。

被控设备的信号可分为三类：开关量信号、模拟量信号、数字信号。轨迹控制所需的信号多为模拟量或数字信号，顺序控制所需的信号多为开关量或数字信号。这些信号一般不能直接与 CNC 装置相连，需要一个 I/O 接口对这些信号进行交换处理，其目的是对上述信号进行相应的转换和功率放大；阻断外部的干扰信号进入计算机，以提高 CNC 装置运行的可靠性。

由此可见，在 CNC 系统中 I/O 接口是为控制对象或外部设备提供输入/输出通道，实现机床的控制和管理功能，如轨迹控制、开关量控制、逻辑状态监测、键盘、显示器接口等。I/O 接口电路与其相连的外设硬件电路特性密切相关，必须能够实现电平转换、功率放大、电气隔离等的功能。

CNC 装置的 I/O 接口包括人机界面接口、通信接口、进给轴位置控制接口、主轴控制接口、辅助功能控制接口等。具体介绍如下：

(1) 人机界面接口
- 键盘 (MDI, manual data input);
- 显示器 (CRT 或 LED);
- 操作面板 (Operator panel);
- 手摇脉冲发生器(MPG)。

(2) 通信接口
- 通常数控系统均具有标准的 RS232 串行通信接口(DNC);
- 高档数控系统还具有 RS485、MAP 以及其他网络接口。

(3) 进给轴的位置控制接口
- 进给速度的控制；
- 插补运算(基准脉冲法、采样数据法);
- 位置闭环控制。

(4) 主轴控制接口

$$\text{主轴 S 功能} \begin{cases} \text{无级变速} \\ \text{有级变速} \\ \text{分段无级变速} \end{cases}$$

$$\text{主轴的位置反馈主要用于} \begin{cases} \text{螺纹切削功能} \\ \text{主轴准停功能} \\ \text{主轴转速监控} \end{cases}$$

(5) 辅助功能控制接口

辅助功能控制接口模块主要接收来自操作面板、机床上的各行程开关、传感器、按钮,强电柜里的继电器以及主轴控制、刀库控制的有关信号经处理后输出到相应器件控制运行。

CNC装置中I/O接口包括硬件电路和软件两大部分。由于选用的I/O设备或接口芯片不同,I/O接口的操作方式也不同,因而其应用程度也不同。I/O接口硬件电路主要由地址译码、I/O读写译码和I/O接口芯片(如数据缓冲器和数据锁存器等)组成。

3.1.4 CNC的装置软件

硬件是基础,软件是灵魂。CNC系统软件的组成由管理软件和控制软件组成,如图3-6所示。

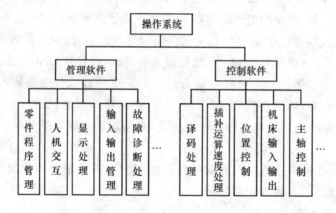

图3-6 CNC装置系统软件功能图

管理部分:输入、I/O处理、通信、显示、诊断以及加工程序的编制管理等程序。

控制部分:译码、刀具补偿、速度处理、插补和位置控制等软件。

管理方式:单微处理机数控系统:前后台型和中断型的软件结构。多微处理机数控系统:操作系统。

CNC软件是一个典型而又复杂的专用实时控制系统。CNC系统软件的主要任务之一就是将由零件加工程序表达的加工信息,变换成各进给轴的位移指令、主轴速度指令和辅助动作指令,以控制加工设备的轨迹运动和逻辑动作,加工出符合要求的零件。

它的许多控制任务,如零件程序的输入与译码、刀具半径的补偿、插补运算、位置控制以及精度补偿等都是由软件实现的。从逻辑上讲,这些任务可看成一个个的功能模块,且模块之间存在着耦合关系;从时间上讲,各功能模块之间存在着一个时序配合问题。在设计CNC软件时,要考虑如何组织和协调这些功能模块,使之满足一定的时序和逻辑关系。

3.1.5 CNC的装置功能

CNC装置的功能包括基本功能和附加功能。

基本功能:数控系统基本配置的功能,即必备的功能。控制功能、准备功能、插补功能、进给功能、主轴功能、刀具管理功能、辅助功能(M指令)、字符显示功能。

附加功能:用户可以根据实际要求选择的功能。补偿功能、固定循环功能、图形显示功能、通信功能、人机对话编程功能。

下面对各功能做具体介绍：

1. 控制功能

CNC 能控制和联动控制进给轴数。

CNC 的控制进给轴有：移动轴和回转轴；基本轴和附加轴。例如数控车床至少需要两轴联动，在具有多刀架的车床上则需要两轴以上的控制轴。数控镗铣床、加工中心等需要有 3 根或 3 根以上的控制轴。联动控制轴数越多，CNC 系统就越复杂，编程也越困难。

2. 准备功能

即 G 功能，指令机床动作方式的功能。

3. 插补功能和固定循环功能

所谓插补功能是数控系统实现零件轮廓(平面或空间)加工轨迹运算的功能。一般 CNC 系统仅具有直线和圆弧插补，而现在较为高档的数控系统还备有抛物线、椭圆、极坐标、正弦线、螺旋线以及样条曲线插补等功能。在数控加工过程中，有些加工工序如钻孔、攻丝、镗孔、深孔钻削和切螺纹等，所需完成的动作循环十分典型，而且多次重复进行，数控系统事先将这些典型的固定循环用 C 代码进行定义，在加工时可直接使用这类 C 代码完成这些典型的动作循环，可大大简化编程工作。

4. 进给功能

数控系统的进给速度的控制功能，主要有以下三种：

① 进给速度　控制刀具相对工件的运动速度，单位为 mm/min。

② 同步进给速度　实现切削速度和进给速度的同步，单位为 mm/r，用于加工螺纹。

③ 进给倍率(进给修调率)　人工实时修调进给速度。即通过面板的倍率波段开关在 0%～200% 之间对预先设定的进给速度实现实时修调。

5. 主轴功能

数控装置的主轴控制功能，主要有以下几种：

① 切削速度(主轴转速)　刀具切削点切削速度的控制功能，单位为 m/min 或 r/min。

② 恒线速度控制　刀具切削点的切削速度为恒速控制功能，如端面车削的恒速控制。

③ 主轴定向控制　主轴周向定位控制于特定位置的功能。

④ C 轴控制　主轴周向任意位置控制的功能。

⑤ 切削倍率(主轴修调率)　人工实时修调切削速度，即通过面板的倍率波段开关在 0%～200% 之间对预先设定的主轴速度实现实时修调。

6. 辅助功能

辅助功能为 M 功能，用于指令机床辅助操作的功能。

7. 刀具管理功能

实现对刀具几何尺寸和刀具寿命的管理功能。

加工中心都应具有此功能，刀具几何尺寸是指刀具的半径和长度，这些参数供刀具补偿功能使用；刀具寿命一般是指时间寿命，当某刀具的时间寿命到期时，CNC 系统将提示用户更换刀具；另外，CNC 装置都具有 T 功能，即刀具号管理功能，它用于标识刀库中的刀具和自动选择加工刀具。

8. 补偿功能

① 刀具半径和长度补偿功能　该功能按零件轮廓编制的程序去控制刀具中心的轨迹，以

及在刀具磨损或更换时(刀具半径和长度变化),可对刀具半径或长度作相应的补偿。该功能由 G 指令实现。

② 传动链误差　包括螺距误差补偿和反向间隙误差补偿功能,即事先测量出螺距误差和反向间隙,并按要求输入到 CNC 装置相应的存储单元内,在坐标轴运行时,对螺距误差进行补偿;在坐标轴反向时,对反向间隙进行补偿。

③ 智能补偿功能　对诸如机床几何误差造成的综合加工误差、热变形引起的误差、静态弹性变形误差以及由刀具磨损所带来的加工误差等,都可采用现代先进的人工智能、专家系统等技术建立模型。利用模型实施在线智能补偿,这是数控技术正在研究开发的技术。

9. 人机对话功能

在 CNC 装置中配有单色或彩色液晶显示屏,通过软件可实现字符和图形的显示,以方便用户的操作和使用。在 CNC 装置中这类功能有:菜单结构的操作界面;零件加工程序的编辑环境;系统和机床参数、状态、故障信息的显示、查询或修改画面等。

10. 自诊断功能

一般的 CNC 装置或多或少都具有自诊断功能,尤其是现代的 CNC 装置,这些自诊断功能主要是用软件来实现的。具有此功能的 CNC 装置可以在故障出现后迅速查明故障的类型及部位,便于及时排除故障,减少故障停机时间。

通常不同的 CNC 装置所设置的诊断程序不同,可以包含在系统程序之中。在系统运行过程中进行检查,也可以作为服务性程序;在系统运行前或故障停机后进行诊断,查找故障的部位,有的 CNC 装置可以进行远程通信诊断。

11. 通信功能

CNC 装置与外界进行信息和数据交换的功能。通常 CNC 装置都具有 RS232C 接口,可与上级计算机进行通信,传送零件加工程序;有的还备有 DNC 接口,以实现直接数控;更高档的系统还可与 MAP(制造自动化协议)相连,以适应 FMS、CIMS、IMS 等大制造系统集成的要求。

3.1.6　CNC 装置的特点

1. 具有灵活性和通用性

① CNC 装置的功能大多由软件实现,且软硬件采用模块化结构,使系统功能的修改、扩充变得较为灵活。

② CNC 装置的基本配置部分是通用的,不同的数控机床仅配置相应的特定的功能模块,以实现特定的控制功能。

2. 数控功能丰富

① 插补功能　二次曲线、样条、空间曲面插补。

② 补偿功能　运动精度补偿、随机误差补偿和非线性误差补偿等。

③ 人机对话功能　加工的动、静态跟踪显示,高级人机对话窗口。

④ 编程功能　G 代码、篮图编程和部分自动编程功能。

3. 可靠性高

- CNC 装置采用集成度高的电子元件、芯片,采用 VLSI 本身就是可靠性的保证。
- 许多功能由软件实现,使硬件的数量减少。

- 丰富的故障诊断及保护功能(大多由软件实现),从而可使系统的故障发生频率和发生故障后的修复时间降低。

4. 使用维护方便
- 操作使用方便 用户只需根据菜单的提示,便可进行正确操作。
- 编程方便 具有多种编程的功能、程序自动校验和模拟仿真功能。
- 维护维修方便 部分日常维护工作自动进行(润滑,关键部件的定期检查等),数控机床的自诊断功能,可迅速实现故障准确定位。

5. 易于实现机电一体化

数控系统控制柜的体积小(采用计算机,硬件数量减少;电子元件的集成度越来越高,硬件的不断减小),使其与机床在空间上可以结合在一起,从而减少占地面积,方便操作。

3.2 数控插补原理

CNC 装置的工作流程如图 3-7 所示。

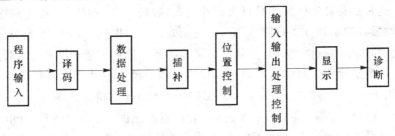

图 3-7 CNC 装置的工作流程

插补是加工程序与电机控制之间的纽带。

3.2.1 插补概述

1. 插补定义

用户在零件加工程序中,一般仅提供描述该线形所必须的相关参数,如对直线提供其起点和终点坐标;对圆弧提供起点、终点坐标、圆心坐标及顺逆圆的信息。而这些信息不能满足控制机床的执行部件(步进电机、交/直流伺服电机)运动的要求。因此,必须在已知的信息点之间实时计算出满足线形和进给速度要求的若干中间点。这就是数控系统的插补概念。

插补概念的定义是:插补是指在轮廓控制系统中,根据给定的进给速度(F)和轮廓线形(G01、G02 等)的要求,在已知数据点之间插入中间点的方法,这种方法称为插补方法也就是说,插补是在轮廓控制系统中,根据给定的进给速度(F)和轮廓线形(G01、G02 等)的要求,计算出微小直线段,刀具沿微小直线段运动,经过若干个插补周期后,刀具从起点到达终点,完成这段轮廓加工。插补可用不同的计算方法来实现,这种具体的计算方法称为插补算法,插补的实质就是数据点的密化。

2. 插补分类

(1) 插补形式

插补的形式很多,按其插补工作是由硬件电路还是软件程序完成,可将其分为硬件插补和软件插补。

① 硬件插补 只要给出参数以及插补命令,整个过程就能由芯片自动控制,不需要软件的任何干预。目前采用高速微处理器(CPU)和超大规模可编程门阵列(FPGA)构成的硬件插补器,可实现高速 μm 级控制,如广州数控的 GSK980TA 车床数控系统。

② 软件插补 软件插补速度略慢,但其结构简单(由 CNC 装置的微处理器和程序完成),灵活易变,现代数控系统多采用软件插补器。

在某些场合下,硬件插补还可以作为软件、硬件结合插补时的第二级插补使用。但无论是软件插补还是硬件插补,其插补的运算原理基本相同,都是根据给定信息进行计算,将计算的进给脉冲发给各个坐标轴,从而加工出符合要求的零件。

(2) 插补线形的数学模型

按插补线形的数学模型来分,有一次(直线)插补、二次(圆、抛物线等)插补及高次曲线插补等。大多数数控机床的数控装置都具有直线插补和圆弧插补功能。根据插补所采用的原理和计算方法的不同,可有许多插补方法。目前应用的插补算法分为两类:

① 基准脉冲插补(reference-pulse interpolator) 基准脉冲插补又称行程标量插补或脉冲增量插补。这种插补算法的特点是每次插补结束,数控装置向每个运动坐标输出基准脉冲序列,每个脉冲插补的实现方法较简单(只有加法和移位)可以用硬件实现。目前,随着计算机技术的迅猛发展,多采用软件完成这类算法。脉冲的累积值代表运动轴的位置,脉冲产生的速度与运动轴的速度成比例。由于脉冲增量插补的转轴的最大速度受插补算法执行时间限制,所以,它仅适用于一些中等精度和中等速度要求的经济型计算机数控系统。普通精度的机床脉冲当量取 0.01 mm,较精密的取 1 μm 或 0.5 μm,进给速度一般在 1~3 m/min。

基准脉冲插补方法有以下几种:数字脉冲乘法器插补法;逐点比较法;数字积分法;矢量判别法;比较积分法;最小偏差法;目标点跟踪法;直接函数法;单步跟踪法;加密判别和双判别插补法;Bresenham 算法。

② 数据采样插补(sampled-word interpolator) 数据采样插补又称为时间标量插补或数字增量插补。这类插补算法的特点是数控装置产生的不是单个脉冲,而是标准二进制字。插补运算分两步完成:

第一步为粗插补,它是在给定起点和终点的曲线之间插入若干个点,即用若干条微小直线段来逼近给定曲线,每一微小直线段的长度 ΔL 都相等,且与给定进给速度有关。粗插补在每个插补周期中计算一次,因此,每一微小直线段的长度 ΔL 与进给速度 F 和插补周期 T 有关,即 $\Delta L = F \cdot T$。

第二步为精插补,它是在粗插补算出的每一微小直线段的基础上再做"数据点的密化"工作。在每个采样周期内对实际位置进行采样,与插补计算的坐标值进行比较,得出位置误差。根据所求得的跟随误差算出相应轴的速度,并输出给驱动装置。

一般将粗插补运算称为插补,用软件实现。而精插补可以用软件,也可以用硬件实现。数据采样插补方法适用于闭环、半闭环以直流和交流伺服电机为驱动装置的位置采样控制系统。

插补周期与采样周期不是相等,就是采样周期的整数倍,只有这样才能使整个系统协调工作。

在数控系统中,采样周期的选取对于实际加工的精度影响很大,如果采样周期选取太大,加工精度就不能得到保证;但是采样周期选取太小,又会影响加工速度。所以在实际选取时要尽量两者兼顾。

数据采样插补方法很多,常用方法有:直接函数法;扩展数字积分法;二阶递归扩展数字积分圆弧插补法;圆弧双数字积分插补法;角度逼近圆弧插补法;"改进吐斯丁"(ITM improved tustin method)法。

近年来,众多学者又研究了更多的插补类型及改进方法。改进 DDA 圆弧插补算法,空间圆弧的插补时间分割法,抛物线的时间分割插补方法,椭圆弧插补法,Bezier、B 样条等参数曲线的插补方法和任意空间参数曲线的插补方法。

随着 STEP 标准的颁布,NURBS 曲线、曲面插补方法的应用将越来越广泛。因为 NURBS 描述方法囊括了圆弧等二次曲线及自由曲线曲面的表达式,使得未来的 CNC 系统的型线代码指令可以"瘦身"为直线和 NURBS 两大类。

在研究插补算法时不仅要考虑插补算法的稳定性,还要考虑插补计算速度、插补精度等问题。

3.2.2 逐点比较法插补

1. 逐点比较法直线插补原理

逐点比较法是一种逐点计算、判别偏差并逼近理论轨迹的方法,逐点比较法要完成如下四个工作节拍:

① 偏差判别 判别刀具当前位置相对于给定轮廓的偏离情况,以此决定刀具进给方向。

② 进给控制 根据偏差判别结果,控制刀具相对于工件轮廓进给一步,即向给定的轮廓靠拢,以减小偏差。

③ 新偏差计算 由于刀具在进给后已改变了位置,因此应计算出刀具当前位置的新偏差,为下一次偏差判别作准备。

④ 终点判别 判断刀具是否已到达被加工轮廓的终点,若已到达终点,则停止插补,若还未到达终点,再继续插补。如此不断循环进行这四个节拍就可以加工出所要求的轮廓。

(1) 逐点比较法直线插补原理

第一象限直线插补原理:

① 偏差判别 以第一象限直线段为例。用户编程时,给出要加工直线的起点和终点。如果以坐标原点为直线的起点,终点 P_e 的坐标为 (X_e, Y_e),插补点 P_i 的坐标为 $(X_i, Y_i)(i=1,2,3)$,如图 3-8 所示。

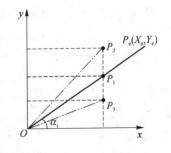

图 3-8 插补点与直线的位置关

直线 OP_e,OP_i 与 X 轴的夹角分别为 α_e,α_i,则

$$\text{tg}\,\alpha_e = Y_e/X_e,\quad \text{tg}\,\alpha_i = Y_i/X_i$$

若插补点 $P_i(X_i, Y_i)$ 恰在直线上,则

$$\text{tg}\,\alpha_e = \text{tg}\,\alpha_i,\quad F_i = Y_i X_e - X_i Y_e = 0$$

若插补点 $P_2(X_i, Y_i)$ 在直线上方,则

$$\text{tg}\,\alpha_i > \text{tg}\,\alpha_e,\quad F_i = Y_i X_e - X_i Y_e > 0$$

若插补点 $P_3(X_i, Y_i)$ 在直线下方,则

$$\text{tg}\,\alpha_i < \text{tg}\,\alpha_e,\quad F_i = Y_i X_e - X_i Y_e < 0$$

综上所述,令偏差函数

$$F_i = Y_i X_e - X_i Y_e$$

则有：

$F_i = 0$，则插补点 (X_i, Y_i) 恰在直线上；$F_i > 0$，则插补点 (X_i, Y_i) 在直线上方；$F_i < 0$，则插补点 (X_i, Y_i) 在直线下方。

② 进给控制

$F_i \geqslant 0$，向 $+X$ 方向进给一步；$F_i < 0$，向 $+Y$ 方向进给一步。

③ 新偏差计算　计算机内部的乘法运算比加法运算耗时，因此判别函数 F 的计算由以下递推迭加的方法实现的。

如果向 $+X$ 向进给一步，则

$$F_{i+1} = Y_{i+1} X_e - X_{i+1} Y_e = Y_i X_e - (X_i + 1) Y_e = F_i - Y_e$$

同理，如果向 $+Y$ 向进给一步，则

$$F_{i+1} = Y_{i+1} X_e - X_{i+1} Y_e = (Y_i + 1) X_e - X_i Y_e = F_i + X_e$$

④ 终点判别

- 单向计数　取 X_e 和 Y_e 中较大的作为计数长度。
- 双向计数　将 X_e 和 Y_e 的长度加和，作为计数长度。
- 分别计数　既计 X 又计 Y，直到 X 减到 0，Y 也减到 0，停止插补。

这样从原点出发，走一步判别一次 F，再走一步，所运动的轨迹总在直线附近，并不断趋向终点。

(2) 各象限直线进给方式

各象限直线偏差符号和进给方向如图 3-9 所示。

(3) 逐点比较法直线插补实例

例：如图 3-10 所示，脉冲当量为 1，起点 $(0,0)$，终点 $(5,3)$

解：

① $X_e + Y_e = 8$，所以总步数为 8 步；

② 该直线为第一象限直线，则 $F_i \geqslant 0$，

即向正 X 方向进给一步，$F_{i+1} = F_i - Y_e$，$F_i < 0$，

即向负 Y 方向进给一步，$F_{i+1} = F_i + Y_e$。

③ 表 3-1 为该直线插补过程，图 3-10 为插补轨迹。

表 3-1　直线插补过程

序号	偏差判别	进给控制	偏差计算	终点判别
1	$F_0 = 0$	$+\Delta X$	$F_1 = F_0 - Y_e = 0 - 3 = -3$	$M = 8 - 1 = 7$
2	$F_1 < 0$	$+\Delta Y$	$F_2 = F_1 + X_e = -3 + 5 = 2$	6
3	$F_2 > 0$	$+\Delta X$	$F_3 = F_2 - Y_e = 2 - 3 = -1$	5
4	$F_3 < 0$	$+\Delta Y$	$F_4 = F_3 + X_e = -1 + 5 = 4$	4
5	$F_4 > 0$	$+\Delta X$	$F_5 = F_4 - Y_e = 4 - 3 = 1$	3
6	$F_5 > 0$	$+\Delta X$	$F_6 = F_5 - Y_e = 1 - 3 = -2$	2
7	$F_6 < 0$	$+\Delta Y$	$F_7 = F_6 + X_e = -2 + 5 = 3$	1
8	$F_7 > 0$	$+\Delta X$	$F_8 = F_7 - Y_e = 3 - 3 = 0$	0

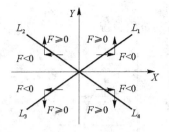

图 3-9 各象限直线偏差符号和进给方向

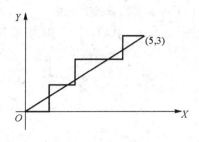

图 3-10 直线插补轨迹

2. 逐点比较法圆弧插补原理

(1) 逐点比较法圆弧插补原理

圆弧插补的步骤与直线插补的步骤相同,区别在于偏差的计算公式。

现以圆心在原点的 NR_1 为例,说明逐点比较法圆弧插补原理。

① 偏差判别 起点坐标为 (X_0,Y_0),终点坐标为 (X_e,Y_e),插补点坐标为 (X_i,Y_i)(见图 3-11),圆心在原点且半径为 R 的圆弧的一般表达式为 $x^2+y^2=R^2$,则偏差函数 $F_i=X_i^2+Y_i^2-R^2$(若对真实的半径长度进行比较,则需开根号运算)。

若 $F_i=0$,则插补点 (X_i,Y_i) 恰在圆弧上(on);

若 $F_i>0$,则插补点 (X_i,Y_i) 在圆外(out);

若 $F_i<0$,则插补点 (X_i,Y_i) 在圆内(in);

② 进给控制 当 $F_i>0$ 时,向 $-X$ 方向进给一步;

当 $F_i\leqslant 0$ 时,向 $+Y$ 方向进给一步;

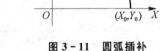

图 3-11 圆弧插补

③ 新偏差计算 偏差函数 F 的递推迭加公式如下:

如果向 $-X$ 方向进给一步,则

$$F_{i+1}=(X_i-1)^2+Y_i^2-R^2=X_i^2-2X_i+1+Y_i^2-R^2=F_i-2X_i+1$$

同理,如果向 $+Y$ 向进给一步,则

$$F_{i+1}=X_i^2+(Y_i+1)^2-R^2=X_i^2+Y_i^2+2Y_i+1-R^2=F_i+2Y_i+1$$

由此递推公式可见,插补过程中要实时记录插补点的当前坐标。

④ 终点判别 因为圆弧存在跨象限的问题,所以圆弧的终点判别方式不能采用起点与终点坐标之差的绝对值作为某一方向的计数长度,否则将引起误判。例如:整圆的起点、终点重合,如仍采用直线的判终方式则该圆的插补计算将不能进行,可以采用当前插补点是否与终点相同的方法进行圆弧插补的判终。

上面讨论了圆心在原点的圆弧的插补方法,当圆心不在原点时可以将其平移到原点处,使其变为过原点的圆弧。具体做法就是:将起点相对于圆心的坐标值记为 (X_i,Y_i),然后带入上述的公式中,递推公式等均不变。

(2) 跨象限圆弧插补

圆弧所在象限不同,其偏差计算、进给坐标及方向也不同。逆圆在不同象限的插补公式如表 3-2 所列。

(3) 各象限圆弧插补进给

图 3-12 中的(a)、(b)分别为逆、顺时针圆弧各象限的进给情况。

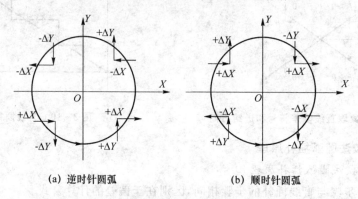

(a) 逆时针圆弧　　　　　　(b) 顺时针圆弧

图 3-12　四个象限圆弧进给方向

(4) 实例验证

设圆弧起点坐标为(8,0),终点坐标为(0,8),圆心坐标为(0,0)。进行逆时针圆弧插补,得到的插补点及偏差值如表 3-2 所列。

当偏差为零时,向 Y 正方向进给,圆弧逐点比较法插补轨迹如图 3-13 所示,圆弧最小偏差法插补轨迹如图 3-14 所示。由两图对比可知,最小偏差法两轴可同时进给,所以插补精度较高,速度较快。

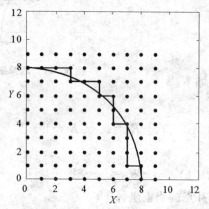
图 3-13　圆弧逐点比较法插补轨迹

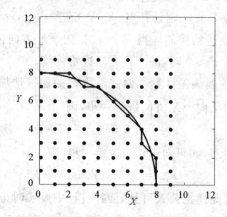
图 3-14　圆弧最小偏差法插补轨迹

表 3-2　插补点及偏差值

序号	偏差判别	进给控制	新偏差计算	终点判别	当前坐标
0	—	—	$F_0=0$	(0,8)	(8,0)
1	$F_0=0$	$+\Delta Y$	$F_1=F_0+2Y_0+1=1$	$M=15$	(8,1)
2	$F_1>0$	$-\Delta X$	$F_2=F_1-2X_1+1=-14$	$M=14$	(7,1)
3	$F_2<0$	$+\Delta Y$	$F_3=F_2+2Y_2+1=-11$	$M=13$	(7,2)
4	$F_3<0$	$+\Delta Y$	$F_4=F_3+2Y_3+1=-6$	$M=12$	(7,3)
5	$F_4<0$	$+\Delta Y$	$F_5=F_4+2Y_4+1=1$	$M=11$	(7,4)

续表 3-2

序 号	偏差判别	进给控制	新偏差计算	终点判别	当前坐标
6	$F_5<0$	$-\Delta X$	$F_6=F_5-2X_5+1=-12$	$M=10$	(6,4)
7	$F_6<0$	$+\Delta Y$	$F_7=F_6+2Y_6+1=-3$	$M=9$	(6,5)
8	$F_7<0$	$+\Delta Y$	$F_8=F_7+2Y_7+1=8$	$M=8$	(6,6)
9	$F_8>0$	$-\Delta X$	$F_9=F_8-2X_8+1=-3$	$M=7$	(5,6)
10	$F_9<0$	$+\Delta Y$	$F_{10}=F_9+2Y_9+1=10$	$M=6$	(5,7)
11	$F_{10}>0$	$-\Delta X$	$F_{11}=F_{10}-2X_{10}+1=1$	$M=5$	(4,7)
12	$F_{11}>0$	$-\Delta X$	$F_{12}=F_{11}-2X_{11}+1=-6$	$M=4$	(3,7)
13	$F_{12}<0$	$+\Delta Y$	$F_{13}=F_{12}+2Y_{12}+1=9$	$M=3$	(3,8)
14	$F_{13}>0$	$-\Delta X$	$F_{14}=F_{13}-2X_{13}+1=4$	$M=2$	(2,8)
15	$F_{14}>0$	$-\Delta X$	$F_{15}=F_{14}-2X_{14}+1=1$	$M=1$	(1,8)
16	$F_{15}>0$	$-\Delta X$	$F_{16}=F_{15}-2X_{15}+1=0$	$M=0$	(0,8)

3. 逐点比较法插补精度

精度为不大于一个脉冲当量,证明过程见李恩林《插补原理》一书。

4. 速度分析

逐点比较法合成进给速度,该过程未考虑加减速过程。

逐点比较法的特点是脉冲源每发出一个脉冲,就进给一步,不是发向 X 轴,就是发向 Y 轴。如果 f_g 为脉冲源频率(Hz),f_x,f_y 分别为 X 轴和 Y 轴进给频率(Hz),则

$$f_g=f_x+f_y \tag{3-1}$$

从而 X 轴和 Y 轴的进给速度 v_x、v_y 分别为

$$v_x=60\delta f_x, \quad v_y=60\delta f_y (\text{mm/min})$$

式中,δ 为脉冲当量,单位:mm/pulse。

合成进给速度为

$$v=\sqrt{v_x^2+v_y^2}=60\delta\sqrt{f_x^2+f_y^2} \tag{3-2}$$

式(3-2)中,若 $f_x=0$ 或 $f_y=0$ 时,也就是刀具沿平行于坐标轴的方向切削,这时对应切削速度最大,相应的速度称为脉冲源速度 v_g,脉冲源速度与程编进给速度相同,则

$$v_g=60\delta f_g \tag{3-3}$$

合成进给速度与脉冲源速度之比为

$$\frac{v}{v_g}=\frac{\sqrt{v_x^2+v_y^2}}{v_x+v_y}=\frac{\sqrt{\frac{v_x^2}{v^2}+\frac{v_y^2}{v^2}}}{\frac{v_x+v_y}{v}}=\frac{1}{\sin\alpha+\cos\alpha} \tag{3-4}$$

由式(3-4)可见,程编进给速度确定了脉冲源频率 f_g 后,实际获得的合成进给速度 v 并不总等于脉冲源的速度度 v_g,而是与角度有关。插补直线时,为加工直线与 X 轴的夹角;插补圆弧时,为圆心与动点连线和 X 轴夹角。根据式(3-4)可作出 v/v_g 随角度变化的曲线。如

图 3-15 所示，$v/v_g=0.707\sim1$，最大合成进给速度与最小合成进给速度之比为 $v_{\max}/v_{\min}=1.414$，对一般机床来讲可以满足要求，认为逐点比较法的进给速度是比较平稳的。

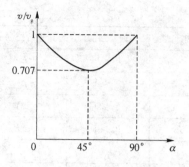

图 3-15 逐点比较法进给速度

3.2.3 加减速控制

如果脱离速度控制谈插补算法，那么插补只能用于计算机图形学中。只有将加减速控制与插补算法有机结合起来，才能构成完整的 CNC 系统运动控制模块。在脉冲增量式插补算法中，可以通过改变插补周期 T 来控制进给速度；而在数据采样算法中，进给速度与插补周期没有直接联系。数据采样算法的加减速控制分为插补前加减速控制和插补后加减速控制。由于后加减速方式是以各个轴分别考虑的，不但损失加工精度而且可能导致终点判别错误，所以在高精度加工中均采用前加减速方式。但是对于任意曲线曲面加工来说，前加减控制的减速点预测是非常困难的。

加减速控制的方法分为梯形（见图 3-16）、指数形（见图 3-17）、抛物线形和复合曲线加减速法等。直线形加减速方法计算简单，但是存在冲击；指数形方法没有冲击，但速度慢于直线形的，而且计算复杂；复合曲线加减速法不存在冲击，速度适中，但计算复杂。所以根据所需要的不同的控制精度、控制速度选择合适的加减速控制方法是很重要的。

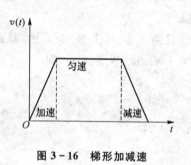

图 3-16 梯形加减速　　　　　　图 3-17 指数加减速

3.3 刀具补偿原理

刀具补偿（又称偏置），在 20 世纪 60~70 年代的数控加工中没有补偿的概念，所以编程人员不得不围绕刀具的理论路线和实际路线的相对关系来进行编程，很容易产生错误，补偿的概念出现以后大大地提高了编程的效率。

现在的数控系统大都具有了刀具补偿功能，在编制加工程序时，只需要按零件实际轮廓编程，加工前测量出实际的刀具半径、长度等，作为刀具补偿参数输入数控系统，就可以加工出合乎尺寸要求的零件轮廓。

刀具补偿功能还可以满足加工工艺等其他一些要求，可以通过逐次改变刀具半径补偿值大小的办法，调整每次进给量，以达到利用同一程序实现粗、精加工循环。另外，因刀具磨损、重磨而使刀具尺寸变化时，若仍用原程序，势必造成加工误差，用刀具长度补偿就可以解决这个问题。

刀具补偿分为刀具长度补偿和刀具半径补偿两种。

3.3.1 刀具长度补偿

1. 刀具长度补偿的概念

刀具长度是一个很重要的概念，可用于刀具轴向（Z向）的补偿，使刀具在轴向的实际位移量比程序给定值增加或减少一个偏置量。当刀具长度尺寸变化时，可以在不改动程序的情况下，通过改变偏置量达到加工尺寸；利用该功能，还可在加工深度方向上进行分层铣削，即通过改变刀具长度补偿值的大小，通过多次运行程序而实现。需要指出的是对于铣床和加工中心而言，Z方向的控制点为刀套内的某一固定点，由机床厂家决定，类似于在平面内，数控系统控制的是刀具（或主轴）中心轨迹。

例如，要钻一个深为 50 mm 的孔，然后攻丝深为 45 mm，分别用一把长为 250 mm 的钻头和一把长为 350 mm 的丝锥。先用钻头钻孔深 50 mm，此时机床已经设定工件零点，当换上丝锥攻丝时，如果两把刀都从设定零点开始加工，由于丝锥比钻头长而攻丝过长，则损坏刀具和工件。此时如果设定刀具长度补偿，把丝锥和钻头的长度进行补偿，此时机床零点设定之后，即使丝锥和钻头长度不同，因补偿的存在，在调用丝锥工作时，零点 Z 坐标已经自动向 +Z（或Z）补偿了丝锥的长度，保证了加工零点的正确性。

使用刀具长度补偿指令，在编程时就不必考虑刀具的实际长度及各把刀具不同的长度尺寸。由于刀具磨损、更换刀具等原因引起刀具长度尺寸变化时，只须修正刀具长度补偿量，而不必调整程序或刀具。

2. 刀具长度补偿指令

G43 为正补偿，即将 Z 坐标尺寸字与 H 代码中长度补偿的量相加，按其结果进行 Z 轴运动。

G44 为负补偿，即将 Z 坐标尺寸字与 H 中长度补偿的量相减，按其结果进行 Z 轴运动。G49 为撤消补偿或者用 H00 指令取消刀具长度补偿。其实不必使用这个指令，因为每把刀具都有自己的长度补偿，当换刀时，利用 G43(G44)H 指令赋予了自己的刀长补偿而自动取消了前一把刀具的长度补偿。

程序段"N80 G43 Z56 H05"中，假如 05 存储器中值为 16，则表示终点坐标值为 72 mm。

3. 刀具长度补偿的两种方式

（1）用刀具的实际长度作为刀长的补偿

该方法就是使用对刀仪测量刀具的长度，然后把这个数值输入到刀具长度补偿寄存器中，作为刀长补偿，推荐使用这种方式。使用刀具长度作为刀长补偿的理由如下：

① 使用刀具长度作为刀长补偿，可以避免在不同的工件加工中不断地修改刀长偏置。这样一把刀具用在不同的工件上也不用修改刀长偏置。在这种情况下，可以按照一定的刀具编号规则，给每一把刀具作档案，用一个小标牌写上每把刀具的相关参数，包括刀具的长度、半径等资料。事实上许多大型的机械加工型企业对数控加工设备的刀具管理都采用这种办法。这对于那些专门设有刀具管理部门的公司来说，就用不着和操作工面对面地告诉刀具的参数了，同时即使因刀库容量原因把刀具取下来等下次重新装上时，只需根据标牌上的刀长数值作为刀具长度补偿而不需再进行测量。

② 使用刀具长度作为刀长补偿，可以让机床一边进行加工运行，一边在对刀仪上进行其

他刀具的长度测量,而不必因为在机床上对刀而占用机床运行时间,这样可以充分发挥加工中心的效率。这样主轴移动到编程 Z 坐标点时,就是主轴坐标加上(或减去)刀具长度补偿后的 Z 坐标数值。

（2）利用刀尖在 Z 方向上与编程零点的距离值(有正负之分)作为补偿值

这种方法适用于机床只有一个人操作而没有足够的时间来利用对刀仪测量刀具的长度时使用。这样做当用一把刀加工另外的工件时就需要重新进行刀长补偿的设置。使用这种方法进行刀长补偿时,补偿值就是主轴从机床 Z 坐标零点移动到工件编程零点时的刀尖移动距离,因此此补偿值总是负值而且很大。

3.3.2 刀具半径补偿

1. 刀具半径补偿概念

在轮廓加工时,刀具中心运动轨迹(刀具中心或金属丝中心的运动轨迹)与被加工零件的实际轮廓要偏移一定距离,这种偏移称为刀具半径补偿,又称刀具中心偏移。如图 3-18 所示,在加工内轮廓时,刀具中心向工件轮廓的内部偏移一个距离;而加工外轮廓时,刀具中心向工件的外侧偏移一个距离,这个偏移,就是所谓的刀具半径补偿。图 3-18 中,粗实线为工件轮廓,虚线为刀具中心轨迹。精加工时,偏移量为刀具半径值,而在粗加工和半精加工时,偏移量为刀具半径与加工余量之和。

由于数控系统控制的是刀具中心轨迹,因此数控系统要根据输入的零件轮廓尺寸及刀具半径补偿值计算出刀具中心轨迹。由此可见,刀具半径补偿在数控加工中有着非常重要的作用。根据刀具补偿指令,数控加工机床可自动进行刀具半径补偿。特别是在手工编程时,刀具半径补偿尤为重要。手工编程时,运用刀具半径补偿指令,就可以根据零件的轮廓值编程,不需要计算刀心轨迹编程,这样就大大减少了计算量和出错率。虽然利用 CAD/CAM 自动编程,手工计算量小,生成程序的速度快,但当刀具有少量磨损或加工轮廓尺寸与设计尺寸稍有偏差时或者在粗铣、半精铣和精铣的各工步加工余量变化时,仍需作适当调整,而运用了刀具半径补偿后,不需修改刀具尺寸或建模尺寸而重新生成程序,只需要在数控机床上对刀具补偿参数做适当修改即可。刀具半径补偿既简化了编程计算,又增加了程序的可读性。

刀具半径补偿有 B(basic)功能和 C(complete)功能两种补偿形式。由于 B 功能刀具半径补偿只根据本段程序进行刀补计算,不能解决程序段之间的过渡问题,要求将工件轮廓处理成如图 3-18 所示的圆角过渡,因此工件尖角处工艺性不好,而且编程人员必须事先估计出刀补后可能出现的间断点和交叉点,并进行人为处理,显然增加编程的难度;而 C 功能刀具半径补偿能自动处理两程序段之间刀具中心轨迹的转接,可完全按照工件轮廓来编程,因此现代 CNC 数控机床几乎都采用 C 功能刀具半径补偿。这时要求建立刀具半径补偿程序段的后续至少两个程序段必须有指定补偿平面的位移指令(G00、G01、G02、G03 等),否则无法建立正确的刀具补偿。

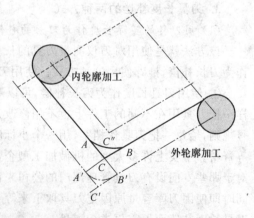

图 3-18 B 功能刀具补偿的交叉点和间断点

2. 刀具半径补偿指令

根据 ISO 规定,当刀具中心轨迹在程序规定的前进方向的右边时称为右刀补,用 G42 表示;反之称为左刀补,用 G41 表示。

G41 是刀具左补偿指令(左刀补),即顺着刀具前进方向看(假定工件不动),刀具中心轨迹位于工件轮廓的左边,称左刀补,如图 3-19(a)所示。

G42 是刀具右补偿指令(右刀补),即顺着刀具前进方向看(假定工件不动),刀具中心轨迹位于工件轮廓的右边,称右刀补,如图 3-19(b)所示。

G40 是取消刀具半径补偿指令。使用该指令后,G41、G42 指令无效。

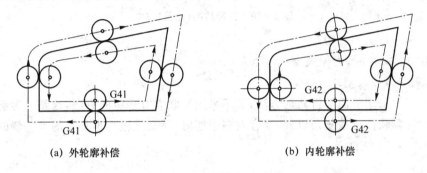

(a) 外轮廓补偿　　　　　　　　　　　(b) 内轮廓补偿

图 3-19　刀具半径的左右补偿

在使用 G41、G42 进行半径补偿时应采取以下步骤:

① 设置刀具半径补偿值　程序启动前,在刀具补偿参数区内设置补偿值。

② 刀补的建立　刀具从起刀点接近工件,刀具中心轨迹的终点不在下一个程序段指定的轮廓起点,而是在法线方向上偏移一个刀具补偿的距离。在该段程序中,动作指令只能用 G00 或 G01。

③ 刀补进行　在刀具补偿进行期间,刀具中心轨迹始终偏离编程轨迹一个刀具半径的偏移值。在此状态下,G00、G01、G02、G03 都可以使用。

④ 刀补的取消　在刀具撤离工件、返回原点的过程中取消刀补。此过程只能用 G00、G01。

3. C 功能刀具半径补偿

B 刀补采用了读一段、算一段、再走一段的控制方法,无法预计到由于刀具半径所造成的下一段加工轨迹对本程序段加工轨迹的影响,相邻两程序段的刀具中心轨迹之间可能出现间断点或交叉点。为解决下一段加工轨迹对本段加工轨迹的影响,在计算本程序段轨迹后,提前将下一段程序读入,然后根据它们之间转接的具体情况,再对本段的轨迹作适当修正,得到本段正确加工轨迹,这就是 C 功能刀具补偿。C 功能刀补更为完善,这种方法能根据相邻轮廓段的信息自动处理两个程序段刀具中心轨迹的转换,并自动在转节点处插入过渡圆弧或直线,从而避免刀具干涉和断点情况。

在目前通常的 CNC 系统中,实际所能控制的轮廓只有直线和圆弧,因此有以下四种线形转接的类型:直线与直线转接、直线与圆弧转接、圆弧与圆弧转接、圆弧与直线转接。

讨论 C 功能刀具半径补偿的过渡方式之前,先说明矢量夹角的含义,矢量夹角是指两编程轨迹在交点处非加工侧的夹角。

根据两段轨迹的矢量夹角和刀具补偿方向的不同,有以下几种转接(过渡)方式:缩短型、伸长型、插入型,如图 3-20 所示。

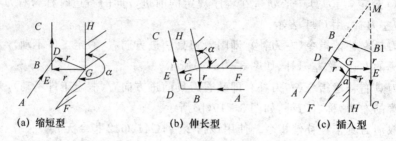

(a) 缩短型　　　　(b) 伸长型　　　　(c) 插入型

图 3-20　三种转接(过渡)方式

当 $\alpha \geqslant 180°$ 时,为缩短型;

当 $180° \geqslant \alpha \geqslant 90°$ 时,为伸长型;

当 $\alpha < 90°$ 时,插入型。

矢量计算中采用平面解析几何方法,而不采用解联立方程组的方法,这是因为解联立方程组的方法除计算软件比较复杂以外,当存在多个解时,还必须进行更复杂的唯一解的确定。

第 4 章 数控机床的伺服系统

4.1 概 述

4.1.1 伺服系统及数控机床对其要求

数控机床的伺服系统是数控机床的数控系统与机床本体的联系环节。它是以机床运动部件的位置(或角度)和速度(或转速)为控制量的系统,包括主轴伺服系统和进给伺服系统。数控机床的主轴伺服系统通常不如进给伺服系统要求高,本章只讨论进给伺服系统。

伺服系统的主要功用是接受来自数控系统的指令信息,按其要求来驱动机床的移动部件运动,以加工出符合图纸要求的零件。伺服系统一般由驱动控制单元、驱动元件、机械传动部件和末端执行件等组成,对于闭环控制系统还包括检测反馈环节。常用驱动元件主要是各种伺服电机。目前,在小型和经济型数控机床上还使用步进电机,中高档数控机床大多采用直流伺服电机和交流伺服电机。随着数控技术的发展,微处理器已开始应用于伺服系统中。高精度数控机床已采用交流数字伺服系统,伺服电机的角度、速度等都已实现了数字化,并采用了新的控制理论,实现了不受机械负荷变动影响的高速响应伺服系统。而液压伺服系统由于发热大、效率低、不易维修等缺点,现已基本不采用。

伺服系统是数控机床的重要组成部分之一。其动态响应特性和伺服精度是影响数控机床加工精度、表面质量和生产率的主要因素。如果说数控系统决定了数控机床的功能与可靠性,那么伺服系统则决定了数控机床的加工精度与质量。因此,数控机床的伺服系统应满足以下基本要求:

1. 精度高

数控机床不可能像传统机床那样用手动操作来调整和补偿各种误差,因此它要求很高的定位精度和重复定位精度。所谓精度是指伺服系统的输出量跟随输入量的精确程度。数控系统每发出一个进给指令脉冲,伺服系统将其转化为相应的位移量,通常称为脉冲当量。脉冲当量越小,机床的精度越高。一般而言脉冲当量为 0.01~0.001 mm。

2. 快速响应特性好

快速响应是伺服系统动态品质的标志之一。它要求伺服系统跟随指令信号不仅跟随误差小,而且响应速度快,稳定性好。即系统在给定输入后,能在短暂的调节之后达到新的平衡或受外界干扰作用下能迅速恢复原来的平衡状态。一般响应时间在 200 ms 以内,甚至小于几十毫秒。

3. 调速范围要大

由于工件材料、刀具以及加工要求各不相同,要保证数控机床在任何情况下都能得到最佳切削条件,伺服系统就必须有足够的调速范围,既能满足高速加工要求,又能满足低速进给要求,调速范围一般大于 1∶10 000。而且在低速切削时,还要求伺服系统能输出较大的转矩。

4. 系统可靠性要好

数控机床的使用率要求很高,常常是 24 h 连续工作不停机,因而要求其工作可靠。系统的可靠性常用发生故障时间间隔的长短的平均值作为依据,即平均无故障时间,这个时间越长可靠性越好。

4.1.2 伺服系统的类型

数控机床的伺服系统,通常按其控制方式分类,可分为开环伺服系统、闭环伺服系统和半闭环伺服系统。

1. 开环伺服系统

图 4-1 为开环伺服系统构成原理图。

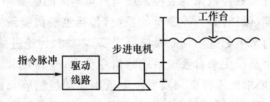

图 4-1 开环伺服系统

它主要由步进电机及其驱动线路构成。数控系统发出指令脉冲经过驱动线路变换与放大,传给步进电机。步进电机每接收一个指令脉冲,就旋转一个角度,再通过齿轮副和丝杠螺母带动机床工作台移动。步进电机的转速和转过的角度取决于指令脉冲的频率和个数,反映到工作台上就是工作台的移动速度和位移大小。然而,由于系统中没有检测和反馈环节,工作台移动到位不到位,取决于步进电机的步距角精度、齿轮传动间隙和丝杠螺母精度等,所以它的精度较低。但其结构简单,易于调整,价格低廉,常应用于精度要求不高的数控机床。

2. 闭环伺服系统

由于开环伺服系统只接收数控系统的指令脉冲,至于执行情况的好坏系统则无法控制,如果能对执行情况进行监控,其加工精度无疑会大大提高。图 4-2 为闭环伺服系统构成原理图。它由比较环节、驱动线路(包括位置控制和速度控制)、伺服电机和检测反馈单元等组成。安装在机床工作台的位置检测装置,将工作台的实际位移量测出并转换成电信号,经反馈线路与指令信号进行比较,并将其差值经伺服放大,控制伺服电机带动工作台移动,直至两者差值等于零为止。

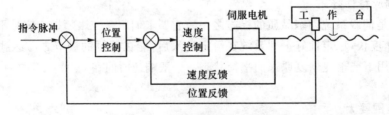

图 4-2 闭环伺服系统构成原理图

由于闭环伺服系统是直接以工作台的最终位移为目标,从而消除了进给传动系统的全部误差,所以精度很高(从理论上讲,其精度取决于检测装置的测量精度)。然而另一方面,正是由于各个环节都包括在反馈回路内,因此它们的摩擦特性、刚度和间隙等都直接影响伺服系统的调整参数。所以闭环伺服系统的结构复杂,其调试和维护都有较大的技术难度,价格也较贵,因此一般只在大型精密数控机床上采用。

3. 半闭环伺服系统

闭环伺服系统由于检测的是机床最末端件的位移量,其影响因素多而复杂,极易造成系统不稳定,且其安装调试都很复杂,而测量伺服电机的转角则容易得多。伺服电机在制造时将测速发电机、旋转变压器等转角测量装置直接装在电机轴端上。工作时将所测的转角折算成工作台的位移,再与指令值进行比较,进而控制机床运动。这种不在机床末端而在中间某一部位拾取反馈信号的伺服系统就称为半闭环伺服系统。图4-3为半闭环伺服系统构成原理图。由于这种系统抛开了一些诸如传动系统刚度和摩擦阻尼等非线性因素,所以该系统调试比较容易,稳定性也好。尽管这种系统不反映反馈回路之外的误差,但由于采用高分辨率的检测元件,也可以获得比较满意的精度。这种系统被广泛应用于中小型数控机床上。

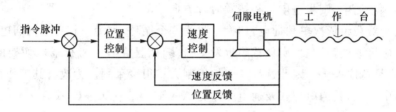

图4-3 半闭环伺服系统

4.2 常用驱动元件

驱动元件是伺服系统的关键部件,它对系统的特性有极大的影响。它的发展和进步是推动数控机床发展的重要因素。驱动元件的发展大致分为以下几个阶段:

20世纪50年代,采用步进电机,目前只应用于经济型数控机床。

20世纪60～70年代,采用步进电机和电液脉冲马达,现已基本不用。

20世纪70～80年代,采用直流伺服电机,目前在我国广泛使用。

20世纪80年代以后,采用交流伺服电机,是比较理想的驱动元件。

4.2.1 步进电机

步进电机是一种将电脉冲信号转换成机械角位移的特殊电机。步进电机的转子上无绕组且制有若干个均匀分布的齿,在定子上有励磁绕阻。当有脉冲输入时,转子就转过一个固定的角度,其角位移量与输入脉冲个数严格地成正比,在时间上也与输入脉冲同步。当无脉冲时,在绕组电源的激励下,气隙磁场能使转子保持原有位置不变而处于定位状态。

步进电机按其输出扭矩大小,可分为快速步进电机和功率步进电机。按其励磁相数可分为三相、四相、五相、六相甚至八相步进电机等。按其工作原理又分为磁电式和反应式步进电机。

由于步进电机的角位移量和指令脉冲的个数成正比,旋转方向与通电相序有关,因此只要控制输入脉冲的数量、频率和电机绕组的通电相序,即可获得所需的转角大小、转速和方向。其调速范围广,响应快,灵敏度高,控制系统简单,而且有一定的精度,所以被广泛应用于开环伺服系统中。

1. 步进电机工作原理

尽管步进电机种类很多,其基本原理实质都是一致的,以图4-4所示的三相反应式步进电机为例,说明其工作原理。

在步进电机定子上有三对磁极,上面绕有励磁绕组,分别称为A相、B相和C相。转子上带有等距小齿(图4-4中有四个齿),如果先将A相加上电脉冲,则转子1、3两齿被磁极A吸引而与该磁极对齐(见图4-4(a));而后再将B相加上电脉冲,则B相磁极将离它最近的2、4齿吸引过去,这样转子就沿逆时针方向转过30°(见图4-4(b))。同样的道理,如将C相加上电脉冲,则转子又转过30°((图4-4(c))。之后再将A相加上电脉冲,转子继续转过30°。如此循环,按A→B→C→A…依次通电,步进电机就按逆时针方向一步一步转动。如果按着A→C→B→A…的顺序通电,则步进电机将按顺时针方向转动。

这种三相励磁绕组依次单独通电,切换三次为一个循环,称为三相单三拍通电方式。由于每次只有一相磁极通电,易在平衡位置附近发生振荡,而且在各相磁极通电切换的瞬间,电机失去自锁力,容易造成失步。因此这种单三拍控制方式很少采用。为改善其工作性能,可采用三相六拍的通电方式,其通电方式及通电顺序为A→AB→B→BC→C→CA→A…或者A→AC→C→CB→B→BA→A…。这种通电方式当由A相通电转为AB相共同通电时,转子磁极将同时受到A相磁极与B相磁极的吸引,它只能停在AB两相磁极中间。这时它转过的角度是15°。这种通电方式在切换时,始终有一相磁极不断电,故其工作较稳定。而且在相同频率下,每相导通的时间增加,平均电流增加,从而提高了电磁转矩、启动频率以及连续运行频率等其他特性。因此三相步进电机大多采用这种通电方式。很显然,通入脉冲频率越高,电机的转速也就越高。步进电机每步转过的角度越小,它所能达到的位置精度也就越高。

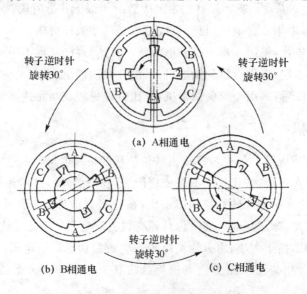

图4-4 步进电机的工作原理

通常步进电机转的最小角度是3°、1.5°或者更小。为此转子上的齿数要做得很多,并在定子磁极上也制成相同大小的齿。图4-5中的小齿数目为40个,当某一相定子磁极的小齿与转子的小齿对齐时,其他两相磁极的小齿便与转子的小齿错过一个角度;当另一磁极通电时,转子就会转过这个角度。

2. 步进电机的主要特性参数

(1) 步距角

步进电机每接收一个脉冲,转子所转过的角度,称为步距角。它是决定开环伺服系统脉冲当量的重要参数。计算公式如下:

$$\alpha = \frac{360°}{mkz}$$

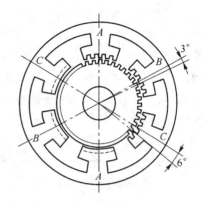

图4-5 步地电机的步距角

式中:α——步距角,度(°);

m——定子励磁绕组的相数;

z——转子齿数;

k——通电方式系数,单拍时,$k=1$;双拍时,$k=2$。

(2) 最大启动转矩

步进电机在启动时能带动的最大负载转矩,如步进电机的负载转矩超过此值,则电机不能启动。其值越大,则承载能力越强。

(3) 最高启动频率

步进电机在启动时,从静止状态突然启动而不丢步的最高频率。它与负载惯量有关,一般而言它随负载的增加而减小。

(4) 连续运行最高频率

步进电机启动之后,控制脉冲的频率可进一步提高。能够跟上控制脉冲的频率而不失步的最高频率,称为连续运行最高频率,它随负载的增加而下降,它比最高启动频率大许多,因它不需克服惯性力矩,它代表着步进电机的最高转速。目前世界最高值可达7 000 r/min。

3. 步进电机的驱动

根据步进电机的工作原理,我们知道步进电机的角位移量与指令脉冲的个数成正比。旋转方向与通电方向有关。因此步进电机的驱动电路,必须能控制步进电机各相励磁绕组电信号的通电断电变化频率、次数和通电顺序。这个工作由脉冲分配器和功率放大器来完成。图4-6是步进电机的控制框图。

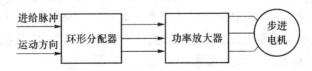

图4-6 步进电机控制框图

通过脉冲指令,按一定顺序导通或截止功率放大器,使电机相应的励磁绕组通电或断电的装置称为脉冲分配器,也叫环形分配器。它由门电路、触发器等基本逻辑功能元件组成。步进电机的正转与反转,由方向指令控制,步进电机的转角与转速分别由指令脉冲的频率与数量决定。

脉冲分配可由硬件或软件来实现。作为硬件,目前市场上已有专用的分配器功能组件出售。采用专用集成电路有利于提高系统可靠性和降低系统成本。用微机控制步进电机,采用汇编语言编制程序来分配脉冲,称为软件脉冲分配。这种方法的特点是控制灵活,可靠性高,制造成本低,但是它需编制复杂的程序,需占用大量内存单元和操作时间。

脉冲分配器输出的电流只有几毫安,而一般步进电机的励磁电流需要几安培至几十安培。为了能驱动步进电机必须有一个功率放大器,进行电流放大和功率放大。功率放大器一般有单电压型和高低电压切换型两种。单电压型线路简单,具有控制方便,调试容易等优点。适用于小型步进电机,且性能要求不高的场合。为了减小过渡时间常数,可以在电路中串联电阻,同时还可限制励磁电流不超过额定值,这就往往要提高控制电压。在电机每相电流不大时,还是允许的。但当采用大功率步进电机时,每相电流达十几安培,这样在电阻上消耗的功率就太大了。这时常采用功率小、效率高、又能加快过渡过程的高低电压切换型供电方式。这种线路开始时先接通高压,以保证电机绕组中有较大的冲击电流通过。之后截断高压,改由低压供电,使电机绕组中的稳定电流等于额定值。这样步进电机绕组每次导通时,电流波形上升前沿很陡,有利于提高步进电机的启动频率和动态特性,经过一定启动时间达到规定的高压导通时间(一般是 100~600 μs)后改由低压供电,维持绕组所需的额定电流值,图 4-7 展示了这种供电方式的有关波形。由于额定电流是由低压维持的,只需要较小限流电阻,它的功耗也因此减小,因而在步进电机的驱动线路中被广泛采用。

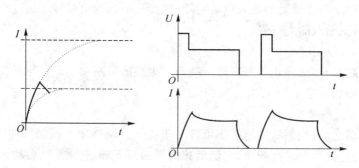

图 4-7 高低电压切换方式有关波形

4.2.2 直流伺服电机

由于数控机床的自身特点,如位移精度高,调速范围广,承载能力强,运动稳定性好,响应速度快等,对伺服电机的要求较高,特别是要具有较大的转矩/惯量比。直流伺服电机具有较好的调速特性,尤其是他励直流电机具有较硬的机械特性。因此直流电机在数控机床中使用较广泛。然而一般的直流电机因其转子转动惯量较大,其输出转矩相对小,动态特性不好,不能满足机械加工的要求。特别是在低速运转条件下更是如此。因此,直流电机必须改进结构提高其特性,才能用于数控机床的伺服系统。

1. 小惯量直流伺服电机

为使转子转动惯量尽可能的小,这种电机一般都做成细长形,转子光滑无槽。其特点是转动惯量比一般直流电机小一个数量级,机械时间常数小,加减速能力强,响应快,动态特性好。再加上其气隙尺寸大,采用高磁能永久磁铁,励磁绕组在铁芯表面,因而绕组自磁小,电枢电流可增大。所以其瞬时峰值转矩可为额定转矩的 10 倍以上,调速范围宽,低速运转平稳。

2. 调速直流电机

小惯量直流电机是从减小转子的转动惯量来改善电机动态特性的,然而正是因其惯量小,热容量也小,过载时间不能过长。其另一特点是转速高,惯量小,而机床的惯量大,两者之间必须使用齿轮减速才能很好地匹配,这在客观上就需要一种大转矩、低转速的电机。

宽调速直流伺服电机是在维持一般直流电机转动惯量不变的前提下,通过提高转矩来改善其特性,电机定子采用矫顽力强的永磁材料。这种材料可使电机电流过载 10 倍而不会去磁。因而提高了电机的瞬时加速力矩,改善了动态响应。这种电机具有以下特性:

① 动态响应好 由于它有较大的转矩/惯量比,因而其加速度大,响应快,动态特性好。

② 过载能力强 因它有较大的热容量,可承受较大的峰值电流和过载转矩。在转矩为额定值的 3 倍,连续工作 30 min 的情况下,其电枢温度仍不到危险程度。

③ 转矩大 在相同的转子外径和电枢电流的情况下,产生较大的转矩。低速时也能输出大转矩,可不经齿轮减速而直接与丝杠连接,使结构大大简化,精度提高。同时,由于其转动惯量大,外加负载的转动惯量对其影响小,易于和机床匹配,使工作平稳。

④ 调速范围宽 由于电机的机械特性和调节特性的线性度好,低速时能输出较大的转矩,所以调速范围宽。调速范围可达 0.1~2 000 r/min。

⑤ 可直接接有高精度检测元件 一些测量转速和转角的检测元件(如测速发展电机、旋转变压器和脉冲编码器等),可与之同轴安装,以利于精确定位。

3. 直流伺服电机的调速

对于直流电机的调速,在理论上有 3 种方法:改变电枢回路电阻、改变气隙磁通量和改变外加电压。用于数控机床的电机要求既能正转、反转,又能快速制动,因此数控机床的伺服系统一般都是可逆系统,但前两种方法不能满足数控机床的要求。因此,主要采用调整电枢电压的方法来调节直流伺服电机的转速,其供电系统能灵活控制直流电压的大小和方向。目前主要用晶闸管控制方式(SCR-M)和脉宽调制方式(PWM-M)来提供可调的直流电源。

晶闸管控制方式,用 SCR 三相全控桥式整流,通过改变触发角来改变电压,从而达到调节直流伺服电机的目的。此方法目前应用较广,但由于其电枢电流脉动频率低,波形差,使电机的工作情况恶化,从而限制了调速范围的进一步扩大。近年来,随着大功率晶体管工艺的成熟和高电压大电流模块型功率晶体管的商品化,晶体管脉宽调制方式在世界上得到了广泛应用,并且逐步取代晶闸管控制方式。

图 4-8 为脉宽调制方式工作原理图。

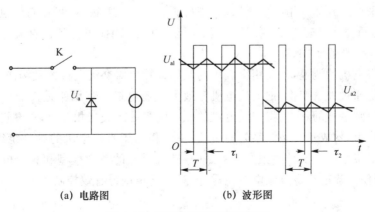

(a) 电路图　　　　　　(b) 波形图

图 4-8　PWM 调速系统原理图

如图中的开关 K 周期性地开关,开关的周期为 T,接通的时间是 τ,则断开时间为 $T-\tau$。如果外加电源电压 U 为常数,则加到电枢上的电压波形将是一个高为 U,宽为 τ,周期为 T 的方波。它的平均值为

$$U_a = \frac{1}{T}\int_0^T U dt = \frac{\tau}{T}U = \delta_T U$$

式中:$\delta_T = \frac{\tau}{T}$。

当 T 不变时,只要连续地改变 $\tau(0 \sim T)$,就可使电枢电压平均值连续的由 0 值加大到 U 值,从而改变电机的转速。在 PWM 系统中,由大功率三极管代替开关 K,其开关频率是 2 000 Hz,则 $T=1/2\,000\text{ s}=0.5$ ms。图中二极管为续流二极管,当 K 断开时,由于电枢电感的存在,电机电枢电流 I_a 可通过它形成回路而继续流通。图 4-8(a)的电路图只能实现电机单相速度调节,为使电机实现双向调速,必须采用桥式电路。

晶体管脉宽调制系统,因晶体管的开关频率很高,其输出电流接近于纯直流,使电机调速平稳;另一方面,转子也跟不上如此高的频率变化,避开了机械谐振,使机械工作平稳。这种方式还具有优良的动态硬度,电机既能驱动负载,也能制动负载,因而响应很快。与晶闸管比较在相同的输出转矩下(即平均电流相同)运行效率高,发热小,低速下限更小,调速范围更宽。

4.2.3 交流伺服电机

尽管直流伺服电机具有优良的调速性能,其调速系统在应用中占主导地位,但直流电机却存在着不可避免的缺点:它的电刷和换向器易磨损,换向时产生火花,使电机的最高转速受到限制,也使应用环境受到限制,其结构复杂,成本高。交流伺服系统是当前机床进给驱动系统的一个新动向,交流异步电机由于结构简单,成本低廉,无直流伺服电机的缺点,一向被认为是一种理想的伺服电机。而且转子惯量比直流电机小,这意味着动态响应更好。交流电机容量也比直流容量大,可达更高的电压和转速。一般在同样体积下,交流电机的输出功率比直流电机提高 10%～70%。

在交流伺服系统中可以采用交流异步电机,也可采用交流同步电机。交流异步电机所采用的电流有三相和单相两种。交流同步电机的磁势源可以是电磁式、永磁式和反应式等多种。在数控机床进给伺服系统中多采用永磁式同步电机。它的特点是结构简单,运行可靠,效率高。在结构上采取措施如采用高剩磁感应、高矫顽力和稀土类磁铁,可比直流电机在外形尺寸上减少约 50%,重量上减轻近 60%,转子惯量减至 20%。因而可得到比直流伺服电机更硬的机械性能和更宽的调速范围。

对交流伺服电机的调速,目前用得较多的是用计算机对交流电机的磁场作矢量变换控制。它的基本原理是通过矢量变换,把交流电机等效为直流电机。其思路是按照产生同样的旋转磁场这一等效原则进行的,则先将交流电机的三相绕组等效成二相绕组;再在进一步等效为两个正交的直流绕组,构成正交坐标系的两个轴:一个相当于直流电机的励磁绕组,一个相当于直流电机的电枢绕组。在旋转的正交坐标系中,交流电机的数学模型和直流电机的数学模型是一样的,从而使交流电机像直流电机一样,能对其转矩进行有效控制。

4.3 伺服系统中的检测元件

在闭环与半闭环伺服系统中,用反馈信号和指令信号的比较结果来进行速度和位置控制。因此,检测及反馈单元是伺服系统的重要组成部分,检测元件的精度在很大程度上决定了数控机床的加工精度。数控机床的检测元件应满足精度与速度高、可靠性高、安装使用和维护方便的要求。

由于数控机床的类型不同,工作条件和检测要求各异,所以,在数控机床上有各种各样的检测方式和系统。

速度反馈和位置反馈:速度反馈是用来测量和控制运动部件的速度。位置反馈是用来测量和控制运动部件的位移量。

增量式和绝对式:增量式检测只测位移的增量,每移动一个测量单位就发一个测量信号。其特点是结构简单,任何一个对中点都可以作为测量的起点。然而,在运动过程中,一旦发生意外中断,则不能再找到中断前的位置,只能重新开始。绝对式检测则无此缺点,任何位置都由同一个固定点算起,也就是说每一点都有一个相应值与之对应。这种检测方式的分辨率要求越高结构越复杂。

数字式和模拟式:数字式是将被测量进行单位量化后,以数字的形式表示。其特点是被测量量化后转换成脉冲个数,便于处理。检测精度取决于测量单位。检测装置比较简单,脉冲信号抗干扰能力强。模拟式检测是将被测量用连续的变量来表示。其特点是被测量用连续的变量,如电压、相位或幅值来表示。可直接测量被测量,无须再量化,在小量程内可以实现高精度测量。

检测元件还可分为旋转型和直线型,接触式和非接触式,电磁式、感应式、光电式和光栅式等不同分法。

4.3.1 测速发电机

测速发电机是一个速度检测元件,用以测量电机的转速,它安装在伺服电机轴的一端,与伺服电机构成一体。

测速发电机也分为定子和转子两部分,定子上有铝镍钴永久磁铁。当转子由伺服电机带着旋转时,由于永久磁铁的作用,在转子电枢中将产生感应电势。通过换向器和电刷获得的直流电压与转子的转速成正比,即 $U_g = K_g n$ 可以拾取这个电压作为控制转速的电信号。图 4-9 展示了测速发电机的工作原理。

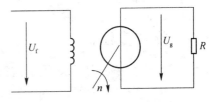

图 4-9 测速发电机原理

4.3.2 编码盘与光电盘

编码盘是一种直接编码式的测量元件。它可以直接把被测转角或位移转换成相应的代码,指示的是绝对位置而无绝对误差。在电源切断后不会失去位置信息,但其结构复杂,价格较贵,且不易做到高精度和高分辨率。编码盘是按一定的编码形式如二进制编码等,将圆盘分成若干等份,利用电子、光电或电磁元件把代表被测位移的各等份上的数码转换成电信号输出用于检测。图4-10是一个四位二进制编码盘,涂黑部分是导电的,其余是绝缘的。对应于各码道上装有电刷。当码盘随工作轴一起转动时,就可得到二进制输出。码盘的精度与码道多少有关,码道越多,码盘的容量越大,一般是9位二进制。而光电式的码盘单个码盘可做到18位二进制数。

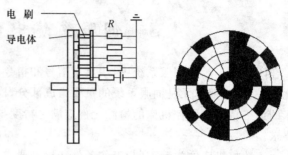

图4-10 四位二进制编码盘

电磁式码盘用导磁性较好的材料做圆盘,在上用腐蚀的方法做成凹凸条码。当有磁通穿过时,由于磁导不同,感应电动势也不同,从而可获得相应信号,以达到测量目的。接触式编码盘的优点是简单,体积小,输出信号强。缺点是电刷易磨损,转速不能太高。

光电盘是一种光电式转角测量元件,可以说是增量式的编码盘,如图4-11所示。在一个圆盘周围分成相等的透明与不透明部分,其数量从几百到上千条不等。当圆盘与工作轴一起转动时,光电元件接收时断时续的光,产生近似的正弦信号。放大整形后成脉冲信号送到计数器,根据脉冲的数目和频率可测出工作轴的转角和转速。光电盘优点是没有接触磨损,允许转速高,最外层每片宽度可以做得更小,因而精度较高。缺点是结构复杂,价格高,安装困难。

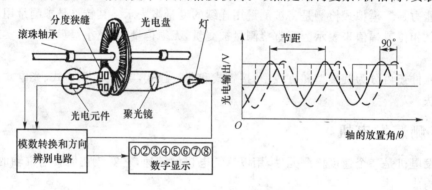

图4-11 光电盘

4.3.3 旋转变压器

旋转变压器是一种角位移检测元件,结构上与二相绕线式异步电机相似,由定子和转子组成,定子绕组为变压器的一次绕组,转子绕组为二次绕组。激磁电压接到的一次绕组,感应电动势由二次绕组输出。常用激磁频率有400 Hz、500 Hz、1 000 Hz、2 000 Hz和5 000 Hz等。图4-12为旋转变压器工作原理图。旋转变压器在结构上保证了其定子和转子在空气间隙内磁通分布符合正弦规律。

当定子绕组通以交流电 $U_1 = U_m \sin \omega t$ 时,将在转子绕组产生感应电动势

$$U_2 = nU_1 \sin \theta = nU_m \sin \omega t \sin \theta$$

式中:n——变压比;

U_m——激磁最大电压;

ω——激磁电压角频率;

θ——转子与定子相对角位移,当转子磁轴与定子磁轴垂直时,$\theta=0$;当转子磁轴与定子磁轴平行时,$\theta=90°$。

因此,旋转变压器转子绕组输出电压的幅值,是严格按转子偏转角的正弦规律变化的。数控机床正是利用这个原理来检验伺服电机轴或丝杠的角位移的。

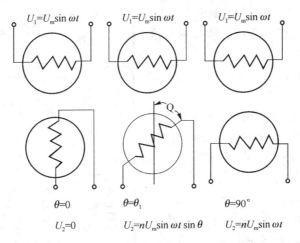

图 4-12 旋转变压器工作原理图

通常应用的旋转变压器为二极旋转变压器,其定子和转子绕组中各有互相垂直的两个绕组,它的控制系统通常有两种控制方式,一种是鉴相控制,一种是鉴幅控制。

4.3.4 感应同步器

感应同步器与旋转变压器一样,是一种精密位移测量元件,它是根据电磁耦合原理将位移或转角转换成电信号的。根据用途和结构特点可分为直线式和旋转式两类,分别用于测量直线位移和旋转角度。

直线式感应同步器由定尺和滑尺组成,一般定尺长 250 mm。定尺上绕有单相连续绕组,节距为 2 mm。如测量距离长,可将单个定尺连接起来。滑尺长 100 mm,绕有两相绕组,一个为正弦绕组,一个为余弦绕组,节距为 2 mm。但两相绕组在空间上相对于定尺绕组错开 1/4 节距。使用时,定尺安装在机床固定件上,滑尺安装在移动部件上。两者表面间隙在全行程上通常应保持 2.25 mm 的距离。其工作原理如下:当在滑尺上正弦、余弦绕组上加交流激励电压时,定尺上的连续绕组会有感应电压输出,感应电压的幅值和相位与激磁电压有关,也与滑尺与定尺的相对位置有关。

图 4-13 为滑尺在不同位置时的感应电压,当定尺与滑尺绕组重合时(A 点),感应电压为最大;当滑尺相对于定尺作平行移动时,感应电压逐渐减少,到两者刚好错开 1/4 节距时(B 点),感应电压为零;滑尺继续移动到 1/2 节距时(C 点),得到电压值与 A 点相同,但极性相反;再继续移动到 3/4 节距时(D 点),感应电压又变为零;当移动到一个节距时(E 点)电压上升为最大值。这样,滑尺移动一个节距的过程中感应电压变化了一个余弦波形。如当在滑尺上的正弦绕组加激磁电压为

$$U_s = U_m \sin \omega t$$

那么在定尺绕组内产生感应电压为

$$U'_s = KU_m \sin \omega t \cos \theta$$

同理,当在滑尺上的余弦绕组上加激磁电压:$U_C = U_m \cos \omega t$。则定尺绕组产生感应电压为

$$U'_C = KU_m \cos \omega t \cos(90+\theta) =$$
$$-KU_m \cos \omega t \sin \theta$$

当在滑尺的两绕组上分别激磁 U_s 和 U_C 时,则定尺上绕组产生感应电压为两者的合成叠加,即

$$U' = U'_s + U'_C = KU_m \sin \omega t \cos \theta - KU_m \cos \omega t \sin \theta$$
$$= KU_m \sin(\omega t - \theta)$$

只要测量出感应电压的幅值,便可求出滑尺与定尺的相对位置。根据不同的激磁方式,感应同步器的工作方式可分为相位工作状态和幅值工作状态。

感应同步器的特点:

① 精度高 感应同步器的输出信号是由滑尺和定尺之间相对运动直接产生的。中间不经任何机械传动装置,测量精度主要取决于感应同步器的制造精度,不受机械传动误差的影响。同时参与工作的绕组较多,对节距的误差有平均效应。

② 维护简单寿命长 定滑尺之间有间隙,无磨损,寿命长。使用中即使灰尘油污和切削液侵入也不影响工作。应该避免的是切屑进入滑尺与定尺之间避免划伤绕组,造成短路。

③ 受环境温度变化影响小 感应同步器基体的线膨胀系数与机床相差不多,受温度变化而引起的变形与机床的变形也差不多,所以误差小。

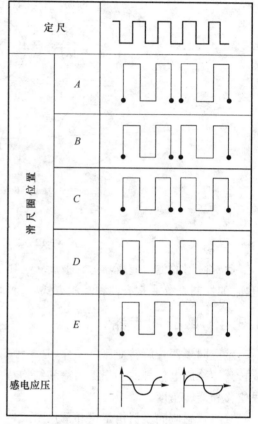

图 4-13 感应同步器的工作原则

4.3.5 光　栅

光栅是闭环伺服系统中使用较多的一种光学测量元件。它是在透明玻璃或金属镜面反光平面上刻制平行且等间距的条纹,前者称为透射光栅,后者称为反射光栅。透射光栅信号幅值大,信噪比好,刻纹密度大。一般每毫米刻上 100、200、250 条刻纹。反射光栅的线膨胀系数可以做到和机床一致,接长方便。线纹密度一般为每毫米 4、10、25、40 或 50 条。

光栅也可以做成圆盘形,线纹是放射状的,用来测量转角。

根据光栅的工作原理,可分为透射直线式和莫尔条纹式两类。其中莫尔条纹式又可分为纵向莫尔条纹式与横向莫尔条纹式。最常用的是横向莫尔条纹式。

光栅分标尺光栅和指示光栅。标尺光栅安装在机床移动部件上,光栅较长,其有效长度即为测量范围。指示光栅短,装在固定部件上。两块光栅刻线密度相同,当两光栅平行放置且保

持一定间隙(0.05～0.1 mm),并将指示光栅在其自身平面内转过一个很小角度,如图4-14所示。

由于光的衍射作用,就会产生明暗交替的干涉条纹,称为(横向)莫尔条纹,其方向与光栅刻线几乎垂直。如果将标尺光栅长度方向上移动,则可看到莫尔条纹也跟着移动,但方向与光栅移动方向垂直。当标尺光栅移动一个条纹时,莫尔条纹也正好移动一个条纹。通过测定莫尔条纹的数目,即可测出光栅移动距离。但这样得到的信号只能计数,不能分辨运动方向。如果安装两个相距$W/4$的狭缝,光线通过狭缝分别为两个光电元件所接收。当光栅移动时,莫尔条纹通过两狭缝的时间不同,光电元件获得的电信号波形一样,但相位相差$1/4$周期。根据两信号的相位越前与滞后的关系,即可以确定光栅的运动方向。

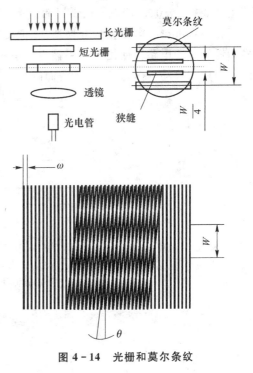

图4-14 光栅和莫尔条纹

这种测量方式有如下特点:

1. 放大作用

光栅的栅距ω和莫尔条纹节距W及两光栅的交角θ有如下关系(当θ很小时)

$$W = \frac{\omega}{2\sin\frac{\theta}{2}} \approx \frac{\omega}{\theta} \quad \text{或} \quad \frac{W}{\omega} = \frac{1}{\theta}$$

可见莫尔条纹的宽度将随θ的变化而变化。而且θ越小,莫尔条纹的W越大。如栅距为0.01 mm,人眼难以分辨。此时,若取$\theta = 3'$,则W大约为10 mm,即条纹被放大了1 000倍(计算时θ应换算成弧度),这就大大减轻了电子线路的负担。

2. 平均效应

光电元件所接收的光信号,是进入指示光栅视场所有线纹的综合平均效应。因此,当光栅有局部或短期误差时,由于平均效应,使得这些缺陷的影响大大削弱。然而这个作用只能消除短周期误差,而不能消除长周期的累积误差。

4.3.6 磁 尺

磁尺又称磁栅,也有直线式和回转式两种。其工作原理与普通录音机录磁、拾磁的原理相同,如图4-15所示。

将一定波长(节距)的矩形波或正弦波电信号用录磁磁头记录在磁性标尺上,作为测量基准尺。测量时,用拾磁磁头读取记录在磁性标尺上的磁信号,通过检测电路将磁头对应的位置或位移,用数字显示装置显示出来或送到位置控制系统中去。位移测量的精度取决于磁性标尺的等距录磁精度。为此,需要在高精度的录磁设备上对磁尺进行录磁。当磁尺与拾磁磁头之间的相对运动速度很低或处在静止状态时,也能够进行位置测量,因此磁头要求有特殊的磁通响应,这也是与普通录音机不同之处。

磁性标尺是在非导磁材料(如铜、不锈钢或其他合金)的基体上,涂敷或电镀上一层很薄(10~20 μm)的磁性材料(镍钴合金),然后用录磁磁头录上等节距的周期性的磁化信号,一般节距有 0.05、0.01、0.2、1 mm 等几种。

磁头是进行磁电转换的变换器,它把反映空间位置变化的磁化信号检测出来,转换成电信号输送给检测电路。使用单磁头输出的信号小,实际使用中都用多磁头,而且为了辨别磁头与磁尺的相对移动方向,还配备了辨向磁头。

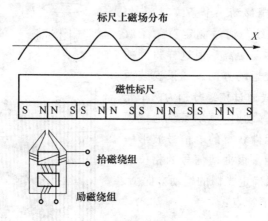

图 4-15　磁通响应型磁头工作原理

第 5 章 数控机床的结构

5.1 数控机床对结构的要求

数控机床是机械电子一体化的典型代表。尽管它的机械结构同普通机床的结构有许多相似之处,然而,现代化的数控机床不是简单地将传统机床配备上数控系统即可,也不是在传统机床的基础上,仅对局部加以改进而成(那些受资金等条件限制,而将传统机床改装成简易数控机床另当别论)。传统机床存在着一些弱点,如刚性不足、抗振性差、热变形大、滑动面的摩擦阻力大及传动元件之间存在间隙等,难以胜任数控机床对加工精度、表面质量、生产率以及使用寿命等要求。现代化的数控机床,特别是加工中心,无论是其基础大件、主传动系统、进给传动系统、刀具系统、辅助功能等部件结构,还是整体布局、外部造型都已发生了很大变化,已经形成数控机床的独特机械结构。

5.1.1 数控机床自身特点对其结构的影响

与传统机床相比,数控机床的功能和性能都有很大的增加和提高,数控机床的结构也在不断的发展中发生了重大变革,推动这些变革的因素正是它所特有的功能和性能。

1. 高自动化程度

数控机床在加工过程中,能按照数控系统的指令自动进行加工、变速及完成其他辅助功能,不必像传统机床那样由操作者进行手动调整和改变切削用量。加工部位可以完全封闭起来,操作者不必靠近。

2. 高速大功率和高精度

刀具材料的发展为数控机床的高速化创造了条件。数控机床的主轴转数和进给速度比传统机床的提高很大,数控机床的电机功率也较传统机床的大,数控机床的定位精度和重复定位精度也相当高。数控机床能同时进行粗加工和精加工,既能保证粗加工时高效率地进行大切削量的切削,又能在精加工和半精加工中高质量地精细切削。

3. 多工序和多功能集成

在数控机床特别是加工中心上,工件一次装夹后,能完成铣、镗、钻、攻螺纹等多道工序的加工,甚至能完成除安装面以外的各个加工表面的加工。车削中心除能加工外圆、内孔和端面外,还能在外圆和端面上进行铣、钻甚至曲面等加工。另一方面,随着数控机床向柔性制造系统方向的发展,功能集成化不仅体现在 ATC 和 APC 上,还包括工件自动定位,机内对刀、刀具破损监控、精度检测和补偿上。

4. 高可靠性和精度保持性

数控机床特别是在 FMS 中的数控机床,常在高负荷下长时间地连续工作,不允许任何部件频繁出故障,因而对数控机床各部分各系统的可靠性和精度保持性提出了更高的要求。

5.1.2 数控机床对结构的要求

1. 数控机床应具备更高的静动刚度

数控机床价格昂贵,每小时的加工费用比传统机床的要高得多。如果不采取措施大幅度地压缩单件加工时间,就不可能获得较好的经济效果。压缩单件加工时间包括两个方面:一是新型刀具材料的发展,使切削速度成倍地提高,这就为缩短切削时间提供了可能;另一方面采用自动换刀系统,加快装夹变速等操作,又大大减少了辅助时间。这些措施大幅度地提高了生产率,同时也明显地增加了机床的负载及运转时间。此外,由机床床身、导轨、工作台、刀架和主轴箱等部件的几何精度及其变形所产生的误差取决于它们的结构刚度。所有这些都要求数控机床要有比传统机床更高的静刚度。

切削过程中的振动不仅影响工件的加工精度和表面质量,而且还会降低刀具寿命,影响生产率。在传统机床上,操作者可以通过改变切削用量和改变刀具几何角度来消除或减少振动。数控机床具有高效率的特点,应充分发挥其加工能力,在加工过程中不允许进行如改变几何角度等类似的人工调整。因此,对数控机床的动态特性提出更高的要求,也就是说还要提高其动刚度。

合理设计结构,改善受力情况,以便减少受力变形。机床的基础大件采用封闭箱形结构(见图 5-1),合理布置加强筋板(见图 5-1(a)、(b)),以及加强构件之间的接触刚度,都是提高机床静刚度和固有频率的有利措施。改善机床结构的阻尼特性,如在机床大件内腔填充阻尼材料(见图 5-1(c)),表面喷涂阻尼涂层,充分利用结合面间的摩擦阻尼以及采用新材料都是提高机床动刚度的重要措施。

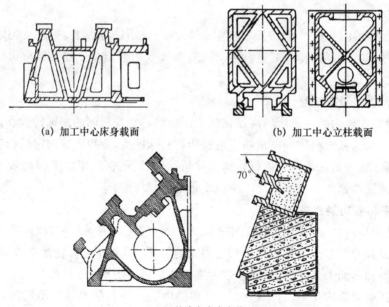

(a) 加工中心床身截面　　(b) 加工中心立柱截面

(c) 数控车床床身截面

图 5-1　几种数控机床基础件断面结构

2. 数控机床应有更小的热变形

机床在切削热、摩擦热等内外热源的影响下,各个部件将发生不同程度的热变形,使工件与刀具之间的相对位置关系遭到破坏,从而影响工件的加工精度(见图 5-2)。为减小热变形的影响,让机床的热变形达到稳定状态,常常要花费很多的时间来预热机床,这又影响了生产率。对于数控机床来说,热变形的影响就更为突出。这一方面是因为工艺过程的自动化以及精密加工的发展,对机床的加工精度和精度的稳定性提出了越来越高的要求;另一方面数控机床的主轴转速,进给速度以及切削用量等也大于传统机床的切削用量,而且常常是长时间连续加工,产生的热量也多于传统机床。因此要特别重视采取措施减少热变形对加工精度的影响。

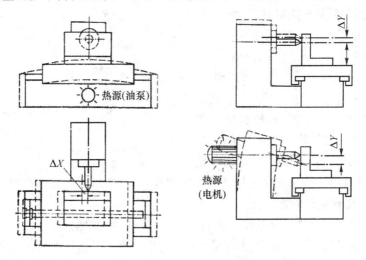

图 5-2 机床热变形对加工精度的影响

采取减小热变形的措施主要是从两个方面来着手:一方面对发热源采取液冷、风冷等方法来控制温升,在加工过程中采用多喷嘴大流量对切削部位进行强制冷却;另一方面就是改善机床结构。在同样发热条件下,机床的结构不同,形状不一样,则热变形的影响也不同。例如数控机床的主轴箱,应尽量使主轴的热变形发生在非误差敏感方向上。在结构上还应尽可能减少零件变形部分的长度,以减少热变形总量。目前,根据热对称原则设计的数控机床取得了较好的效果。这种结构相对热源来说是对称的,在产生热变形时,工件或刀具的回转中心对称线的位置基本不变。例如卧式加工中心的立柱采用框式双立柱结构,热变形时主轴中心主要产生垂直方向的变化,它很容易进行补偿。另外,还可采用热平衡措施和特殊的调节元件来消除或补偿热变形。

3. 减小数控机床运动件之间的摩擦,消除传动系统的间隙

与传统机床不同,数控机床工作台的位移量是以脉冲当量作为最小单位。工作台常常以极低的速度运动(如在对刀,工件找正时),这时要求工作台对数控装置发出的指令要作出准确响应,这与运动件之间的摩擦特性有直接关系。图 5-3 示意了各种导轨的摩擦力和运动速度的关系。传统机床所使用的滑动导轨(见图 5-3(a)),其静摩擦力和动摩擦力相差较大,如果启动时的驱动力克服不了数值较大的静摩擦力,这时工作台并不能立即运动。这个驱动力只能使有关的传动元件如电机轴齿轮,丝杠及螺母等产生弹性变形,而将能量储存起来。当继续加大驱动力,使之超过静摩擦力时,工作台由静止状态变为运动状态,摩擦阻力也变为较小的动摩擦力,弹性变形恢复能量释放,使工作台突然向前窜动,冲过了给定位置而产生误差。因此,作为数控机床的导轨,必须采取相应措施使静摩擦力尽可能接近动摩擦力。由于静压导轨和滚动导轨的静摩擦力较小(见图 5-3(b)、(c)),而且由于润滑油的作用,使它们的摩擦力随运动速度的提高而加大。这就有效地避免了低速爬行现象,从而提高了数控机床的运动平稳性和定位精度。因此目前的数控机床普遍采用滚动导轨和静压导轨。此外,近年来又出现了新型导轨材料——塑料导轨。由于其具有更好的摩擦特性及良好的耐摩性,又有取代滚动导轨的趋势。数控机床在进给系统中采用滚珠丝杠代替滑动丝杠,也是基于同样的道理。

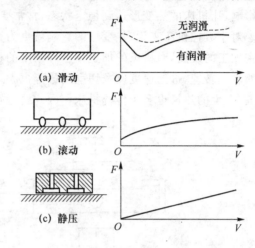

图 5-3 摩擦力和运动速度的关系

对数控机床进给系统另一个要求就是无间隙传动。由于加工的需要,数控机床各坐标轴的运动都是双向的,传动元件之间的间隙无疑会影响机床的定位精度及重复定位精度。因此,必须采取措施消除进给传动系统中的间隙,如齿轮副和丝杠螺母的间隙。

4. 数控机床应有更好的宜人性

由于数控机床是一种高速高效率机床,在一个零件的加工时间中,辅助时间也就是非切削时间占有较大比例,因此,压缩辅助时间可大大提高生产率。目前已有许多数控机床采用多主轴、多刀架及自动换刀等装置,特别是加工中心可在一次装夹下完成多工序的加工,节省大量装夹和换刀时间。像这种自动化程度很高的加工设备,与传统机床的手工操作不同,其操作性能有新的含义。由于切削加工不需人工操作,故可采用封闭与半封闭式加工。要有明快、干净与协调的人机界面,要尽可能改善操作者的观察,要注意提高机床各部分的互锁能力,并设有紧急停车按钮,要留有最有利于工件的装夹的位置,而将所有操作都集中在一个操作面板上。操作面板要一目了然,不要有太多的按钮和指示灯,以减少误操作。

5.2 数控机床的布局特点

机床的布局直接影响机床的结构和使用性能。数控机床的布局大都采用机、电、液、气一体化布局,全封闭或半封闭防护。另外,由于电子技术和控制技术的发展,主轴电机的调速范围很宽,主传动为无级变速或分段无级变速,变速一般不超过二级。各坐标的进给运动由各自的伺服电机驱动,与复杂的传统机床传动系统比,机械结构大大简化,制造维修都很方便,而且宜人性好,易于实现计算机辅助设计、制造和生产管理全面自动化。

5.2.1 数控车床的布局结构特点

数控车床的床身结构和导轨有多种形式,主要有水平床身、倾斜床身以及水平床身斜滑板等(见图 5-4)。一般中小型数控车床多采用倾斜床身或水平床身斜滑板结构。因为这种布局结构具有机床外形美观,占地面积小,易于排屑和冷却液的排流,便于操作者操作与观察,易于安装上下料机械手,实现全面自动化等特点。倾斜床身还有一个优点是可采用封闭截面整体结构,以提高床身的刚度;床身导轨倾斜角度多为 45°、60°和 70°,但倾斜角度太大会影响导轨的导向性及受力情况。水平床身加工工艺特性好,其刀架水平放置有利于提高刀架的运动精度,但这种结构使床身下部空间小,排屑困难。

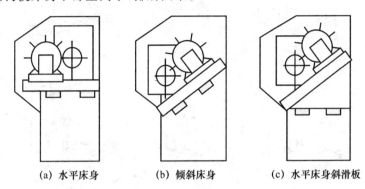

(a) 水平床身　　(b) 倾斜床身　　(c) 水平床身斜滑板

图 5-4　数控车床布局形式

床身导轨常采用宽支撑 V-平型导轨,丝杠位于两导轨之间。

刀架用于夹持切削刀具,是数控机床的重要部件,其结构直接影响机床的切削性能和切削效率。数控车床多采用自动回转刀架来夹持各种不同用途的刀具,它的回转轴线与主轴轴线平行。回转刀架上的工位越多,刀位之间的夹角越小,因此受空间大小的限制,刀架的工位数量不可能太多,一般都采用 6、8、10 或 12 位。

数控车削中心是在数控车床的基础之上发展起来的,一般具有 C 轴控制。在数控系统的控制下,实现 C 轴与 Z 轴插补或 C 轴与 X 轴插补。它的回转刀架还可安置动力刀具,使工件在一次装夹下,除完成一般车削外,还可在工件轴向或径向等部位进行钻铣等加工。

5.2.2　加工中心的布局结构特点

加工中心自 1958 年问世发展至今,出现了各种类型的加工中心。它们的布局形式随卧式和立式、工作台做进给运动和主轴箱做进给运动的不同而不同。但从总体来看,不外乎由基础部件、主轴部件、数控系统、自动换刀系统、自动交换托盘系统和辅助系统几大部分构成。

1. 卧式加工中心

卧式加工中心通常采用移动式立柱,工作台不升降,T 形床身。T 形床身可以做成一体,这样刚度和精度保持性都比较好,但其铸造和加工工艺性特差些。分离式 T 形床身的铸造和加工工艺特性都大大改善,但连接部位要用定位键和专用的定位销定位,并用大螺栓紧固以保证刚度和精度保持性。

卧式加工中心的立柱普遍采用双立柱框架结构形式。主轴箱在两立柱之间,沿导轨上下移动。这种结构刚性大,热对称性好,稳定性高。小型卧式加工中心多数采用固定立柱式结构。其床身不大,且都是整体结构。

卧式加工中心各个坐标的运动可由工作台移动或由主轴移动来完成。也就是说某一方向的运动可以由刀具固定而工件移动来完成,或者是由工件固定刀具移动来完成。图 5-5 展示了各坐标运动形式不同组合的几种布局形式。卧式加工中心一般具有三轴联动,3~4 个运动坐标。常见的是三个直线坐标 XYZ 联动和一个回转坐标 B 分度。它能够将工件在一次装夹下完成四个面的加工,最适合加工箱体类零件。

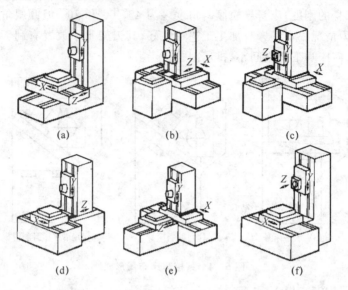

图5-5 卧式加工中心基础件的布局

2. 立式加工中心

立式加工中心与卧式加工中心相比,结构简单,占地面积小,价格也便宜。中小型立式加工中心一般都采用固定立柱式。因为主轴箱吊在立柱一侧,通常采用方形截面框架结构和米字形或井字形筋板,以增强抗扭刚度。而且立柱是中空的,以放置主轴箱的平衡重。

立式加工中心通常也有三个直线运动坐标,由溜板和工作台来实现平面上 XY 两个坐标轴的移动,主轴箱在立柱导轨上上下移动实现 Z 坐标移动。立式加工中心还可在工作台上安放一个第四轴(A 轴),可以加工螺旋线类和圆柱凸轮等零件。图5-6为立式加工中心的几种布局结构。

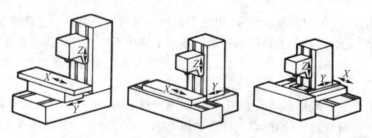

图5-6 立式加工中心的布局结构

3. 五面加工中心与多坐标加工中心

五面加工中心具有立式和卧式加工中心的功能。常见的有两种形式:一种是主轴可做90°旋转,即可像卧式加工中心那样切削,也可像立式加工中心那样切削(见图5-7(a));另一种是工作台可带着工件一起做90°的旋转(见图5-7(b)),这样可在工件一次装夹下完成除安装面外的所有五个面的加工。这是为适应加工复杂箱体类零件的需要,是加工中心的一个发展方向。加工中心的另一个发展方向是五坐标、六坐标甚至更多坐标的加工中心。除 XYZ 三个直线坐标外,还包括 ABC 三个旋转坐标,其五个坐标可以联动进行复杂零件的加工。

图 5-8 为一种卧式五坐标加工中心。

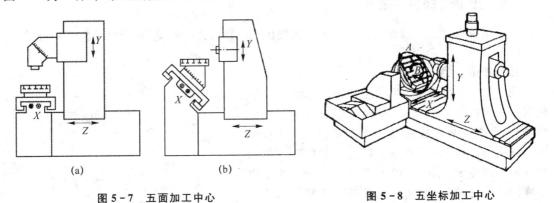

图 5-7 五面加工中心　　　　　图 5-8 五坐标加工中心

5.3 数控机床的主传动系统

5.3.1 主传动变速(主传动链)

数控机床的工艺范围更宽,工艺能力更强,因此其主传动要求较大的调速范围和更高的最高转速,以便在各种切削条件下获得最佳切削速度,从而满足加工精度和生产率的要求。现在数控机床的主运动广泛采用无级变速传动,用交流调速电机或直流调速电机驱动,它们能方便地实现无级变速,且传动链短,传动件少,提高了变速的可靠性,其制造精度则要求很高。数控机床的主轴组件具有较大的刚度和较高的精度,由于多数数控机床具有自动换刀功能,其主轴具有特殊的刀具安装和夹紧结构。根据数控机床的类型与大小,其主传动主要有以下 3 种形式。

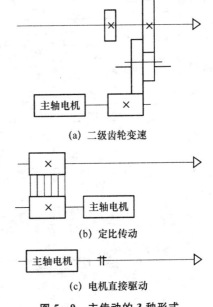

图 5-9 主传动的 3 种形式

1. 带有二级齿轮变速

如图 5-9 所示,主轴电机经过二级齿轮变速,使主轴获得低速和高速两种转速系列,这是大中型数控机床采用较多的一种配置方式,这种分段无级变速,确保低速时的大扭矩,满足机床对扭矩特性的要求。滑移齿轮常用液压拨叉和电磁离合器来改变其位置。

2. 带有定比传动

主轴电机经定比传动传递给主轴,定比传动采用齿轮传动或带传动。带传动主要应用于小型数控机床上,可以避免齿轮传动的噪声与振动。

3. 由主轴电机直接驱动

电机轴用联轴器与主轴同轴连接的方式,大大简化了主轴结构,有效地提高了主轴刚度。但主轴输出扭矩小,电机的发热对主轴精度影响大。近年来出现另外一种内装电机主轴,既主轴与电机转子合二为一。其优点是主轴部件结构更紧凑,重量轻,惯量小。可提高启动、停止的响应特性,缺点是热变形问题。

5.3.2 主轴(部件)结构

机床主轴对加工质量有直接的影响。数控机床主轴部件应有更高的动静刚度和抵抗热变形的能力。

1. 主轴的支撑

图 5-10 为目前数控机床主轴轴承配置 3 种主要形式。图 5-10(a) 为数控机床前支撑采用双列短圆柱滚子轴承和 60°角接触双列向心推力球轴承,后支撑采用成对向心推力球轴承。此种结构普遍应用于各种数控机床,其综合刚度高,可以满足强力切削要求。图 5-10(b) 为前支撑采用多个高精度向心推力球轴承,这种配置具有良好的高速性能,但它的承载能力较小,适用于高速轻载和精密数控机床。图 5-10(c) 为前支撑采用双列圆锥滚子轴承,后支撑为单列圆锥滚子轴承,其径向和轴向刚度很高,能承受重载荷,但这种结构限制了主轴最高转速,因此适用于中等精度低速重载数控机床。

图 5-11 为立式加工中心主轴结构,图 5-12 为卧式加工中心主轴结构。

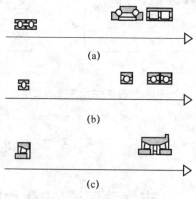

图 5-10 主轴支撑配置

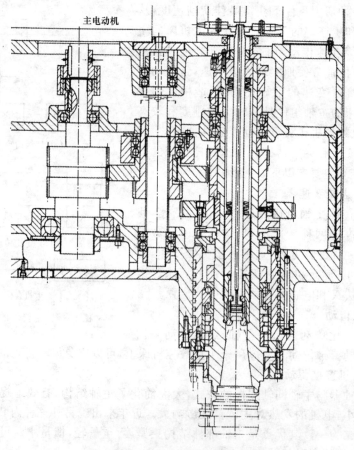

图 5-11 立式加工中心主轴结构

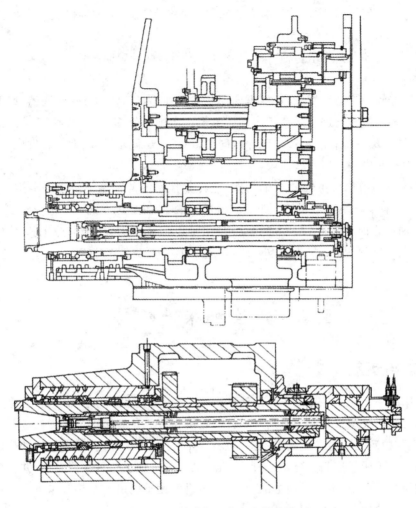

图 5-12 卧式加工中心主轴结构

2. 主轴内部刀具自动夹紧机构

主轴内部刀具自动夹紧机构是数控机床特别是加工中心的特有机构。当刀具装到主轴孔后,其刀柄后部的拉钉便被送到主轴内拉杆的前端,当接到夹紧信号时,油缸推杆向主轴后部移动,拉杆在碟形弹簧的作用下也向后移动,其前端圆周上的钢球或拉钩在主轴锥孔的逼迫下收缩分布直径,将刀柄拉钉紧紧拉住。当油缸接到松刀信号时,推杆克服弹簧力向前移动,前端圆周上的钢球或拉钩分布直径变大,松开刀柄,以便取走刀具。另外,拉杆采用空心结构,为的是每次换刀时要用压缩空气清洁主轴孔和刀具锥柄,以保证刀具的准确安装。

3. 主轴准停装置

主轴准停也叫主轴定向。在加工中心等数控机床上,由于有机械手自动换刀,要求刀柄上的键槽对准主轴的端面键体。因此主轴每次必须停在一个固定准确的位置上,以利于机械手换刀。在镗孔时为不使刀尖划伤加工表面,在退刀时要让刀尖退一个微小量,由于退刀方向是固定的,因而要求主轴也必须在一固定方向上停止。另一方面,在加工精密的坐标孔时,由于每次都能在主轴固定的圆周位置上装刀,就能保证刀尖与主轴相对位置的一致性,从而减少被加工孔的尺寸分散度,这是主轴准停装置带来的另一个好处。主轴准停装置有机械式和电气式两种。

图 5-11 和图 5-12 所示主轴后部为磁力传感器检测的定向装置。

4. 其他机构

数控车床能够加工各种螺纹,这就需要安装与主轴同步运转的脉冲编码器,以便发出检测脉冲信号使主轴的旋转与进给运动相协调。为了在车削螺纹多次走刀时不乱扣,车削多头螺纹分度准确,脉冲编码器在发出进给脉冲的同时,还要发出同步脉冲,即每转发出一个脉冲,以保证每次走刀都在同一点切入。

数控车削中心增加了主轴的 C 轴功能,能在数控系统的控制下实现圆周进给,以便与 Z 轴、X 轴联动插补。C 轴通常由 C 轴伺服电机驱动,且在主运动与 C 轴运动之间设有互锁机构。当 C 轴工作时,主轴电机不能启动;当主轴电机工作时,C 轴伺服电机不能启动。另外,C 轴坐标除了用伺服电机驱动外,还可用具有 C 轴功能的主轴电机直接进行分度和定位。

5.4 数控机床进给传动

5.4.1 进给运动

数控机床的主运动多是提供主切削运动的,它代表的是生产率。而进给运动是以保证刀具与工件相对位置关系为目的。被加工工件的轮廓精度和位置精度都要受到进给运动的传动精度、灵敏度和稳定性的直接影响。不论是点位控制还是连续控制,其进给运动是数控系统直接控制对象。对于闭环控制系统,还要在进给运动的末端加上位置检测系统,并将测量的实际位移反馈到控制系统中,以使运动更准确。因此,进给运动的机械结构有以下几个特点:

1. 运动件间的摩擦阻力小

进给系统中的摩擦阻力,会降低传动效率,并产生摩擦热,特别会影响系统的快速响应特性,由于动静摩擦阻力之间的差别会产生爬行现象。因此,必须有效地减少运动件之间的摩擦阻力。进给系统中虽有许多零部件,但摩擦阻力主要来源是导轨和丝杠。因此,改善导轨和丝杠结构使之摩擦阻力减少是主要目标之一。

2. 消除传动系统中的间隙

进给系统的运动都是双向的,系统中的间隙使工作台不能马上跟随指令运动,造成系统快速响应特性变差。对于开环伺服系统,传动环节的间隙会产生定位误差;对于闭环伺服系统,传动环节的间隙会增加系统工作的不稳定性。因此,在传动系统各环节,包括滚珠丝杠、轴承、齿轮、蜗轮蜗杆、甚至联轴器和键连接都采取消除间隙的措施。

3. 传动系统的精度和刚度高

通常数控机床进给系统的直线位移精度达微秒级,角位移达秒级。进给传动系统的驱动力矩也很大,进给传动链的弹性变形会引起工作台运动的时间滞后,降低系统的快速响应特性,因此提高进给系统的传动精度和刚度是首要任务。导轨结构及丝杠螺母、蜗轮蜗杆的支撑结构是决定传动精度和刚度的主要部件。因此,首先要保证它们的加工精度以及表面质量,以提高系统的接触刚度。对轴承、滚珠丝杠等预加载荷不仅可以消除间隙,而且还可以大大提高系统刚度。此外,传动链中的齿轮减速可以减小脉冲当量,减小传动误差的传递,提高传动精度。

4. 具有适当的阻尼以减小运动惯量

进给系统中每个零件的惯量对伺服系统的启动和制动特性都有直接影响,特别是高速运动的零件。在满足强度和刚度的条件下,应合理配置各元件,使它们的惯量尽可能地减小。系统中的阻尼一方面降低伺服系统的快速响应特性,另一方面能够提高系统的稳定性,因此在系统中要有适当的阻尼。

5.4.2 滚珠丝杠螺母副

滚珠丝杠副的动静摩擦系数几乎没有差别,并具有传动效率高,运动平稳,寿命长等特点,因此数控机床广泛采用滚珠丝杠副。

1. 数控机床使用的滚珠丝杠必须具备可靠的轴向间隙消除机构

这里所指的轴向间隙不仅包括各零件之间的间隙,还包括弹性变形所造成的轴向位移。因而滚珠丝杠常常通过预紧方法消除间隙。预加载荷可以有效地减少弹性变形所带来的轴向窜动,但过大的预加载荷将增加摩擦阻力,降低传动效率,使用寿命也会降低,所以预加载荷要适当,既能消除间隙又能灵活运转。图 5-13 为滚珠丝杠螺母消除间隙结构。

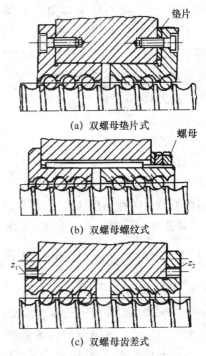

(a) 双螺母垫片式

(b) 双螺母螺纹式

(c) 双螺母齿差式

图 5-13 滚珠丝杠的间隙消除

图 5-13(a)为双螺母垫片调整式,它通过修磨垫片的厚度来调整轴向间隙,这种调整结构简单,但不易在一次修磨中调整完毕,调整精度不如齿差式的好。图 5-13(b)为双螺母螺纹调隙式,与前不同的是用平键限制了螺母的转动,调整时,拧动圆螺母使螺母沿轴向移动一段距离,消除间隙后将其锁紧,其结构简单,调整方便,但调整精度差一些。图 5-13(c)为双螺母齿差调整式,在两个螺母的凸缘上各制有圆柱外齿轮,而且齿数相差一齿,两个与其相配的内齿圈用螺钉和销钉固定在螺母座上,调整时先将内齿圈取出,根据间隙大小使两个螺母分别在同一方向转过一个或几个齿,使两螺母在轴向相对移动了一个距离,即

$$\Delta = \frac{nt}{z_1 z_2}$$

式中:n 为两螺母在同一方向上转过齿数,t 为丝杠导程,z_1、z_2 两齿轮齿数。这种结构虽复杂,但调整方便,调整量精确,应用较广。

2. 滚珠丝杠的安装

滚珠丝杠的安装与支撑结构也是提高数控机床进给系统刚度的一个不可忽视的因素。滚珠丝杠主要承受轴向载荷,因此滚珠丝杠的不正确安装及支撑结构刚度不足都会影响它的使用。为提高支撑的轴向刚度,选择适当的轴承及支撑结构十分重要。图 5-14 为丝杠支撑布

置情况。

对于行程小的短丝杠,可采用图5-14(a)所示一端固定、一端自由式结构,其特点是结构简单,但轴向刚度不高,且有压杆稳定性问题,应注意尽量不使丝杠受压。当丝杠较长,为防止热变形造成丝杠伸长,可采用一端能承受轴向力和径向力,而另一端只承受径向力,并能够作微量轴向浮动,如图5-14(b)所示。这种结构轴向刚度与图5-14(a)结构相同,压杆稳定性比图5-14(a)结构好。但结构较复杂。对于刚度和精度要求极高的场合,就采用图5-14(c)所示两端都固定的结构,其轴向刚度大大高于其他两种结构的刚度,且无压杆稳定问题,特别是可以预拉伸。

滚珠丝杠工作时会发热,结果是热膨胀导致导程加大,影响定位精度。采用预拉伸可以解决这个问题。预拉伸量略大于热变形伸长量。这样,丝杠发热时的伸长量可抵消部分伸长量,使丝杠长度不发生变化,从而保证精度。这种丝杠在制造时其目标行程(即常温下螺纹长度)等于公称行程(螺纹部分理论长度)减去预拉伸量。

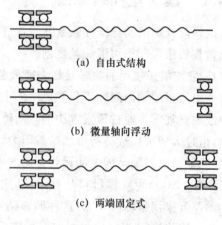

(a) 自由式结构

(b) 微量轴向浮动

(c) 两端固定式

图5-14 滚珠丝械的支撑

支撑轴承的选择,主要是向心轴承与圆锥滚子轴承的组合,向心推力与向心轴承组合以及60°角接触推力球轴承组合等。轴承的组合配置要注意协调刚度、最高转速等之间的关系问题。目前已出现滚珠丝杠专用轴承,这是一种能承受很大轴向力,特殊的向心推力球轴承。其接触角达60°,增加了滚珠数目,减小了滚珠直径,使用也极为方便。

3. 加装制动装置

滚珠丝杠由于摩擦系数小,不自锁,对于垂直放置或高速大惯量水平放置的传动。必须加制动装置。制动装置有机械式和电气式等。滚珠丝杠和其他滚动摩擦传动元件一样,要避免磨料微粒及化学性物质的进入,特别是对于制造误差和预紧变形量都以微米计算的滚珠丝杠来说,对此特别敏感。因此有效的防护密封和保持润滑油的清洁是十分重要的。

5.4.3 数控机床进给系统的间隙消除

1. 齿轮传动

数控机床进给系统中的减速齿轮,除了要求很高的运动精度和工作平稳性以外,还必须消除齿侧间隙。消除或减少齿侧间隙的方法有多种,调整后不能自动补偿的为刚性调整法。它具有良好的传动刚度,结构简单,但它要求严格控制齿轮齿厚及周节公差。

图5-15为调整齿侧间隙的几种方法。其中图(a)为偏心套式结构,通过转动偏心套来调整中心距,从而消除间隙。图(b)为带有小锥度圆柱齿轮结构,通过调整垫片来消除间隙,锥角太大会恶化啮合条件。图(c)为斜齿消除间隙结构,通过修磨两片齿轮间垫片来消除间隙,此结构只有一片齿轮承载。故承载能力小。图(d)为大型数控机床齿轮齿条传动的双齿轮消除机构原理。

柔性补偿是当调整完毕之后,齿侧间隙可以自动补偿。此方法可始终保持无间隙啮合,但结构复杂,传动刚度低。

图 5-16 为圆柱齿轮双齿轮错齿消除间隙结构。

图 5-17(a)为轴向压簧法锥齿消除间隙结构,图(b)为双片齿错齿法锥齿轮消除间隙结构,其中大锥齿轮被加工成两部分,其方法类似于圆柱齿轮的消除间隙方法。

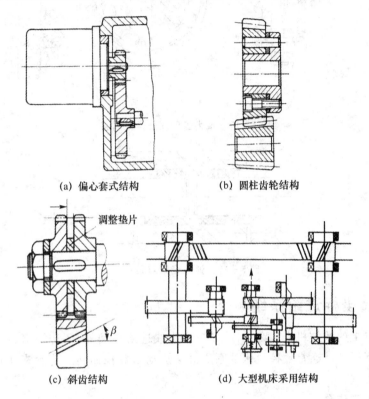

(a) 偏心套式结构　　(b) 圆柱齿轮结构

(c) 斜齿结构　　(d) 大型机床采用结构

图 5-15　齿侧间隙刚性调整

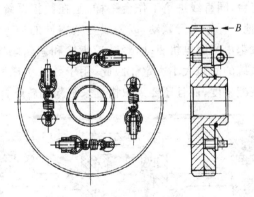

图 5-16　齿侧间隙柔性调整

2．其他机构

滚珠丝杠以及轴承的间隙消除这里不在赘述。在数控机床进给传动链中,除要消除轴承滚珠丝杠和齿轮副的间隙外,各传动元件的键与槽之间,轴与轴的连接也必须注意。图 5-18

为电机轴与丝杠直接连接时采用的无间隙弹性联轴器。

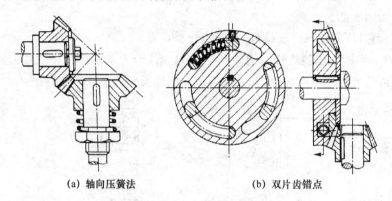

(a) 轴向压簧法　　　(b) 双片齿错点

图 5-17　锥齿齿侧间隙柔性调整

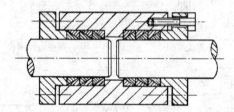

图 5-18　弹性无间隙联轴器

5.4.4　回转坐标进给系统

对三坐标以上的数控机床,除 X、Y、Z 三个直线进给运动外,还有绕 X、Y、Z 轴旋转圆周进给运动或分度运动。通常数控机床的圆周进给运动由数控回转工作台来实现,分度运动由分度工作台来实现。

1. 数控回转工作台

图 5-19 为一数控转台,同直线进给工作台一样,是在数控系统的控制下,完成工作台的圆周进给运动,并能同其他坐标轴实行联动,以完成复杂零件的加工,还可以做任意角度转位和分度。工作台的运动大都由伺服电机驱动,经减速齿轮和蜗轮蜗杆传入。其定位精度完全由控制系统和伺服传动系统的间隙大小决定。因此,用于数控机床回转工作台的蜗轮蜗杆必须有较高的制造精度和装配精度,而且还要采取措施来消除蜗轮蜗杆副的传动间隙。

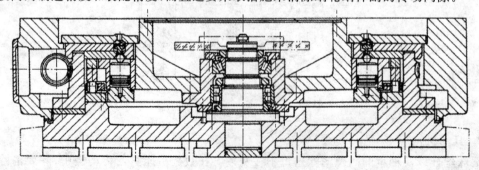

图 5-19　数控回转工作台

通常消除间隙有两种方法：

① 采用双蜗杆传动　用两个蜗杆同时驱动一个蜗轮,其中一个蜗杆可相对另一个蜗杆转动一个小角度或轴向移动一个微小量,从而消除了齿侧间隙。这种方法可以保证正确的啮合关系和完全的齿面接触,但制造成本高,传动效率低。图 5-20 为双蜗杆传动的结构图。

② 采用双螺距变齿厚蜗杆　它能够始终保持正确的啮合关系,且结构简单,调整方便。图 5-21 为双螺距变齿厚蜗杆轴向剖面齿形图。

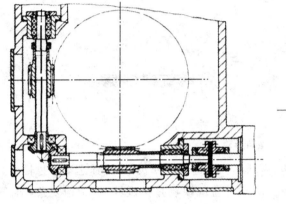

图 5-20　双蜗杆传动　　　　　　图 5-21　双螺距蜗杆轴向削面图

双螺距变齿厚蜗杆的特点是蜗杆的左右齿面具有不同的螺距,即

$$t_l = t_0 - \Delta t \quad t_r = t_0 + \Delta t$$

式中：t_l——左侧齿面螺距；

t_r——右侧齿面螺距；

t_0——平均螺距。

这样,任意相邻两齿齿厚之差为$(t_0+\Delta t)-(t_0-\Delta t)=2\Delta t$。也就是说,蜗杆的齿厚从左到右逐渐变厚,但各齿中点螺距是相等的。当蜗杆沿轴向向左移动时,啮合间隙逐渐减小直至消除。

2. 分度工作台

数控机床的分度工作台与数控回转工作台不同,它只能完成分度运动,不能实现圆周进给。也就是说在切削过程中不能转动,只是在非切削状态下将工件进行转位换面,以实现在一次装卡下完成多个面的多序加工。由于结构上的原因,分度工作台的分度运动只限于某些规定角度。如在 0°～360°范围内每 5°分一次,或每 1°分一次。工作台的定位用鼠牙盘,它应用了误差平均原理,固而能够获得较高的分度精度和定心精度(分度精度为±0.5″～±3″)。鼠牙盘式分度工作台,结构简单,定位刚度好,磨损小,寿命长。定位精度在使用过程中还能不断提高,因而广泛应用于数控机床中。

5.4.5　导　轨

现代数控机床使用的导轨,尽管仍然是滑动导轨、滚动导轨和静压导轨,但在导轨材料和结构上与普通机床有着显著的不同。数控机床的导轨在导向精度、精度保持性、摩擦特性、运动平稳性和灵敏性都有更高的要求。

数控机床所采用的滑动导轨是铸铁—塑料或镶钢—塑料导轨。目前导轨所使用的塑料通常是聚四氟乙烯导轨软带和环氧树脂涂层导轨。其特点是摩擦特性好,能防止低速爬行,运动平稳,耐磨性好和对润滑油的供油量要求不高;塑料的阻尼性好,能吸收振动;塑料导轨还具有良好的工艺性。图5-22是塑料导轨的基本结构。

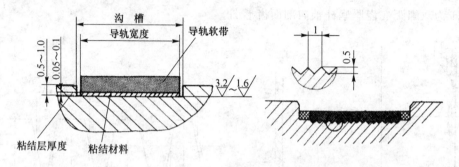

图 5-22 塑料导轨

滚动导轨的最大优点是摩擦系数小,比塑料导轨还小;运动轻便灵活,低速运动平稳性好;位移精度和定位精度高;耐磨性好且润滑简单。滚动导轨的缺点是抗震性差,结构复杂,对脏物比较敏感,必须有良好的防护。图5-23是滚动导轨的基本结构。

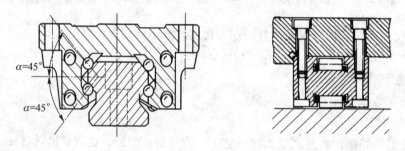

图 5-23 滚动导轨

静压导轨主要应用在大重型数控机床上。其优点是摩擦系数极小,运动灵敏,位移精度和定位精度高,导轨精度保持性好,寿命长。油膜具有误差均化作用,导向精度高。油膜承载能力高,刚度高,吸振性好;缺点是结构复杂,需要相应的液压设备提供支持。

5.5 其他装置

5.5.1 刀具系统

为了充分发挥数控机床的作用,数控机床向着工序和功能集中型的加工中心方向发展,加工中心要完成对工件的多工序加工,必须具备自动更换刀具的功能。为此而设置的更换刀具和刀具储备系统称为自动换刀系统,自动换刀系统应当具备换刀时间短,刀具重复定位精度高,刀具储备足够和换刀安全可靠。

自动换刀系统的结构形式随加工中心的类型不同而不同。

1. 回转刀架式

回转刀架式是一种最简单的自动换刀系统,用于数控车床。回转刀架上安装有四、六、八甚至更多的刀具,由数控系统控制换刀。其特点是结构简单紧凑,但空间利用率低,刀库容量小。

2. 更换主轴头式

在带有旋转刀具的数控机床中,如数控钻床,更换主轴头是一种比较简单的换刀方式,常用转塔的转位来更换主轴头,以实现自动换刀。当某一主轴头转到加工位置时,接通主运动,使相应的主轴带动刀具旋转。其他处于非加工位置的主轴都与主运动脱开。

3. 刀库—机械手式

目前大量使用的是带有刀库—机械手式的自动换刀系统。加工工件时,预先把所需要的全部刀具安装在标准刀柄上,按一定方式放入刀库。当需要使用某一刀具时,首先在刀库中选刀,之后自动将刀换到主轴上。加工完毕后,又自动将用过的刀放回刀库,将下一把刀换到主轴上。这种形式使主轴的刚度高,有利于提高加工精度和效率。刀库的存储量大,有利于加工复杂零件。

5.5.2 排屑装置

我们知道数控机床在单位时间内的金属切削量大大高于普通机床,因而切屑也特别多。这些切屑堆占在加工区域,一方面会向机床和工件散发热量,使机床和工件产生热变形。另一方面会覆盖或缠绕在工件和刀具上,影响加工。因此迅速有效地排出切屑对数控加工来说是十分重要的。排屑装置的主要作用就是将切屑从加工区域排除数控机床之外。切屑中往往混合着切削液,排屑装置要能够将切削液收回到冷却液箱内,而将分离出的切屑送入切屑收集箱内。有的数控机床切屑不能直接落入排屑装置,常常需要用大流量冷却液冲入排屑槽中。

第6章 数控车床及编程

6.1 数控车床概述

数控车床作为当今使用最为广泛的数控机床之一,主要用于加工轴类、盘套类等回转体零件,能够通过程序控制自动完成内外圆柱面、锥面、圆弧、螺纹等工序的切削加工,并进行切槽、钻、扩、铰孔等工作。而近年来研制出的数控车削中心和数控车铣中心,使得在一次装夹中可以完成更多的加工工序,提高了加工质量和生产效率,因此特别适宜复杂形状的回转类零件的加工。

6.1.1 数控车床的基本构成

1. 数控车床的机械构成

从机械结构上看,数控车床还没有脱离普通车床的结构形式,即由床身、主轴箱、刀架进给系统;液压、冷却和润滑系统等部分组成。与普通车床不同的是数控车床的进给系统与普通车床有质的区别,数控车床没有传统的走刀箱、溜板箱和挂轮架,而是直接用伺服电机通过滚珠丝杠驱动溜板和刀具,实现进给运动,因而大大简化了进给系统的结构,数控车床有数控系统(CNC)单元、电器控制和显示器操作面板。图 6-1 展示了数控车床的构成部分。

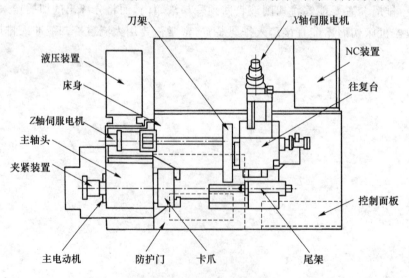

图 6-1　数近代车床的构成

（1）主轴箱

图 6-2 为数控车床主轴箱的构造,主轴伺服电机的旋转通过传送带送到主轴箱内的变速齿轮,以此来确定主轴的特定转速。主轴的前后端都有轴承支撑和定位机构。

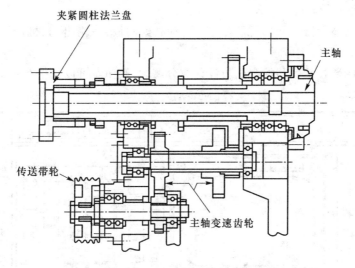

图6-2 数控车床主轴箱的构造

(2) 主轴伺服电机

主轴伺服电机有交流和直流两种。直流伺服电机可靠性高,容易在宽范围内控制转矩和速度,因此被广泛使用。近年来小型、高速度、更可靠的交流伺服电机作为电机控制技术的发展成果越来越多地被人们利用起来。

(3) 夹紧装置

夹紧装置通过液压系统自动控制卡盘的卡爪开与合。

(4) 往复拖板

在往复拖板上装有刀架,刀具可以通过拖板实现主轴(Z轴)方向的定位和移动。

(5) 刀 架

刀架装置可以固定刀具和索引刀具,使刀具在与主轴垂直方向上定位,如图6-3所示为刀架结构。

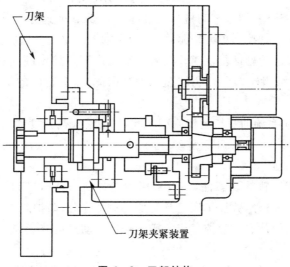

图6-3 刀架结构

(6) 控制面板

控制面板包括显示器(CRT)操作面板(执行数据的输入/输出)和机床操作面板(执行机床的手动操作),如图 6-4 所示。

将数控车床的数控装置与控制面板设计成分离的,操作者可以集中在一个固定位置操作。

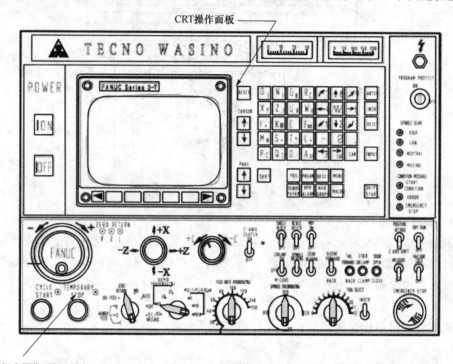

图 6-4 控制面板

2. 数控车床的特点

① 传动链短　数控车床刀架的两个运动方向分别由两台伺服电动机驱动,伺服电动机直接与丝杠连接带动刀架运动,伺服电动机与丝杠间也可以用同步皮带副连接。多功能数控车床一般采用直流或交流主轴控制单元来驱动主轴,主轴控制单元可以按控制指令无级变速,与主轴之间无须再用多级齿轮副进行变速。随着电动机宽调速技术的发展,目标是取消变速齿轮副,目前还要通过一级齿轮副变几个转速范围。因此,床头箱内的结构已比传统车床简单得多。

② 刚性高　与控制系统的高精度控制相匹配,以便适应高精度的加工。

③ 轻拖动　刀架移动一般采用滚珠丝杠副,为了拖动轻便,数控车床的润滑都比较充分,大部分采用油雾自动润滑。

为了提高数控车床导轨的耐磨性,一般采用镶钢导轨,这样机床精度保持的时间就比较长,也可延长使用寿命。另外,数控车床还具有加工冷却充分、防护严密等结构特点,自动运转时都处于全封闭或半封闭状态。数控车床一般还配有自动排屑装置。

3. 数控系统

数控车床的数控系统是由 CNC 单元、输入/输出设备、可编程控制器(PLC)、主轴驱动装置、进给驱动装置以及位置测量系统等几部分组成,如图 6-5 所示,其中 CNC 单元是数控系统的核心。

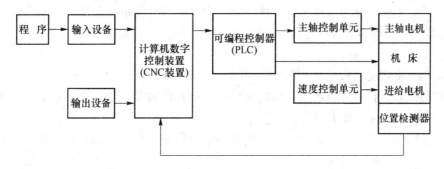

图 6-5　CNC 系统构成

数控车床通过 CNC 单元控制机床主轴转速、各进给轴的进给速度以及其他辅助功能。以 LJ-10MC 车铣中心为例,表 6-1 列出了 CNC 单元的特性,LJ-10M 车铣中心的 CNC 单元采用 FANUC 0T 系统。

表 6-1　CNC 单元(LJ-10MC)特性

项　目	单　位	LJ-10MC
		FANUC 0T/15T
插补方法	—	线性插补或圆弧插补
控制轴数	—	两轴联动　　　　　三轴联动
最小输入增量 (X 轴直径输入)	mm	X 轴和 Z 轴:0.0010
	(°)	C 轴:0.001
尺寸数据	—	绝对值或增量值
纸带格式	—	ISO 840/EIA RS244A
刀具补偿	—	16 对(0T)/32 对(15T)
最大刀具补偿值	mm	±999.999
快速进给	mm/min	X 轴:8 000,Z 轴:12 000
	(°)/min	C 轴:8 000
切削速率	mm/min	X 轴和 Z 轴:1~5 000.000 0
	(°)/min	C 轴:1~5 000.000 0
每转进给量 *	mm/r	X 轴和 Z 轴:1~500.000 0
切螺纹 *	mm	X 轴和 Z 轴:1~500.000 0
动　力	V、Hz	AC 200/220 V+10%~15%,50/60 Hz±1 Hz(3 相)
总容量	V·A	1000

* ——与主轴速度相对应。

6.1.2　数控车床的周边机器和装置

在进行高效率生产的过程中,数控车床在不断完善多功能及优良的操作性能的同时,也向着自动化加工紧密靠拢。特别是近年来 FMC(flexible manufacturing cell)、FMS(flexible manufacturing system)等,基于数控加工机床的自动生产系统正在受到人们的重视,推进数控车床的自动化、无人化的各种各样的周边机器和装置正在开发过程中。例如:

① 调整仪 测量刀具刀尖位置的装置。如:光学测量仪、电子测量仪。

② 自动测量工件装置 根据测定头接触加工件时的当前位置,算出加工件的尺寸,自动补正程序的形状误差量的装置。

③ 排屑器 将切屑从机床中排出的装置称为排屑器。

④ 棒材供料器 长棒材自动定长供料装置称为棒材供料器。加工完成以后自动将工件切断,接着按工件长度自动推出棒料。

⑤ 自动送料装置 是和棒材供料器一起自动为相同的工件加工供料的装置。这种装置将材料送入,按一定长度切断以后输出。

⑥ 换刀装置(ATC) 自动换刀装置称为 ATC(auto tool changer),利用机器人等装置完成部件的重复加工,或者长时间运转中交换备用刀具等,需要的刀具个数多于刀架上的刀具个数时,ATC 刀盘上的刀具,通过自动换刀臂进行自动交换。

⑦ 自动断电装置 在设定的时间内结束加工,由自动断电装置完成,自动断电装置应用于夜间无人化加工的情况。

⑧ 主轴定向 使主轴在一定角度的位置上固定的机能称为主轴定向。通常情况下,主轴回转到某一角度时停止,工件的装卸较为容易,对于不同形状工件的装卸,或者利用机器人进行工件装卸等场合时,需要利用主轴定向机能。

⑨ 程控尾座 将用数控指令控制尾座顶尖心轴移动的装置称为程控尾座。此装置用于机器人进行自动装卸工件的场合。

⑩ 自动夹盘交换装置(AJC) 自动交换三爪卡盘卡爪的装置称为 AJC(auto jaw changer)。

⑪ 机器人 作为工件自动装卸的装置,机器人已被利用起来。

6.1.3 数控车床的分类

数控车床品种繁多,按数控系统的功能和机械构成可分为简易数控车床(经济型数控车床)、多功能数控车床和车削中心。

① 简易数控车床(经济型数控车床) 是低档次数控车床,一般用单板机或单片机进行控制,机械部分是在普通车床的基础上改进设计的。

② 多功能数控车床 也称全功能型数控车床,由专门的数控系统控制,具备数控车床的各种结构特点。

③ 车削中心 在数控车床的基础上增加其他的附加坐标轴,如 C 轴。

6.1.4 数控车床的加工特点

现代数控车床必须具备良好的便于操作的优点。数控车床加工具有如下特点:

1. 节省调整时间

① 快速夹紧卡盘减少了调整时间;

② 快速夹紧刀具减少了刀具调整时间;

③ 刀具补偿功能节省了刀具补偿的调整时间;

④ 工件自动测量系统节省了测量时间并提高加工质量;

⑤ 由程序指令或操作面板的指令控制顶尖架的移动也节省了时间。

2. 操作方便

① 倾斜式床身有利于切屑流动和调整夹紧压力、顶尖压力和滑动面润滑油的供给,便于操作者操作机床;

② 宽范围转速主轴电机或内装式主轴电机省去了齿轮箱;

③ 高精度伺服电机和滚珠丝杠间隙消除装置使进给速度快并有良好的准确性;

④ 具有切屑处理器;

⑤ 采用数控伺服电机驱动数控刀架。

3. 具有程序存储功能和其他功能

① 现代数控机床控制装置可根据加工形状,把粗加工的加工条件附加在指令中,进行内部运算,自动地计算出切削轨迹。

② 采用机械手和棒料供给装置即省力又安全,提高了自动化和操作效率。

③ 加工合理化和工序集约化的数控车床可完成高速度、高精度加工及复合加工的目的。

6.2 数控车床编程知识

6.2.1 数控车床的坐标系和运动方向

1. 机床坐标系和运动方向

数控车床的坐标系以主轴直径方向为 X 轴方向,以操作者面向的方向为 X 轴正方向;纵向为 Z 轴方向,指向主轴箱的方向为 Z 轴的负方向,而指向尾架方向是 Z 轴的正方向。如图 6-6 所示为后置刀架的数控车床的坐标系,前置刀架的数控车床 X 轴正方向指向操作者。

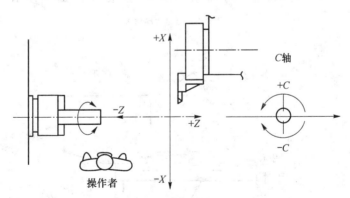

图 6-6 数控车床坐标系

X 坐标和 Z 坐标指令,在按绝对坐标编程时,使用代码 X 和 Z;按增量坐标(相对坐标)编程时,使用代码 U 和 W。

2. 程序原点

程序原点是指加工程序中的坐标原点,即在数控加工时,刀具相对于工件运动的起点,所以也称为"对刀点"。

在编制数控车削程序时,首先要确定作为基准的程序原点。对于某一加工零件,程序原点的设定通常是将主轴中心设为 X 轴方向的原点,将加工零件精切后的右端面或精切后的夹紧定位面设定为 Z 轴方向的原点,如图 6-7(a)、(b)所示。

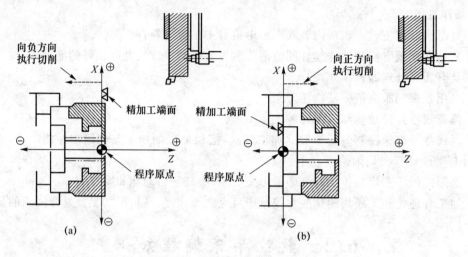

图 6-7 程序原点

3. 机械原点(或称机床原点)

机械原点是由数控车床的结构决定的,与程序原点是两个不同的概念,将机床的机械原点设定以后,它就是一个固定的坐标点。每次操作数控车床时即启动机床之后,必须首先进行原点复归操作,使刀架返回机床的机械原点。以 LJ-10MC 数控车铣中心为例:

(1) X 轴机械原点

X 轴的机械原点被设定在刀盘中心距离主轴中心 500 mm 的位置。X 轴极限开关装在刀架上,当刀架返回 X 轴的机械原点时,挡块会触到横向滑板,如图 6-8 所示。

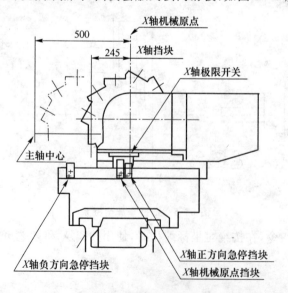

图 6-8 X 轴机械原点

(2) Z 轴机械原点

Z 轴的机械原点可以通过改变挡块的安装位置来改变,即如图 6-9 所示刀架返回 Z 轴机械原点时的后视图。Z 轴机械原点挡块可以被安装在 A、B、C 或 D 四个不同的位置上;同时,Z 轴正方向的紧急停挡块也随之移动。图中挡块四种位置时距离 a 的值如表 6-2 所列。

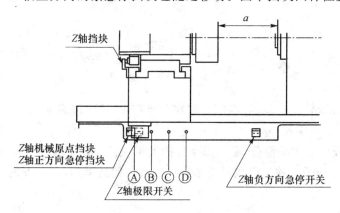

表 6-2 Z 轴挡块的四种位置状态

挡块的位置	距离 a 的位置
A	1 120 mm
B	960 mm
C	800 mm
D	640 mm

图 6-9 Z 轴机械原点

6.2.2 数控车床手工编程的方法

与其他数控机床相同,数控车床程序编制的方法也有两种:手工编程与自动编程。

手工编程 通过解析几何和代数运算等数学方法,人工进行刀具轨迹的计算,采用专门代码编制加工程序。特点是程序简单、适应性大,适用于中等复杂程度程序、计算量较小的工件编程,对机床操作者来说需要掌握通用的基本加工代码指令。

自动编程 对于曲线轮廓、三维曲面等复杂型面的工件,手工编程非常困难甚至无法计算,一般通过计算机,采用 CAD/CAM 软件进行工件的造型设计、工艺分析及加工编程。该方法是基于零件 CAD 图形的编程,因此编程效率高,程序质量好,适用于复杂工件和高效率高精度工件加工。

本章主要介绍数控车床编程的特点,并结合实例介绍数控车床手动编程的方法。

1. 数控车床的编程知识

数控编程有标准化的编程规则和程序格式,国际上目前通用的有 EIA(美国电子工业协会)和 ISO(国际标准化协会)两种代码,代码中有数字码(0~9)、文字码(A~Z)和符号码。我国遵循国际标准化组织 ISO 制定的一系列标准。

(1) 程序的构成

一个完整的程序由程序号、程序段和程序结束 3 部分组成。程序的构成示例如图 6-10 所示。

① 程序号 程序开始的标记,供数控装置在存储器程序目录中查找、调用。在数控装置中,程序的记录是靠程序号来辨别的,调用某个程序可通过程序号来调出,编辑程序也要首先调出程序号。

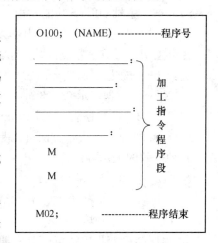

图 6-10 程序的结构

程序编号的结构如下：

程序编号例子：

O3;

O03;

O103;

O1003;

O1234;

可以在程序编号的后面注上程序的名字并用括号括起。程序名可用16位字符表示，要求有利于理解。程序编号要单独使用一个程序段。

② 程序段　程序的内容是整个程序的主要部分，是由多个程序段组成的。每个程序段由若干个字组成，每个字又由地址码和和若干个数字组成。指令字代表某一信息单元，它代表机床的一个位置或一个动作。

程序段的格式如下：

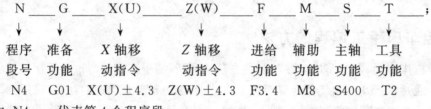

其中：N4——代表第4个程序段。

G01——准备功能(G功能)，由G和数字组成，G功能的代号已经标准化。

X(U)±4.3——坐标字，由坐标地址符和数字组成，坐标可以用正负小数表示，小数点以前4位数，小数点以后3位数。

F3.4——进给功能F，由进给地址符F和数字组成，进给速度可以用小数表示，小数点以前3位数，小数点以后4位数。

M8——辅助功能(M功能)，由辅助操作地址符M和数字组成。

S400——主轴功能(S功能)，由主轴地址符S和每分钟转速数值组成。

T2——刀具功能(T功能)，由选刀代码T和刀具号数字组成。

在以上指令带有小数点的数据形式中，输入的数据有特殊意义，需要特别注意。

例：X3.——数据表示 3 mm

　　X3——数据表示 0.003 mm

　　X1.32——数据表示 1.320 mm

此外，4.32 mm 的表示方法可以是 X4.32 或 X4320。

几种等效的表示方法：

N0012　G00　M08　X0012.340

　↓　　↓　　↓　　↓

N12　　G0　　M8　　X12.34

③ 程序结束　程序结束一般用辅助功能代码 M02(程序结束)和 M30(程序结束，返回起点)表示。

(2) 数控车床指令的种类和意义

数控车床编程指令的种类和意义与加工中心相比有不同的地方,详见表 6-3。

表 6-3 数控车床编程指令的种类和意义

功 能	指令符号	意 义
程序号码	O(EIA)	数控程序的编号
程序段序号	N	程序段序号
准备功能	G	指定数控机床的运动方式
—	X、Z、U、W	在各个坐标轴上的移动指令
—	R	圆弧半径、倒圆角
—	C	倒角量
—	I、K	圆弧中心的坐标
进给功能	F	指定进给速度、指定螺纹的螺距
主轴功能	S	指定主轴的回转速度
刀具功能	T	指定刀具编号,指定刀具补偿编号
辅助功能	M	指定辅助功能的开关控制
—	P、U、X	停刀的时间
指定程序号	P	指定程序执行的编号
指定程序段序号	P、Q	指定程序开始执行和返回的程序段序号

(3) 程序段顺序号

为了区分和识别程序段,可以在程序段的前面加上顺序号。格式为:

顺序号
N━━━;
　└─ 顺序号用4位数表示

(1~9999),不可使用"0"。

顺序号能够代表程序段执行的先后,也可以是特定程序段的代号,某个程序段可以有顺序号,也可以没有,加工时不以顺序号的大小来为各个程序段排序,如图 6-11 所示。

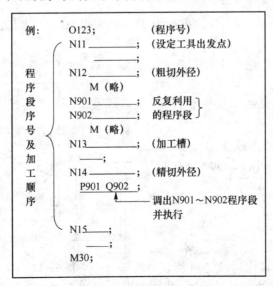

图 6-11 程序段顺序

2. 数控车床编程的特点

(1) 坐标的选取及坐标指令

数控车床有它特定的坐标系,在6.2.1节已经介绍过。编程时可以按绝对坐标系或增量坐标系编程,也常采用混合坐标系编程。

U 及 X 坐标值,在数控车床的编程中是以直径方式输入的,即按绝对坐标系编程时,X 输入的是直径值;按增量坐标编程时,U 输入的是径向实际位移值的二倍,并附上方向符号(正向省略)。

(2) 车削固定循环功能

数控车床具备各种不同形式的固定切削循环功能,如内(外)圆柱面固定循环、内(外)锥面固定循环、端面固定循环、切槽循环、内(外)螺纹固定循环及组合面切削循环等,用这些固定循环指令可以简化编程。

(3) 刀具位置补偿

现代数控车床具有刀具位置补偿功能,可以完成刀具磨损和刀尖圆弧半径补偿以及安装刀具时产生的误差的补偿。

6.2.3 数控车床常用各种指令

1. 快速点定位(G00)

该指令命令刀具以点位控制方式从刀具所在点快速移动到目标位置,无运动轨迹要求,不需特别规定进给速度。

输入格式:G00 IP_____;

式中:IP——代表目标点的坐标,可以用 X、Z、C、U、W 或 H 表示;

　　$X(U)$——坐标按直径值输入;

　　;——表示一个程序段的结束。

为了便于阅读和理解,本章以下示例作如下约定:

① 在本章所有示例中均采用公制单位输入;

② 在某一轴上相对位置不变时,可以省略该轴的移动指令;

③ G00 默认的移动速度为:

X 轴方向为 8 000 mm/min,Z 轴方向为 12 000 mm/min,C 轴 22.2 r/min(FANUC 0T/15T 系统);

④ 在同一程序段中,绝对坐标指令和增量坐标指令可以混用;

⑤ G00 刀具移动的轨迹不是标准的直线插补(见图 6-12);

⑥ 图中符号 ⊕ 代表程序原点。

例 6-1 如图 6-12 所示,G00 快速进刀程序。

　　G00 X50.0 Z6.0;

或　G00 U-70.0 W-84.0;

2. 直线插补(G01)

该指令用于直线或斜线运动。可使数控车床沿 X 轴、Z 轴方向执行单轴运动,也可以沿 X、Z 平面内任意斜率的直线运动。

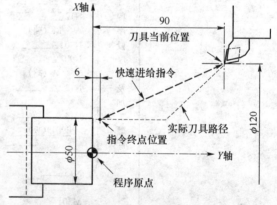

图 6-12 G00 快速进刀

输入格式：G01 IP__ F__ ；

例 6-2　如图 6-13 所示，外圆柱切削程序。
G01 X60.0 Z-80.0 F0.3；
或　G01 U0 W-80.0 F0.3；
X0、U0 指令可以省略，X、Z 指令与 U、W 指令可在一个程序段内混用，程序可写为：
G01 U0 Z-80.0 F0.3；
或　G01 X60.0 W-80.0 F0.3；

例 6-3　如图 6-14 所示，外圆锥切削程序。
G01 X80.0 Z-80.0 F0.3；
或　G01 U20.0 W-80.0 F0.3；

直线插补指令 G01 在数控车床编程中还有一种特殊的用法：倒角及倒圆角，详见例 6-4 和例 6-5。

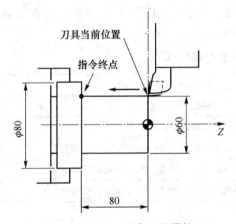

图 6-13　G01 指令切外圆柱

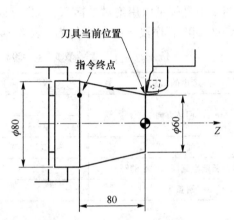

图 6-14　G01 指令切外圆锥

例 6-4　如图 6-15 所示倒角程序。
绝对坐标指令格式：
　N001 G01 Z-20.0 C4.0 F0.3；
　N002 X50.0 C2.0；
　N003 Z-40.0；
相对坐标指令格式：
　N001 G01 W-22. C4. F0.3；
　N002 U20. C2.；
　N003 W-20.；

例 6-5　如图 6-16 所示，倒圆程序。
绝对坐标指令：
　N001 G01 Z-20. R4. F0.3；
　N002 X50. R2.；
　N003 Z-40.；
相对坐标指令：
　N001 G01 W-22. C4. F0.3；
　N002 U20. R2.；

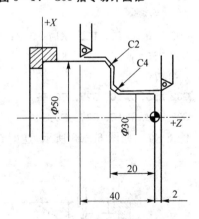

图 6-15　G01 指令倒角

N003 W-20.；

N002、N003 中的 G01、F0.3 及类似的指令具有续效性，可以省略。

3. 圆弧插补（G02、G03）

该指令使刀具沿着圆弧运动，切出圆弧轮廓。G02 为顺时针圆弧插补指令，G03 为逆时针圆弧插补指令。

指令格式：
　　G02 X(U)__ Z(W)__ I__ K__ F __；
或　G02 X(U)__ Z(W)__ R__ F __；
　　G03 X(U)__ Z(W)__ I__ K__ F __；
或　G03 X(U)__ Z(W)__ R__ F ；

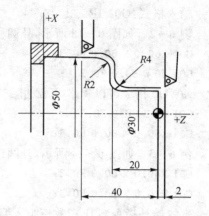

图 6-16　G01 指令倒圆

指令中坐标可以用绝对坐标 X、Z，也可以用增量坐标 U、W，但 C 轴不能执行圆弧插补指令。G02、G03 程序段各指令的含义如表 6-4 所列。

表 6-4　G02、G03 程序段的含义

考虑的因素	指　令	含　义
回转方向	G02	刀具轨迹顺时针回转
	G03	刀具轨迹逆时针回转
终点位置	X、Z(U、W)	加工坐标系中圆弧终点的 X、Z(U、W) 值
从圆弧起点到圆弧中心的距离	I、K	从圆弧起点到圆心的距离（经常用半径 R 指定）
圆弧半径	R	指圆弧的半径，取小于 180 的圆弧部分

例 6-6　如图 6-17 所示，顺时针圆弧插补。
(I,K)指令：
G02 X50. Z-10. I20. K17 F0.3；
G02 U30. W-10. I20. K17. F0.3；
(R)指令：
G02 X50. Z-10. R27. F0.3；
G02 U30. W-10. R27. F0.3；

例 6-7　如图 6-18 所示，逆时针圆弧插补。

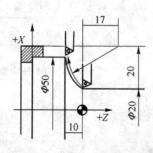　　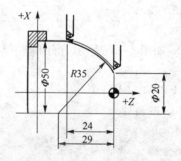

图 6-17　G02 顺时针圆弧插补　　图 6-18　G03 逆时针圆弧插补

(I,K)指令：
G03 X50. Z-24. I-20. K-29. F0.3;
G03 U30. W-24. I-20. K-29. F0.3;
(R)指令：
G03 X50. Z-24. R35. F0.3;
G03 U30. W-24. R35. F0.3;

执行圆弧插补需要注意的事项：

① I、K(圆弧中心)的指定也可以用半径 R 指定。
② 当 I、K 值均为零时，该代码可以省略。
③ 圆弧在多个象限时，该指令可连续执行。
④ 在圆弧插补程序段内不能有刀具功能(T)指令。
⑤ 进给功能 F 指令指定切削进给速度，并且进给速度 F 控制沿圆弧方向的线速度。
⑥ 使用圆弧半径 R 值时，应小于 $180°$。
⑦ 指定比始点到终点的距离的一半还小的 R 值时，按 $180°$ 圆弧计算。
⑧ 当 I、K 和 R 同时被指定时，R 指令优先，I、K 值无效。

4. 螺纹切削指令(G32)

G32 指令能够切削圆柱螺纹、圆锥螺纹、端面螺纹(涡形螺纹)。

指令格式：

G32 IP____ F____ ;

式中：F——螺纹的螺距。

例 6-8 如图 6-19 圆柱螺纹切削。

绝对坐标指令：

G32 Z-40. F3.5;

相对坐标指令：

G32 W-45. F3.5;

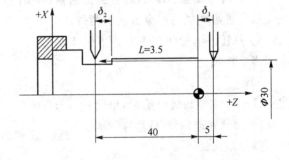

图 6-19 G32 圆柱螺纹切削

螺纹切削应注意的事项：

① 图 6-19 中，δ_1 和 δ_2 表示由于伺服系统的延迟而产生的不完全螺纹。这些不完全螺纹部分的螺距也不均匀，应该考虑这一因素来决定螺纹的长度，请参考有关手册来计算 δ_1 和 δ_2。
② 主轴转速与螺距是相关联并相互制约的。
③ 控制面板上的"试运行"(Dry run)键可以演示螺纹切削。
④ 改变主轴转速的百分率，将切出不规则的螺纹。
⑤ 在 G32 指令切削螺纹过程中不能执行循环暂停钮。

经验公式：$\delta_1 = \dfrac{R \cdot L}{1\,800} \times 3.605$，$\delta_2 = \dfrac{R \cdot L}{1\,800}$

式中：R——主轴转速，r/min；
L——螺纹导程，mm。

螺纹公差假定为 0.01 mm，这是一种简化计算法。

例 6-9 如图 6-20 所示的锥螺纹切削。

绝对坐标指令：

G32 X50. Z-35. F2;

相对坐标指令：

G32 U30. Z-40. F2;

锥螺纹螺距的确定方法如图 6-20 所示。

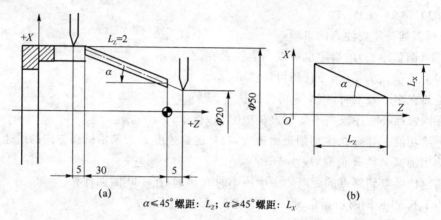

图 6-20 G32 锥螺纹切削

5. 每转进给量(G99)、每分钟进给量(G98)

指定进给功能的指令方法有两种：

① 每转进给量(G99)，如图 6-21 所示。

指令格式：

G99 ____(F____);

式中：F——主轴每转进给量，单位：mm/r。

② 每分钟进给量(G98)。

指令格式：

G98 ____(F____);

式中：F——1 分钟进给量，单位：mm/min

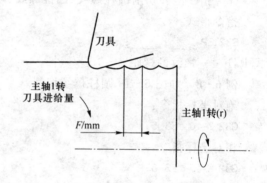

图 6-21 G99 每转进给量

使用每转进给量(G99)设定进给速度以后，地址 F 后面的数值，都以主轴每转一周刀具进给量来计算，进给速度的单位为 mm/r。

使用每分钟进给量(G98)设定进给速度以后，地址 F 后面的数值，都以 1 分钟刀具进给量来计算，进给速度的单位为 mm/min。

特别地，当接入电源时，机床进给方式的默认方式为 G99，即每转进给量方式。只要不出现 G98 指令，进给机能一直是按 G99 方式以每转进给量来设定。图 6-22 为 G98 的每分钟进给量。

6. 暂停指令(G04)

该指令可以使刀具作短时间(几秒钟)无进给光整加工。主要用于车削环槽、不通孔以及自动加工螺纹等场合，如图 6-23 所示。

指令格式：

G04 U____;

```
G04 P__;
G99 G04 U(P)__;指令暂停进刀的主轴回转数
G98 G04 U(P)__;指令暂停进刀的时间
```

注 意:

① 在 G98 进给模式中,G04 指令中输入的时间即为停止进给时间;

② 在暂停指令同一语句段内不能指令进给速度;

③ 使用 P 形式输入时,不能用小数点输入。

在没有出现 G98 时,数控车床程序默认 G99 进给方式,指令格式如下:

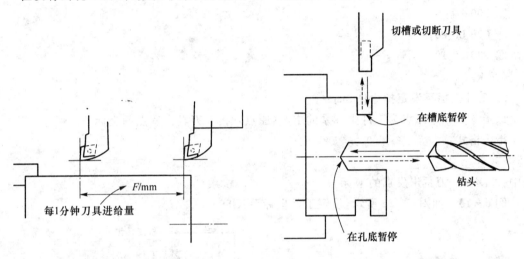

图 6-22　G89 每分钟进给量　　　　图 6-23　G04 暂停指令

例 6-10　(G99)G04 1.0　　…主轴转一转后执行下一个程序段

例 6-11　(G98)G04 1.0　　…1s 之后执行下一个程序段

7. 自动原点复归指令(G28)

该指令使刀具自动返回机械原点或经过某一中间位置,再回到机械原点。如图 6-24 是经中间点返回机械原点,图 6-25 是从当前位置返回机械原点。

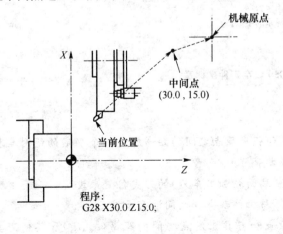 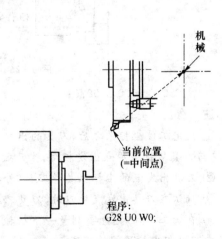

图 6-24　经过中间返回机械原点　　　　图 6-25　从当前位置返回机械原点

指令格式：

G28 X(U)____ Z(W)____ T00；

式中：X(U)、Z(W)——中间点的坐标，指令必须按直径值输入；

T00——刀具复位指令必须写在 G28 指令的同一程序段或该程序段之前。

该指令由 G00 快速进给方式执行。

例 6-12 自动原点复归。

图 6-25 中的程序有三种格式：

① G28 U0 W0 T00；

② T00；
　G28 U0 W0；

③ G28 U0 T00；
G28 W0；

8. 工件坐标系设定指令(G50)

该指令以程序原点为工件坐标系的中心(原点)、指令刀具出发点的坐标值。

指令格式：

G50 X____ Z____；

式中：X、Z——刀具出发点的坐标。

例 6-13 如图 6-26 所示，设定工件坐标系(G50)。

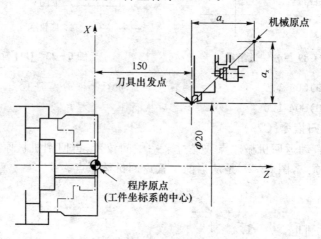

图 6-26　G50 设定工件坐标系

程序：G50 X200.0 Z150.0；

注　意：

① 设定工件坐标系之后，刀具的出发点到程序原点之间的距离就是一个确定的绝对坐标值，这与刀具从机械原点出发相比，生产效率提高了。

② 刀具出发点的坐标以参考刀具(外径、端面精加工车刀)的刀尖位置来设定。

③ 确认在刀具出发点换刀时，刀具、刀库与工件及夹具之间没有干涉。

④ 在加工工件时，也要测量一下机械原点和刀具出发点之间的距离(a_x, a_z)和其他刀具与参考刀具刀尖位置间的距离。

9. 主轴功能(S指令)和主轴转速控制指令(G96、G97、G50)

主轴功能(S指令)是设定主轴转数的指令。

① 主轴最高转速的设定(G50)

(G50)＿＿ S ＿＿；

式中：S——主轴最高转速，单位：r/min。

② 直接设定主轴转数指令(G97)：主轴速度用转数设定，单位：r/min

(G97)＿＿ S ＿＿(M40 或 M41)；

式中：S——设定主轴转数，r/min，指令范围：0～9 999。

G97将取消主轴线速度恒定功能。

③ 设定主轴线速度恒定指令(G96)：主轴速度用线速度(m/min)值输入，并且主轴线速度恒定。

(G96)＿＿ S ＿＿(M40 或 M41)；

式中：S——设定主轴线速度(即切削速度)，m/min

G96将设定主轴线速度恒定。

例 6-14 设定主轴速度。

G97 ＿＿ S600；取消线速度恒定功能，主轴转数 600 r/min

M ⎫ G97
M ⎭ 模式

G96 S150；线速度恒定，切削速度为 150 m/min

G50 S1200；用 G50 指令设定主轴最高转速为 1 200 r/min

M ⎫ G96
M ⎭ 模式

G97 ＿＿ S300(M41)；取消线速度恒定功能。主轴转数 300 r/min

注 意：

① 在 G96(控制线速度一定指令)时，当工件直径变化时主轴每分钟转数也随之变化，这样就可保证切削速度不变，从而提高了切削质量。

② 主轴转速连续变化，M40 设定主轴在低速范围变化(粗加工)，M41 设定主轴在高速范围变化(精加工)。

10. 刀具功能(T指令)

该指令可指定刀具及刀具补偿，地址符号为"T"。

输入格式：T□□□□

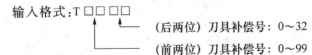

　　　　　　　　　(后两位) 刀具补偿号：0～32
　　　　　　　　　(前两位) 刀具补偿号：0～99

注 意：

① 刀具的序号可以与刀盘上的刀位号相对应；

② 刀具补偿包括形状补偿和磨损补偿；

③ 刀具序号和刀具补偿序号不必相同，但为了方便通常使它们一致，如图 6-27 所示；

④ 取消刀具补偿，T 指令格式为：T□□或 T□□00。

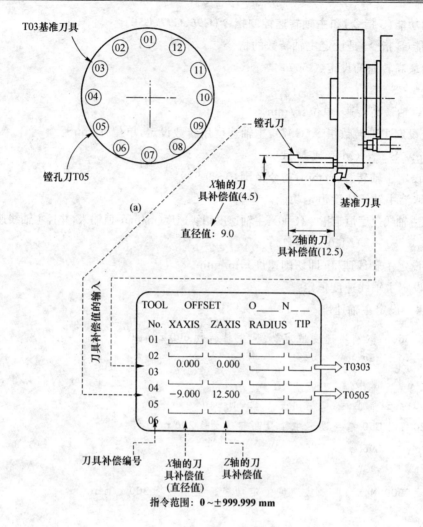

图 6-27 刀具补偿设定画面

例 6-15 换刀程序,如图 6-28 所示。

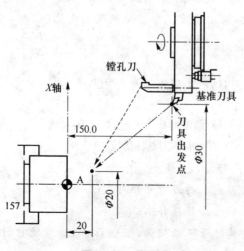

图 6-28 换刀

参考刀具快速移动到 A 点：

G00 X20.0 Z20.0 T0303；

镗孔刀具快速移动到 A 点：

G00 X20.0 Z20.0 T0505；

11. 进给功能(F 指令)

有 3 种格式指定刀具的进给速度：

① 每转进给量(mm/r)，如图 6-29 所示。

(G99)＿＿F＿＿；

式中：F 指定主轴每转刀具进给量，指令范围：0.0001～500.0000 mm/r。

② 每分钟进给量(mm/min)，如图 6-30 所示。

(G98)＿＿F＿＿；

式中：F 指定每分钟刀具进给量，指令范围：1～15000 mm/min。

③ 螺纹切削进给速度，如图 6-31 所示。

(G32)IP＿＿F＿＿；

(G76)IP＿＿F＿＿；

(G92)IP＿＿F＿＿；

式中：F 指定指定螺纹的螺距，指令范围：0.0001～500.0000 mm/r。

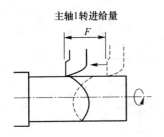
图 6-29　每转进给量

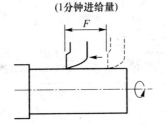
图 6-30　每分钟进给量

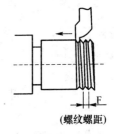
图 6-31　螺纹切削

注　意：

① 每转进给量切螺纹时，快速进给速度没有指定界限；

② 接入电源时，系统默认 G99 模式(每转进给量)。

12. 辅助功能(M 指令)

M 指令设定各种辅助动作及其状态，表 6-5 是数控车床及车铣中心的辅助功能(M 指令)说明。

下面介绍几个特殊 M 代码的使用方法：

M03　主轴或旋转刀具顺时针旋转(CW)；

M04　主轴或旋转刀具逆时针旋转(CCW)；

M05　主轴或旋转刀具停止旋转。

表 6-5 辅助功能（M 指令）

M 代码	功 能	M 代码	功 能
M00	程序停止	M40	低速齿轮
M01	计划停止	M41	高速齿轮
M02	程序结束	M46	自动门开（选择）
M03	主轴顺时针转/回转刀具顺时针转	M47	自动门关（选择）
M04	主轴逆时针转/回转刀具逆时针转	M48	有螺纹倒角（螺纹加工）
M05	主轴停止/回转刀具停止	M49	无螺纹倒角（螺纹加工）
M08	冷却液开	M52	主轴（C 轴）锁紧（用于车削中心）
M09	冷却液关	M53	主轴（C 轴）松开（用于车削中心）
M10	夹盘紧	M54	C 轴离合器合上（用于车削中心）
M11	夹盘松	M55	C 轴离合器打开（用于车削中心）
M19	夹头自动归位	M82	尾架体进给
M20	空气开	M83	尾架体后退
M30	纸带结束	M98	调用子程序
M32	尾顶尖进给	M99	子程序结束
M33	尾顶尖后退		

说明：M52、M53、M54、M55 只适用于车削中心或车铣中心。

如图 6-32 所示，为 M03、M04 所规定的主轴或旋转刀具的转向。

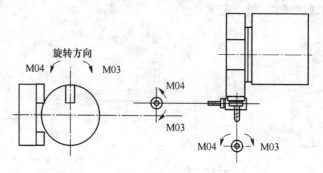

图 6-32 主轴或旋转刀具的转向

注 意：

(1) 当卡爪不在夹紧状态时，主轴不能旋转；

(2) 齿轮没有挂在中间位置时，主轴不能旋转；

(3) M03 和 M04 的旋转方向可通过不同的位置进行改变；

(4) 执行 M04 指令后不能直接转变为 M03 指令，执行 M03 指令后不能直接转变为 M04 指令，要想改变主轴转向必须用 M05 指令使主轴停转，再使用 M03 指令或 M04 指令。

以日本 TECNO WASINO 公司的数控车铣中心（LJ-10MC）为例介绍 M52~M55 的功能及使用方法：

M52：锁紧主轴。

当执行铣削时（除去 X 轴和主轴（C 轴）联动或 Z 轴和主轴（C 轴）联动），必须使主轴固定在某一位置，这时就要用 M52 指令。

M53：主轴松开，使动力从铣削轴转回主轴。

当完成铣削以后,必须确认使用 M53 指令解除了主轴的锁紧状态。

M54:C 轴离合器合上。

将动力从主轴齿轮换到 C 轴齿轮准备铣削,该命令可以控制 C 轴并使用旋转刀具进行切削,使用 M54 命令后,必须确认 C 轴返回参考点。

M55:C 轴离合器打开。

将动力从 C 轴齿轮切换到主轴齿轮,通过控制执行铣削之后,一定要执行 M55 指令并且在指令 M55 之前还必须使 C 轴返回一个参考点。

M82:尾架体前进。

M83:尾架体后退。

注 意:

(1) 在每个程序段内只允许有一个 M 代码;

(2) M10、M11、M32、M33、M40、M41、M52、M54、M55 代码在紧急停止、复位或其他情况下要重新指令。

13. 刀具半径补偿功能(G40、G41、G42 指令)

大多数全功能的数控机床都具备刀具半径(直径)自动补偿功能(以下简称刀具半径补偿功能),因此,只要按工件轮廓尺寸编程,再通过系统补偿一个刀具半径值即可。下面讨论一下数控车床刀具半径补偿的概念和方法。

(1) 刀尖半径和假想刀尖的概念

① 刀尖半径:即车刀刀尖部分为一圆弧构成假想圆的半径值,一般车刀均有刀尖半径,用于车外径或端面时,刀尖圆弧大小并不起作用,但用于车倒角、锥面或圆弧时,则会影响精度,因此在编制数控车削程序时,必须给予考虑。

② 假想刀尖:所谓假想刀尖如图 6-33(b)所示,P 点为该刀具的假想刀尖,相当于图 6-33(a)尖头刀的刀尖点,假想刀尖实际上不存在。

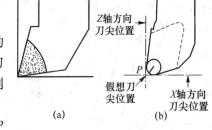

图 6-33 刀尖

图 6-34 所示为由于刀尖半径 R 而造成的过切削及欠切现象。

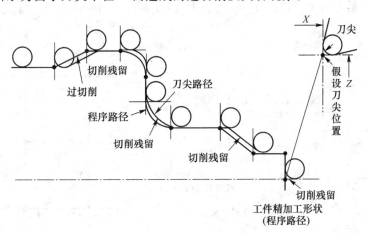

图 6-34 切削及欠切现象

用手动方法计算刀尖半径补偿值时,必须在编程时将补偿量加入程序中,一旦刀尖半径值变化时,就需要改动程序,这样很烦琐。刀尖半径(R)补偿功能可以利用数控装置自动计算补偿值,生成刀具路径,下面就讨论刀尖半径自动补偿的方法。

(2) 刀尖半径补偿模式的设定(G40、G41、G42指令)

① G40(解除刀具半径补偿):解除刀尖半径补偿G41或G42的指令,应写在程序开始的第一个程序段及取消刀具半径补偿的程序段。

② G41(左偏刀具半径补偿):面朝与编程路径一致的方向,刀具在工件的左侧,则用该指令补偿。

③ G42(右偏刀具半径补偿):面朝与编程路径一致的方向,刀具在工件的右侧,则用该指令补偿。

图6-35所示为根据刀具与零件的相对位置及刀具的运动方向选用G41或G42指令。

例6-16 图6-36为切削过程中经过刀尖半径补偿和未经刀尖半径补偿时,假想刀尖的位置。

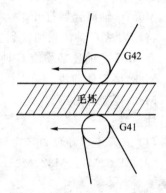

图6-35 G41与G42的选择

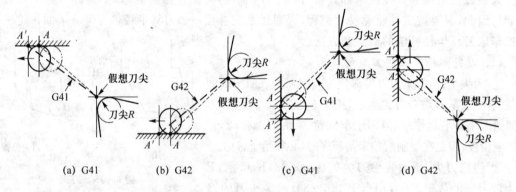

(a) G41　　(b) G42　　(c) G41　　(d) G42

图6-36 假想刀尖的位置

刀尖半径补偿量可以通过刀具补偿设定画面(见图6-37)设定,T指令要与刀具补偿编号相对应,并且要输入假想刀尖位置序号。假想刀尖位置序号共有10个(0~9),如图6-38所示。

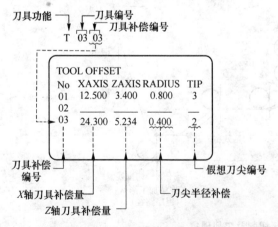

图6-37 刀具补偿设定画面

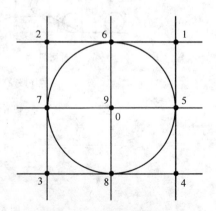

图6-38 假想刀尖位置序号

图 6-39 所示为几种数控车床用刀具的假想刀尖位置。

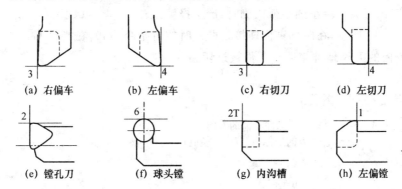

图 6-39 数控车床用刀具的假想刀尖位置

(3) 刀尖半径补偿注意事项

① G41、G42 指令不能与圆弧切削指令写在同一个程序段，可以与 G00 和 G01 指令写在同一个程序段内；目标点在这个程序段的下一程序段始点位置，与程序中刀具路径垂直的方向线过刀尖圆心。

② 必须用 G40 指令取消刀尖半径补偿，补偿取消点在指定 G40 程序段的前一个程序段的终点位置，与程序中刀具路径垂直的方向线过刀尖圆心。

③ 在使用 G41 或 G42 指令模式中，不允许有两个连续的非移动指令，否则刀具在前面程序段终点的垂直位置停止，且产生过切或欠切现象，如图 6-40 所示。非移动切削指令有：M 代码、S 代码、暂停指令(G04)、某些 G 代码(例如 G50、G96…)。移动量为零的切削指令，例如 G01 U0 W0，也属于非移动指令。

④ 切断端面时，为了防止在回转中心部位留下欠切削的小锥，如图 6-41 所示，在 G42 指令开始的程序段刀具应到达 A 点位置，且 $X_A>R$。

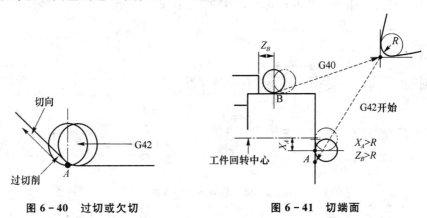

图 6-40 过切或欠切　　　　图 6-41 切端面

⑤ 加工终端接近卡爪或工件的端面时，指令 G40 为了防止卡爪或工件的端面被切(见图 6-41)应在 B 点指令 G40 且 $Z_B>R$。

⑥ 如图 6-42 所示，在工件阶梯端面执行指令 G40 时，必须使刀具沿阶梯端面移动到 F 点，在指令 G40 且 $X_B>R$；在工件端面开始刀尖半径补偿，应在 A 点执行指令 G42，且 $Z_A>R$；开始圆弧时，应从 B 点开始加入刀尖半径补偿指令，且 $X_A>R$。

⑦ 在 G74~G76、G90~G92 固定循环指令中不用刀尖半径补偿。

⑧ 在手动输入中不用刀尖半径补偿。

⑨ 在加工比刀尖半径小的圆弧内侧时,产生报警。

⑩ 如图 6-43 所示,在阶梯锥面连接处退刀时执行指令 G40,在指令 G40 的程序段里使用反映斜面方向的 I、K 地址来防止工件被过切。

指令格式:

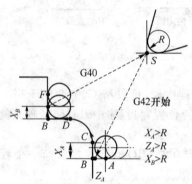

图 6-42 切阶梯端面

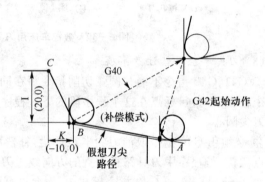

图 6-43 阶梯锥面连接处退刀

例 6-17 程序

G00 G40 X____ Z____ I20.0 K-10.0;

(4) 刀尖半径补偿的应用实例

例 6-18 用刀尖半径为 0.8 mm 的车刀精加工图 6-44 示外径。

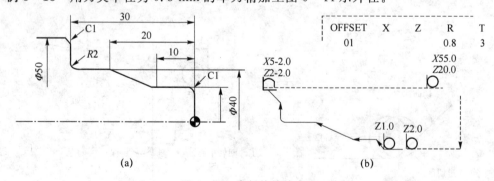

图 6-44 半径补偿的应用

N2;

G0 G97 G40 S_ T0101 M03;

X26.0;

G96 S_ ;

G42 G1 Z1.0 F_ ;

X30.0 Z-1.0;

Z-10.0;

X40.0 Z-20.0;
Z-30.0 R2.0;
X48.0;
X52.0 Z-32.0;
G40 G0 X55.0 Z20.0;
G28 U0 W0 T0;
M1;

14. 单一固定循环指令（G90、G92、G94）

外径、内径、端面和螺纹切削的粗加工，刀具常常要反复地执行相同的动作，才能切到工件要求的尺寸，这时在一个程序中常常要写入很多的程序段，为了简化程序，数控装置可以用一个程序段指定刀具作反复切削，这就是固定循环功能。

表 6-6 为单一固定循环和复合固定循环指令，复合固定循环后面介绍。

表 6-6 单一固定循环和复合固定循环指令

单一固定循环	G90	外径、内径切削循环及锥面粗加工固定循环
	G92	螺纹切削循环，执行固定循环切削螺纹
	G94	端面切削循环，执行固定循环切削工件端面及锥面
复合固定循环	G70	精加工固定循环，完成 G71、G72、G73 切削循环之后的精加工，达到工件尺寸
	G71	外径、内径粗加工固定循环，执行粗加工固定循环，将工件切至精加工之前的尺寸
	G72	端面粗加工固定循环，同 G71 具有相同的功能，只是 G71 沿 Z 轴方向进行循环切削而 G72 沿 X 轴方向进行循环切削
	G73	闭合切削固定循环，沿工件精加工相同的刀具路径进行粗加工固定循环
	G74	端面切削固定循环
	G75	外径、内径切削固定循环
	G76	复合螺纹切削固定循环

（1）外径、内径切削循环（G90）

切削圆柱面指令格式（见图 6-45）：

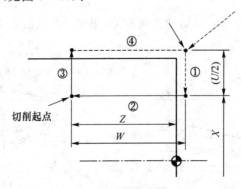

图 6-45 G90 指令循环动作

G90 X(U)____ Z(W)____ (F____);

式中：$X(U)$、$Z(W)$——外径、内径切削终点坐标。

例 6-19 用 G90 指令编程，如图 6-46 所示。

```
    M
    G96 S120 T0100;
    G50 X150.0 Z200.0 M08;
    G00 X94.0 Z10.0 T0101 M03;
    Z2.0; …循环起点
           ┌ G90 X80.0 Z-49.8 F0.25;     ①步
    G90 模式 ┤ X70.0;                     ②步
           └ X60.4;                      ③步
    G00 X150.0 Z200.0 T0000; 取消 G90
    M01;
```

切削锥面指令格式（见图 6-47）：

G90 X (U) __ Z (W) __ I __ (F __);

外径、内径锥面终点坐标 ── 锥面径向尺寸差

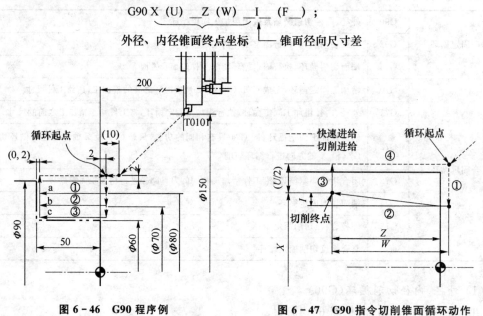

图 6-46 G90 程序例　　　图 6-47 G90 指令切削锥面循环动作

锥面径向尺寸 I 的正负与刀具运动方向有关，图 6-48 列出了正负的类型。

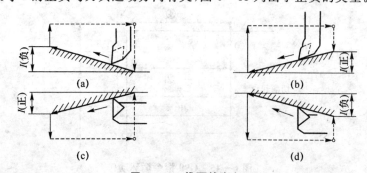

图 6-48 锥面的方向

(2) 端面切削循环指令(G94)

切削直端面输入格式(如图6-49):

G94 X (U) __ Z (W) __ (F __) ;
      _____/
         端面切销终点坐标

例6-20 用G94指令编程(见图6-50)。

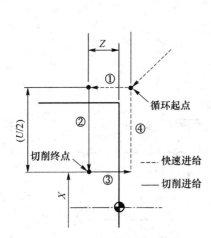

图6-49 G94指令循环动作

图6-50 G94程序例

M

G00 X84.0 Z2.0;…循环起点

G94 X30.4 Z-5.0 F0.2;

G94 模式 { Z-10.0; Z-14.8; }

G00 X150.0 Z200.0;取消G94

切削锥度端面输入格式(见图6-51):

G94 X(U)____ Z(W)____ K ____(F ____);

式中:X(U)、Z(W)——锥度端面切削终点坐标;

K——锥面轴向尺寸。

锥面轴向尺寸K的正负与刀具运动方向有关,图6-52列出了正负的类型。

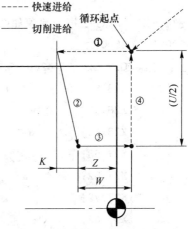

图6-51 G94指令切削锥面循环动作

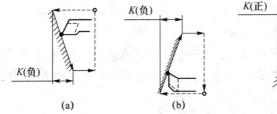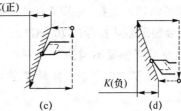

(a)　　　　(b)　　　　(c)　　　　(d)

图6-52 锥面的方向

(3) 螺纹切削循环指令(G92)

该指令可以使切削螺纹用循环方式完成。

① 圆柱螺纹指令格式(见图6-53)

G92 X(U)___ Z(W)___ F___;

式中：$X(U)$、$Z(W)$——螺纹切削终点坐标；F——螺纹的导程(单头螺纹)。

② 锥螺纹指令格式(见图6-54)

G92 X(U)___ Z(W)___ R___ F___;

式中：$X(U)$、$Z(W)$——螺纹切削终点坐标；

R——螺纹的锥度；

F——螺纹的导程(单头螺纹)。

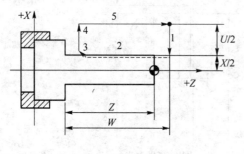

图6-53 圆柱螺纹

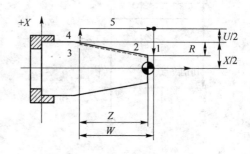

图6-54 锥螺纹

例6-21 用G92指令编程如图6-55所示的图形。

```
G00 X40.0 Z5.0;
G92 X29.3 Z-42.0 F2.0;    ┐
X28.8;                     │
X28.42;                    │
X28.18;                    │ G92模式
X27.98;                    │
X27.82;                    │
X27.72;                    │
X27.62;                    ┘
G00 X150.0 Z200.0;  取消G92
```

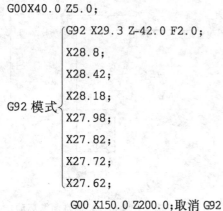

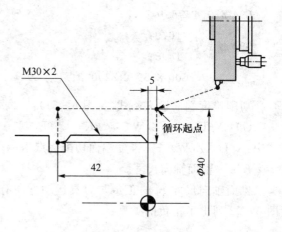

图6-55 程序举例

螺纹切削的切入次数，可参考有关手册。

15. 复合固定循环指令(G70～G73)

现代数控车床配置不同的数控系统，定义了一些具有特殊功能的固定循环指令，FANUC 0T/15T系统定义了G70～G76各种形式的复合固定循环指令，下面介绍几种指令的使用方法。

(1) 外径、内径粗加工循环指令(G71)

G71指令将工件切削至精加工之前的尺寸，精加工前的形状及粗加工的刀具路径由系统根据精加工尺寸自动设定。

在 G71 指令程序段内要指定精加工工件的程序段的顺序号,精加工留量,粗加工每次切深、F 功能、S 功能、T 功能等和刀具循环路径,如图 6-56 所示。

指令格式:

G71 U(Δd) R(Δe);

G71 P(ns) Q(nf) U(Δu) W(Δw)

式中:

Δd 为每次切削循环的深度,不带符号,切入方向由 $A'B$ 的方向决定,它为半径指定。该指定是模态的,直到下一个指定前均有效。

Δe 为每次循环切削的退刀量。模态值,半径指定。目的是避免退刀时刀尖摩擦工件表面,Δe 也可用内部参数(052)设定,在刀具退回不划伤工件表面的情况下,越小越好,一般只要大于因切削的作用产生的弹性变形量即可。

P(ns)为轮廓精加工的开始程序段号;ns 即 Number Start 第一字母的缩写。

Q(nf)为轮廓精加工的结束程序段号;nf 即 Nnmber Finish 第一字母的缩写。

ΔU 为 X 轴方向的精加工余量和方向。

ΔW 为 Z 轴方向的精加工余量及方向。

Δw 为 Z 轴方向的精加工留量

Δu 为 X 轴方向的精加工留量(直径值)

Δd 为精加工每次切深。

(2) 端面粗加工循环指令(G72)

G72 指令与 G71 指令类似,不同之处是刀具路径是按径向方向循环的,如图 6-57 所示。

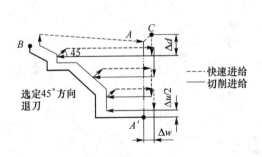

图 6-56　G71 指令刀具循环路径

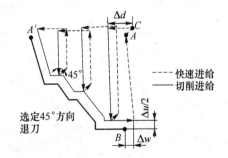

图 6-57　G72 指令刀具循环路径

指令格式同 G71 指令,刀具循环路径如图 6-57 所示。

G72 W(Δd) R(Δe);

G72 P(ns) Q(nf) U(Δu) W(Δw);

式中:

Δd 为粗加工每次切深。

Δe 为每次循环切削的退刀量。

ns 为精加工程序第一个程序段的序号。

nf 为精加工程序最后一个程序段的序号。

Δu 为 X 轴方向精加工留量（直径值）。

Δw 为 Z 轴方向精加工留量。

Δd 为粗加工每次切深。

（3）闭合车削循环指令（G73）

G73 指令与 G71、G72 指令功能相同，只是刀具路径是按工件精加工轮廓进行循环的。例如：铸件、锻件等工件毛坯已经具备了简单的零件轮廓，这时粗加工使用 G73 循环指令可以省时，提高功效，如图 6-58 所示。

指令格式：

G73 U(Δi) W(Δk) R(Δd);

G73 P(ns) Q(nf) U(Δu) W(Δw);

式中：ns 为精加工程序第一个程序段序号。

nf 为精加工程序最后一个程序段序号。

Δi 为 X 轴方向的最大粗车余量，半径值指定。

Δk 为 Z 轴方向的最大粗车余量。

Δu 为 X 轴方向精加工留量。

Δw 为 Z 轴方向精加工留量。

Δd 为粗切次数。

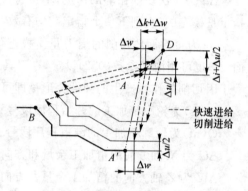

图 6-58 G73 指令刀具循环路径

（4）精加工循环指令（G70）

执行 G71、G72、G73 粗加工循环指令以后的精加工循环，在 G70 指令程序段内要指令精加工程序第一个程序段序号和精加工程序最后一个程序段序号，如图 6-59 所示。

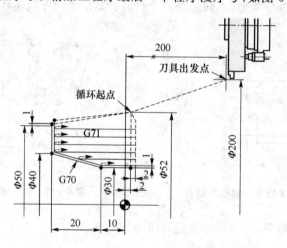

图 6-59 G70 程序例

指令格式：

G70, P(ns) Q(nf);

式中：ns 为精加工程序第一个程序段序号。

nf 为精加工程序最后一个程序序号。

例 6-22 用 G70、G71 指令编程。

程序：

```
            G0G40G97G99S600T0101 M03 F0.25；
            X52.0Z2.0；
G71 固定循环 ┌G71 U2.0 R0.1；
           │G71 P10 Q11 U0.2 W0.02；
           │N10 G00 X30.0；
           ┤G01 Z-10.0；
           │X40.0 Z-30.0；
           │N11X52.0；
           └G00…………；
            M01；
            G0G40G97G99S1000T0202 M03 F0.08；
精加工循环 → G70 P10Q11
            G00…………；
            M30；
```

(5) 端面沟槽复合循环或深孔钻循环(G74)

该指令可实现端面深孔和端面槽的断屑加工，Z 向切进一定的深度，再反向退刀到一定的距离，实现断屑。指定 X 轴地址和 X 轴向移动量，就能实现端面槽加工；若不指定 X 轴地址和 X 轴向移动量，则为端面深孔钻加工。

① 端面沟槽复合循环　指令格式：

G74 R(e)

G74 X(u) Z(w) P(Δi) Q(Δk) R(Δd) F _____

式中：e 为每次啄式退刀量；

u 为 X 向终点坐标值；

w 为 Z 向终点坐标值；

Δi 为 X 向每次的移动量；

Δk 为 Z 向每次的切入量；

Δd 为切削到终点时的 X 轴退刀量(可以默认)。

注　意：

X 向终点坐标值为实际 X 向终点尺寸减去双边刀宽；Δi 是 X 轴方向的退出距离和方向。

② 啄式钻孔循环(深孔钻循环)　指令格式：

G74 R(e)

G74 Z(w) Q(Δk) F _____

式中：e 为每次啄式退刀量；

w 为 Z 向终点坐标值(孔深)；

Δk 为 Z 向每次的切入量(啄钻深度)。

G74 的动作及参数如图 6-60 所示。

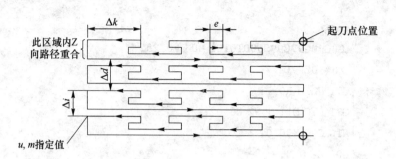

图 6-60 G74 的动作及参数

③ 编程实例

- G74 指令端面切槽

例 6-23 G74 指令端面切槽程序示例,如图 6-60 所示。

O6015
N10 T0606;(端面切槽刀,刃口宽 4mm)
N20 G0 X30. Z2. S300 M3;
N30 G74 R1.;
N40 G74 X62. Z-5. P3500 Q3000 F0.1;
N50 G28 U0 W0;
N60 M30;

- 啄式钻孔

例 6-24 如图 6-61 所示,在工件上加工 Φ10 mm 的孔,孔的有效深度为 60 mm。工件端面及中心孔已加工,程序示例如下:

O6016
N10 T0505;   Φ10 麻花钻
N20 G0 X0 Z3. S300 M3;
N30 G74 R1.;
N40 G74 Z-60. Q8000 F0.1;
N50 G28 U0 W0;
N60 M30;

- 端面均布槽加工

例 6-25 如图 6-62 所示,端面均布槽程序。

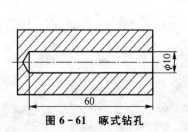

图 6-61 啄式钻孔

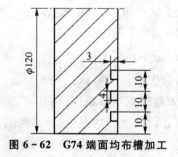

图 6-62 G74 端面均布槽加工

O6017
N10 T0303;　　　　　　　（端面切槽刀，刃口宽 4 mm）
N20 G0 X60. Z2. S300 M3;
N30 G74 R1.;
N40 G74 X100. Z－3. P1000 Q2000 F0.1;
N50 G0 Z100.;
N60 X100.;
N70 M30;

(6) 外径沟槽复合循环(G75)

G75 指令用于内、外径切槽或钻孔，其用法与 G74 指令大致相同。当 G75 指令用于径向钻孔时，需配备动力刀具，这里只介绍 G75 指令用于外径沟槽加工，G75 指令的动作及参数如图 6-63 所示。

① 指令格式

G75 R(e)
G75 X(u) Z(w) P(Δi) Q(Δk) R(Δd) F _____

式中：e 为分层切削每次退刀量；
u 为 X 向终点坐标值；
w 为 Z 向终点坐标值；
Δi 为 X 向每次的切入量；
Δk 为 Z 向每次的移动量；
Δd 为切削到终点时的退刀量（可以默认）。

② 编程实例

例 6-26　如图 6-64 所示，G75 指令用于切削较宽的径向槽，程序如下：

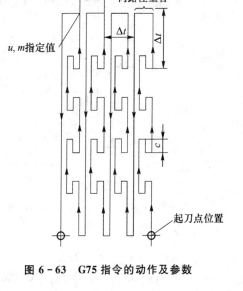

图 6-63　G75 指令的动作及参数

O6018
N10 T0202;（切槽刀，刃口宽 5 mm）
N20 G0 X52. Z-15. S300 M3;
N30 G75 R1;
N40 G75 X30. Z-50. P3000 Q4500 F0.1;
N50 G28 U0 W0;
N60 M30;

例 6-27　如图 6-65 所示，G75 指令用于切削径向均布槽，程序如下：

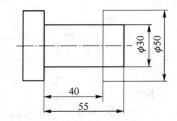

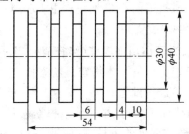

图 6-64　G75 指令用于切削较宽的径向槽　　　**图 6-65　G75 指令用于切削径向均布槽**

O4019
N10 T0202;(切槽刀,刃口宽 4 mm)
N20 G0 X42. Z-10. S300 M3;
N30 G75 R1.;
N40 G75 X30. Z-50. P3000 Q1000 F0.1;
N50 G28 U0 W0;
N60 M30;

注 意：

利用 G74、G75 指令循环加工后,刀具回到循环的起点位置。切槽刀要区分是左刀尖对刀还是右刀尖对刀,防止编程出错。

(7) 螺纹切削复合循环指令(G76)

切削轨迹和有关参数如图 6-66 所示。

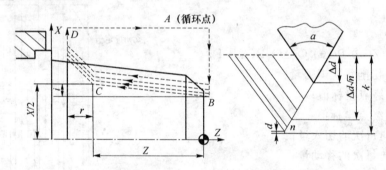

图 6-66 螺纹切削循环轨迹

指令格式：

G76 P(m)(r)(a) Q(Δd_{min}) R(d)

G76 X(u) Z(w) R(i) P(k) Q(Δd) F(f)

式中：

m 为精加工重复次数(1~99)。本指定是状态指定,在另一个值指定前不会改变。用 FANUC 系统参数(NO.0723)进行设定,具体切削次数螺纹牙型及螺距确定。

r 为倒角量。本指定是状态指定,在另一个值指定前不会改变。用 FANUC 系统参数(NO.0109)指定,退刀角度一般为 45°。

a 为刀尖角度,可选择 80°、60°、55°、30°、29°、0°,只能用 2 位数指定。本指定是状态指定,在另一个值指定前不会改变。用 FANUC 系统参数(NO.0724)进行设定。如加工梯形螺纹时,牙型角设定为 30°。

Δd_{min} 为最小切削深度(半径值),当 n 次切削深度($\Delta d \sqrt{n} - \Delta d \sqrt{n-1}$)小于 Δd_{min} 时,则切削深度设定为该值。本指定是状态指定,在另一个值指定前不会改变。用 FANUC 系统参数(NO.0726)进行设定。

d 为精加工余量(半径值),根据刀具、切削材料及螺距来确定。

i 为螺纹部分的半径差,如果 $i=0$,为圆柱螺纹切削。但应注意正负值,对于加工外螺纹来说,顺锥时为负值。倒锥为正值,理解为进刀点在退刀点 X 轴负方向。

k 为螺纹高度,这个值在 X 轴方向用半径值指定。螺纹高度要根据螺距及牙型角计算确定,单位为微米。

Δd 为第一次的切削深度(半径值),第一刀切削与螺纹牙型角有关,如切削梯形螺纹,第一刀切深不宜太大,避免切削力过大或出现"啃刀"现象。

f 为切削螺纹的螺距或者导程。

该螺纹切削循环指令,是进行单边斜进切削,这样能减少了刀具切削刃的切削长度和切削力,在第一次切削时,切削深度为 Δd,mm,第 n 次的切削总深度为 $\Delta d\sqrt{n}$,mm。每次循环的切削深度为 $\Delta d(\sqrt{n}-\sqrt{n-1})$,mm。

当刀具空行程时,走刀速度为 G00 快速移动。

例 6-28 加工如图 6-67 螺杆,程序如下:

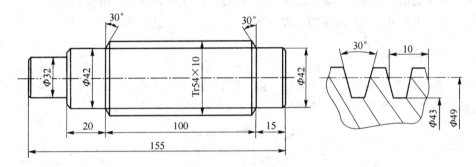

图 6-67 G76 螺杆车削

```
O0001                              程序号
G0G97T0101S30M03;                  设定刀具号(螺纹刀)及刀具补偿号、转速及转向
X60.0Z0;                           设定循环起始点
G76P020030Q0.2R0.05;               螺纹切削复合循环指令设定
G76X43.0Z-120.0R0P5500Q300F10.0;
G00X100.0Z10.0;                    快速退回机械原点的过渡点 X100.0, Z10.0
G28U0W0M05;                        回归机械原点,转速停止
M30;                               程序结束返回程序号
```

第7章 数控车床的操作与加工

7.1 数控车床的操作方法

数控车床与数控车铣加工中心的操作方法基本相同,数控车铣加工中心是在数控车床的基础上发展起来的,增加了铣削加工功能,因此,加工范围进一步扩大。对于不同型号的数控车床,由于机床的结构以及操作面板、电器系统的差别,操作方法都会稍有差异,但基本操作方法相同,本节以 FANUC-0T 系统的数控车床为例,介绍一下其基本操作方法。

7.1.1 操作面板

操作面板上的各种功能键严格分组,通过键与按钮的组合可执行基本操作,操作者能够直接控制机床的动作。操作面板的外观见图 7-1,按钮功能见表 7-1。

表 7-1 操作按钮功能

序号	名称	序号	名称
1	开电源按钮	19	冷却液开关
2	关电源按钮	20	尾架套筒开关
3	循环(程序)启动按钮	21	动力开关指示灯
4	循环(程序)暂停按钮	22	程序保护开关
5	循环(程序)启动指示灯	23	主轴齿轮位置指示灯
6	循环(程序)暂停指示灯	24	铣削操作指示灯
7	紧急停止按钮	25	条件信息指示灯
8	模式选择开关	26	手动数字输入(MDI)和显示屏(CRT)
9	进给模式选择开关	27	单步执行开关
10	进给速率控制盘(%)	28	块删除开关
11	手动脉冲发生器	29	M01(暂停选择)开关
12	手动进给操纵柄	30	位置记录开关
13	X、Z 轴原点回归指示灯	31	试运行开关
14	主轴转速控制盘	32	机床锁定开关
15	刀具选择开关	33	C 轴离合器开关
16	刀具指定开关	34	C 轴离合器指示灯
17	齿轮空挡开关	35	C 轴快速进给按钮
18	主轴微调开关	36	C 轴零点回归指示灯

第 7 章 数控车床的操作与加工

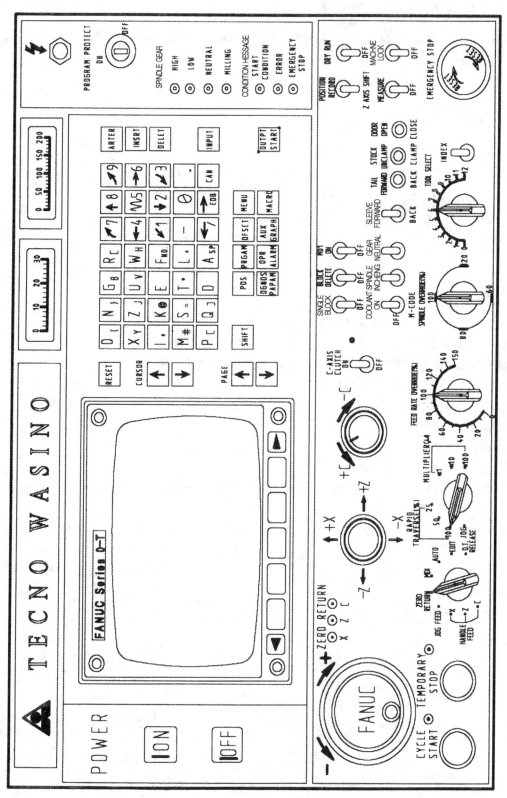

图 7-1 数控车床操作面板

7.1.2 机床按钮及功能介绍

机床使用时,首先必须把主电源开关(见图 7-2)扳到"ON"位置,向机床供电。这时,机床动力开关指示灯 21 变亮。

下面按表 7-1 中序号分别介绍机床各按钮功能。

(1) 开电源按钮

无电源按钮,如图 7-3 所示。

图 7-2 主电源开关

图 7-3 数控装置电源按钮

(2) 关电源按钮

① 按下开电源按钮 1,机床数控装置开始通电。

② 在机床完成工作后,必须首先按下关电源按钮 2,然后再关掉主电源开关。如果按相反的方式切断电源,机床的 CNC 装置可能会受到损坏。

(3) 循环(程序)启动、暂停按钮

① 循环(程序)启动按钮,如图 7-4 所示;

② 循环(程序)暂停按钮;

③ 循环(程序)启动指示灯;

④ 循环(程序)暂停指示灯:

- 在一定条件下,按下循环启动按钮 3,机床可自动运行程序;在自动运行程序时,循环启动指示灯 5 同时变亮。
- 在自动运行程序时,按下循环暂停按钮 4,机床随即处于暂停状态,循环暂停指示灯 6 同时变亮。
- 欲在暂停状态时重新启动机床运行程序,只须再按一下循环启动按钮 3 即可。

(4) 紧急停止按钮

紧急停止按钮,如图 7-5 所示。

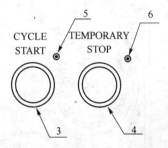

图 7-4 循环启动/暂停按钮

图 7-5 紧急停止按钮

① 在任何情况下,按一下紧急停止按钮 7,机床和 CNC 装置随即处于急停状态,与此同时,条件信息指示灯 25 中的急停指示灯变亮,屏幕上出现"EMG"。

② 欲消除此急停状态,顺着按钮 7 上的"RESET"方向旋转按钮,使按钮 7 弹起即可。

(5) 模式选择开关

模式选择开关,如图 7-6 所示。

① 手动进给(HANDLE FEED) 在此状态下,把进给模式选择开关 9,旋转到一个适当的位置(×1、×10、×100),旋转手动脉冲发生器 11 即可完成对 X 轴、Z 轴的手动进给;在铣削状态下,旋转手动脉冲发生器 11 即可完成对 C 轴的快速进给。

② 快速进给(JOG FEED) 在此状态下,把进给模式选择开关 9 旋转到一个适当的位置(25%、50%、100%、JOG),操纵手动进给操纵柄 12 即可完成对 X 轴和 Z 轴的快速进给;在铣削状态下,操纵 C 轴快速进给按钮 35 可完成对 C 轴的快速进给。

③ 零点回归(ZERO RETURN) 在此状态,操纵手动进给操纵柄 12 可使机床回到 X 轴与 Z 轴的机械原点,到达机械原点的同时,X、Z 轴原点回归指示灯 13 变亮。

④ 手动数据输入(MDI) 在此状态下,可以输入单一命令使机床动作,以满足工作需要。

⑤ 自动执行(AUTO) 在此状态下,可自动执行程序。

⑥ 编辑(EDIT) 在此状态下,可以对储存在内存中的程序数据进行编辑。

⑦ 解除(O.T. RELEASE) 在此状态下,可以对由于机床运行时超过 X 轴或 Z 轴限位挡块而使机床报警的情况下,用手动进给操纵柄 12 向着相反的方向移动 X、Z 即可消除此情况。

- 不能在 X 轴回归零点之前把 Z 轴回归零点。
- 零点回归指示灯会出现图 7-7 所示情况。

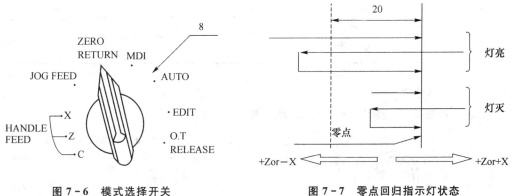

图 7-6 模式选择开关　　　　图 7-7 零点回归指示灯状态

(6) 进给模式选择开关

进给模式选择开关内容见表 7-2,选择开关如图 7-8 所示。

(7) 进给速率控制盘

进给速率控制盘 10 可对 X、Z、C 轴的进给速率在 0%～150%的范围内调节。速率控制盘如图 7-9 所示。

车削螺纹时,进给速率控制盘 10 无效。

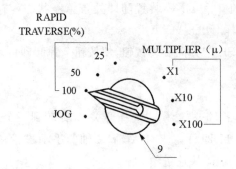

图 7-8 进给模式选择开关

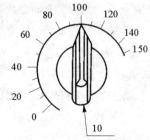

图 7-9 进给速率控制盘

表 7-2 进给模式

进给模式选择开关 9 的位置		手动脉冲发生器 11	手动进给操纵柄 12	C 轴快速进给按钮 35	G00 速率
JOG		无 效	进给速率可用进给速率控制盘在 0%～150% 范围内调节		无 效
RAPID TRAVERSE(%)	100	无 效	快进速率 X 轴:8 m/min Z 轴:12 m/min	快进速率 C 轴:22.2 r/min	X 轴:8 m/min Z 轴:12 m/min C 轴:22.2 r/min
	50	无 效	快进速率 X 轴:4 m/min Z 轴:6 m/min	快进速率 C 轴:11.1 r/min	X 轴:4 m/min Z 轴:6 m/min C 轴:11.1 r/min
	25	无 效	快进速率 X 轴:2 m/min Z 轴:3 m/min	快进速率 C 轴:5.55 r/min	X 轴:2 m/min Z 轴:3 m/min C 轴:5.55 r/min
MULTIP LIER 400 m/min	×1 ×10 ×100	有 效 参照表 7-3		X 轴:400 m/min Z 轴:400 m/min C 轴:11.1 r/min	

(8) 手动脉冲发生器

手动脉冲发生器,如图 7-10 所示,功能见表 7-3。

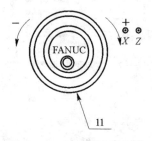

图 7-10 手动脉冲发生器

表 7-3 手动脉冲发生器

进给模式选择 开关 9 的位置	模式选择开关 8 的位置		
	X	Z	C
	手动脉冲发生器 11 的进给单位		
×1	0.001 mm/格		0.001°/格
×10	0.01 mm/格		0.01°/格
×100	0.1 mm/格		0.1°/格

(9) 手动进给操纵柄

手动进给操纵柄,如图 7-11 所示。

(10) X 轴、Z 轴零点回归指示灯

X 轴、Z 轴零点回归指示灯,如图 7-12 所示。

图 7-11 手动进给操纵柄　　图 7-12 X、Z 轴零点回归指示灯

当把模式选择开关 8 切换到"ZERO RETURN"状态,把进给模式选择开关 9 扳到所需位置,用手动进给操纵柄 12 可进行 X 轴与 Z 轴零点回归;同时,X、Z 轴零点回归指示灯 13 变亮。

(11) 主轴转速控制盘

主轴转速控制盘 14,如图 7-13 所示。

当机床主轴或铣刀旋转时,通过主轴转速控制盘 14 可对主轴或铣刀的转速在 60%～120%的范围内进行无级调速。

(12) 刀具选择开关

刀具选择开关,如图 7-14 所示。

(13) 刀具指定开关

刀具指定开关,如图 7-15 所示。

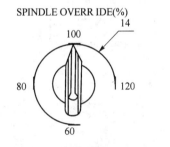 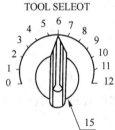 

图 7-13 主轴转速控制盘　　图 7-14 刀具选择开关　　图 7-15 刀具指定开关

当模式选择开关 8 在"JOG FEED"、"ZERO RETURN"、"HANDLE FEED"三种状态中的任一状态时,把刀具选择开关 15 旋转到所需刀具号 NO.(1～12),按一下刀具指定开关 16,所需刀具即到达工作位置。

(14) 齿轮空挡开关

如图 7-16(a)所示为齿轮空挡开关。

① 当模式选择开关 8 在"JOG FEED"、"ZERO RETURN"、"HANDLE FEED"三种状态中的任一状态时,按一下齿轮空挡开关 17,主轴齿轮就被切换到空挡位置。

② 当在 MDI 状态下执行"M40"或"M41"命令可以把空挡齿轮重新合上。

(15) 主轴微调开关

主轴微调开关,如图 7-16(b)所示。

当模式选择开关 8 在"JOG FEED"、"ZERO RETURN"、"HANDLE FEED"三种状态中

的任一状态时,按一下主轴微调开关18即可对主轴进行微调。

(16) 冷却液开关

冷却液开关,如图7-16(c)所示。

① "COOLANT ON" 当把冷却液开关扳到此位置时,冷却液通过刀架上的冷却管流出。

② "M CODE" 当把冷却液开关扳到此位置时,冷却液的开启由程序中的"M08"和"M09"控制。

③ "OFF" 当把冷却液开关扳到此位置时,无冷却液。

(17) 尾座套筒开关

尾座套筒开关,如图7-16(d)所示。

此开关可控制尾座套筒的向前(FORWARD)和向后(BACK)的移动。

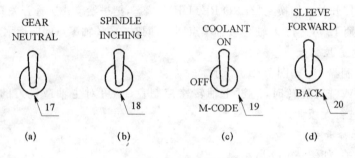

图7-16 控制开关

(18) 动力开关指示灯

动力开关指示灯,如图7-17所示,在前面已介绍过。

(19) 程序保护开关

程序保护开关,如图7-17所示。

① 当此开关处于"ON"位置时,且模式选择开关8处于"EDIT"状态时,不能对数控程序进行编辑。

② 当此开关处于"OFF"位置时,且模式选择开关8处于"EDIT"状态时,可对数控程序进行编辑。

(20) 主轴齿轮位置指示灯

主轴齿轮位置指示灯,如图7-17所示。

① 当齿轮处于"M40"或"M41"状态时,主轴齿轮位置指示灯23中的"LOW"指示灯或"HIGH"指示灯变亮。

② 当主轴齿轮位置指示灯中的"NEUTRAL"指示灯变亮时,说明主轴齿轮处于空档位置。

(21) 铣削操作指示灯

铣削操作指示灯,如图7-17所示。

当C轴离合器合上时,铣削操作指示灯24变亮。

(22) 条件信息指示灯

条件信息指示灯,如图7-17所示。

① "START CONDITION" 当"START CONDI-

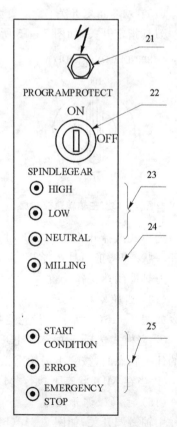

图7-17 指示灯面板

TION"指示灯变亮时,主轴或铣刀即可运转。

② "ERROR" 当"ERROR"指示灯变亮时,说明发生了操作错误,且未消除。

③ "EMERGENCY STOP" 该指示灯变亮时,说明使用了急停按钮 7,找出原因并消除此状态。

(23) MDI 和 CRT 面板

MDI 和 CRT 面板 26,如图 7-18 所示。

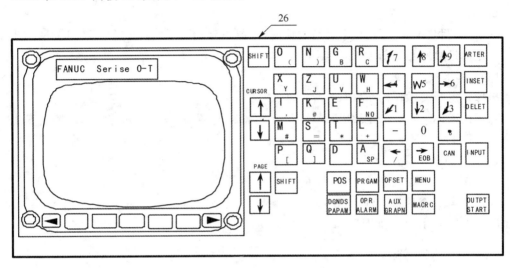

图 7-18 MDI 和 CRT 面板

(24) 单步执行开关

单步执行开关,如图 7-19(a)所示。

① 当单步执行开关 27 扳到 SINGLE BLOCK 位置时,按一下循环启动按钮 3,机床执行一条语句的动作,执行完毕后停止;再按一下循环启动按钮 3,又执行下一条语句的动作,依此类推。

② 当单步执行开关 27 扳到"OFF"位置时,按一下循环启动按钮 3,机床将连续地自动执行整个数控程序。

(25) 块删除开关

块删除开关,如图 7-19(b)所示。

① 当把块删除开关 28 切换到"BLOCK DELETE"位置时,程序中带有"/"符号的命令语句将被删除,此条语句无效。

② 当把块删除开关 28 切换到"OFF"位置时,程序中所有命令语句都将被执行。

(26) M01 开关

M01(暂停选择)开关,如图 7-19(c)所示。

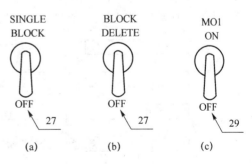

图 7-19 功能开关

① 当把 M01 开关扳到"ON"时,在程序执行到 M01 指令时,机床暂停执行程序,再按一下循环启动按动按钮 3,机床又继续执行程序。

② 当把 M01 开关扳到"OFF"时,在程序执行到 M01 指令时,机床不停止,而是继续自动运行程序。

(27) 位置记录开关

位置记录开关,如图 7-20(a) 所示。

详细用法见操作步骤部分。

(28) 试运行开关

试运行开关,如图 7-20(b) 所示。

在"MDI"和"AUTO"状态下运转机床时,如果试运行开关 31 扳到"DRY RUN"位置,程序中给定的进给速度 F 值无效,实际进给速度参照表 7-2。

(29) 机床锁定开关

机床锁定开关,如图 7-20(c) 所示。

当把机床锁定开关 32 扳到"MACHINE LOCK"位置时,可以在机床不动的情况下试运行程序,CRT 屏幕上显示程序中坐标值的变化。

(30) C 轴离合器开关

C 轴离合器开关,如图 7-20(d) 所示。

(31) C 轴离合器指示灯

C 轴离合器指示灯,如图 7-20(d) 所示。

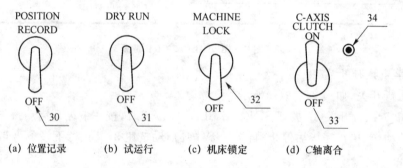

(a) 位置记录　　(b) 试运行　　(c) 机床锁定　　(d) C 轴离合

图 7-20　控制开关

① C 轴离合器开关 33 的使用方法,如图 7-21(a)所示。

② 手动 C 轴零点回归方法,如图 7-21(b)所示。

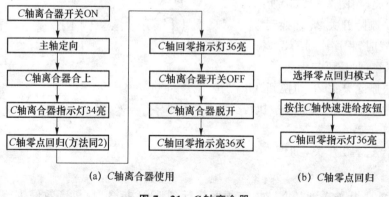

(a) C 轴离合器使用　　　　　　(b) C 轴零点回归

图 7-21　C 轴离合器

③ 在 C 轴零点回归之前，C 轴离合器不能脱开。

(32) C 轴快速进给按钮

C 轴快速进给按钮，如图 7-22(a) 所示。C 轴快速进给按钮功能见表 7-4。

(33) C 轴零点回归指示灯

C 轴零点回归指示灯，如图 7-22(b) 所示。

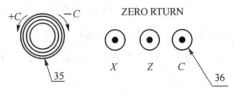

(a) C 轴快速进给　　(b) C 轴零点回归

图 7-22　C 轴快速进给

表 7-4　C 轴快速进给按钮

模式选择开关 8 的位置		C 轴快速进给按钮 35	C 轴零点回归指示灯 36
模式选择开关	HANDLE FEED	无效	灭
	JOG FEED	按住 C 轴快速进给按钮 35，C 轴旋转，旋转速度受进给模式选择开关 9 控制，旋转方向受"$+C$"和"$-C$"方向控制	灭
	ZERO RETURN	按住 C 轴快速进给按钮 35，使 C 轴回归零点，C 轴的旋转速度受进给模式选择开关 9 控制	亮

7.1.3　操作步骤

1. 打开至电源

首先打开压缩空气开关和机床的主电源开关(见图 7-2)，按操作面板上的开电源按钮 1(见图 7-3)，显示屏上出现 X、Z、C 坐标值，确认 NOT READY 消失。

2. 机械原点回归(亦称机床回零)

打开机床以后首先做机械原点回归，机械原点回归操作有以下三种情况：

(1) 刀架的位置和原点的指示灯

刀架在机床机械原点位置，但是原点回归指示灯不亮。

① 将模式选择开关选择为手动模式；

② 将进给模式选择开关选择为×1、×10、×100；

③ 用手动脉冲发生器将刀架沿 X 轴和 Z 轴负方向移动小段距离，约 20 mm；

④ 将模式选择开关选择为原点回归模式，进给模式开关为 25%、50% 或 100%；

⑤ 操作手动进给操作柄 12(见图 7-11)沿 X、Z 轴正方向回机械原点，至回零指示灯变亮。

(2) 刀架远离机床机械原点

① 将模式选择开关选择选为原点回归；

② 将进给模式开关选为 25%、50% 或 100%；

③ 用手动进给操作柄将刀架先沿 X 轴，后沿 Z 轴的正方向回归机床机械原点，直至两轴原点回零指示灯变亮。

(3) 刀架台的行程位置

刀架台超出机床限定行程的位置，因超行程出现警报 ALARM 时。

① 用手动进给操纵柄将刀架沿负方向移动约 20 mm；
② 按 RESET 键使 ALARM 消失；
③ 重复步骤(2)的操作，完成机械原点回归。

3. MDI 数据手动输入

① 将模式开关置于"MDI"状态；
② 按 PRGRM 键，出现单程序句输入画面；
③ 当画面左上角没有 MDI 标志时按 PAGE↓ 键，直至有 MDI 标志；
④ 输入数据。

例 7-1 使主轴正转 500 r/min。

依次输入 G97 INPUT S500 INPUT M04 INPUT

例 7-2 Z 轴以 0.1 mm/r 的速度负方向移动 20 mm。

依次输入 G01 INPUT G99 INPUT F0.1 INPUT W-20.0 INPUT

例 7-3 机械原点自动回归。

依次输入 G28 INPUT U0 INPUT W0 INPUT

例 7-4 自动调用 3 号刀具。

依次输入 T0303 INPUT

在输入过程中如输错，须重新输入，请按 RESET 键，上面的输入全部消失，从开始输入。如需取消其中某一输错字，可按 CAN 键即可。

⑤ 按下程序启动按钮 START 或 OUPUT 键，即可运行。
⑥ 如需停止运行，按 STOP 按钮暂停或按 RESET 键取消。

4. 输入程序

例 7-5 将下列程序输入系统内存。

O0100;
N1;
G50 S3000;
G00 G40 G97 G99 S1500 T0101 M04 F0.15;
Z1.0;
/G01 X50.0 F0.2;
G01 Z-20.0 F0.15;
G00 X52.0 Z1.0;
…
M30;

操作步骤如下：
① 将模式开关选为编辑"EDIT"状态。

② 按 PRGRM 键出现 PROGRAM 画面。
③ 将程序保护开关置为无效(OFF)。
④ 在数控操作面板上依次输入下面内容。

O0100 EOB   INSRT

N1 EOB   INSRT

G50 S3000 EOB   INSRT

O0100 EOB   INSRT

N1 EOB   INSRT

G50 S3000 EOB   INSRT

G00G40G97G99S1500T0101M04F0.15 EOB   INSRT

Z1.0 EOB   INSRT

/G01X50.0 F0.2 EOB   INSRT

G01 Z-20.0 F0.15 EOB   INSRT

G00 X52.0 Z1.0 EOB   INSRT

…

M30 EOB   INSRT

直至输完所有程序句,"EOB"为 END OF BLOCK 的字首缩写,意为程序句结束。
⑤ 将程序保护开关置为有效(ON),以保护所输入的程序。
⑥ 按 RESET 键,光标返回程序的起始位置。

注意事项:
ALARM P/S 70 表示内存容量已满,可删除无用的程序。
ALARM P/S 73 表示当前输入的程序号内存中已存在,改变输入的程序号或删除原程序号及其程序内容即可。

5. 寻找程序
① 将模式选择开关选为编辑"EDIT"。
② 按 PRGRM 键,出现 PROGRAM 的工作画面。
③ 输入想调出的程序的程序号(例:O1515)。
④ 程序保护开关置为无效(OFF)。
⑤ 按 CURSOR ↓ 键,即可调出。

6. 编辑程序
编辑程序应在下面的状态下:
将模式选择开关选为编辑"EDIT";

按 PRGRM 键，出现 PROGRM 工作画面；

程序保护开关置为无效(OFF)。

(1) 返回当前程序起始语句的方法

按 RESET 键光标回到程序的最前端（例：O0100）。

(2) 寻找局部程序序号

例 7-6 寻找局部程序序号 N3。

① 按 RESET 键，光标回到程序号所在的地方，如 O0001。

② 输入想调出的局部程序序号 N3。

③ 按 CURSOR ↓ 键，光标即移到 N3 所在的位置。

(3) 字及其他地址的寻找

例 7-7 寻找 X50.0 或 F0.1。

① 输入所需调出的字(X50.0)或命令符(F0.1)。

② 以当前光标位置为准，向前面程序寻找按 CURSOR ↑ 键，向后面程序寻找，按 CURSOR ↓ 键，光标出现在所搜寻的字或命令符第一次出现的位置。

找不到要寻找的字或命令时，屏幕上会出现 ALARM P/S 71 号警报。

(4) 字的修改

例 7-8 将 Z1.0 改为 Z1.5。

① 将光标移到 Z1.0 的位置。

② 输入改变后的字 Z1.5。

③ 程序保护开关置为无效(OFF)。

④ 按 ALTER 键，即已更替。

⑤ 程序保护开关置为有效(ON)。

(5) 删除字

例 7-9 G00 G97 G99 X30.0 S1500 T0101 M04 F0.1，删除其中的字 X30.0。

① 将光标移至该行的 X30.0 的位置。

② 程序保护开关置为无效(OFF)。

③ 按 DELET 键，即删除了 X30.0 字，光标将自动移到 S1500 的位置。

④ 程序保护回置为有效(ON)。

(6) 删除一个程序段

例 7-10 O100；

N1；

G50 S3000；←删除这个程序段

G00 G97 G99 S1500 T0101 M04 F0.15。

① 将光标移至要删除的程序段的第一个字 G50 的位置。

② 按 EOB 键。

③ 程序保护开关置为无效(OFF)。

④ 按 |DELET| 键,即删除整个程序段。

⑤ 程序保护开关回置为有效(ON)。

(7) 插入字

例 7-11 G00 G97 G99 S1500 T0101 M04 F0.15。

在上面语句中加入 G40,改为 G00 G40 G97 G99 S1500 T0101 M04 F0.15 形式。

① 将光标移动至要插入字的前一个字的位置(G00)。

② 输入要插入的字(G40)。

③ 程序保护开关置为(无效)(OFF)。

④ 按 |INSRT| 键,出现:G00 G40 G97 G99 S1500 T0101 M04 F0.15。

⑤ 程序保护开关回置有效(ON)。

EOB 也是一个字,也可插入程序段中。

(8) 删除程序

例 7-12 O1234。

① 模式选择开关选择"EDIT"状态。

② 按 |PRGAM| 键。

③ 输入要删除的程序号,如 O1234。

④ 确认是不是要删除的程序。

⑤ 程序保护开关置为无效(OFF)。

⑥ 按 |DELET| 键,该程序即被删除。

(9) 显示程序内存使用量

① 模式选择开关选择"EDIT"状态。

② 程序保护开关置为无效(OFF)。

③ 按 |PRGAM| 键出现如图 7-23 的界面。

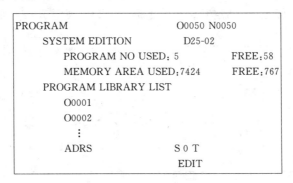

图 7-23 程序内存界面

PROGRAM NO USED:已经输入的程序个数(子程序也是一个程序)

　　　　　　FREE:可以继续插入的程序个数

MEMORY AREA USED:输入的程序所占内存容量(用数字表示)

　　　　　　FREE:剩余内存容量(用数字表示)

PROGRAH LIBRARY LIST：所有内存程序号显示

④ 按 PAGE 的 ↑ 键或 ↓ ，可进行翻页。

⑤ 按 RESET 键，出现原来的程序画面。

7. 输入输出程序

（1）程序的输入

① 连接输入输出设备，做好输入准备。

② 模式选择开关选择为编辑"EDIT"。

③ 按 PRGRM 键。

④ 程序保护开关置为无效（OFF）。

⑤ 输入程序号，按 INPUT 键。

例 7-13 O0200 按键 INPUT 。

（2）程序的输出

① 连接输入输出设备，做好输出准备。

② 模式选择开关选择为"EDIT"。

③ 按 PRGAM 键。

④ 程序保护开关置为无效（OFF）。

⑤ 键入程序号，按 OUPUT 键。

例 7-14 O0200 按键 OUPUT 。

8. 刀具补偿（刀具的几何补偿和磨损补偿）

（1）刀具几何补偿的方法

① 手动使 X、Z 轴回归机械原点，确认原点回归指示灯亮。

② 模式选择开关选择为（手动进给、快速进给、原点复归的）几种状态之一。

③ 放下对刀仪（主轴上方）确定其合理位置后，CRT 出现图 7-24 画面。

OFFSET/GEOMETRY			O0001	N0001
NO	X	Z	R	T
G01	−400.00	−300.00	0	0
G02	−362.06	−266.15	0.8	3
...				
G08				
ACTUAL POSTION (RELATIVE)				
U 0.000		W0.000		
H 0.000				

图 7-24 对刀仪界面

按 PAGE ↓ 键可以翻页，可进行 16 把刀具的几何补偿。

④ 刀具选择开关选择所需刀具，按下刀具指定开关（index），即可调出刀具（例如调用 T0202 刀具，选择开关手动选择刀具 02 号）。

刀盘应有足够的换刀旋转空间，夹盘、工件、尾座顶尖、刀架之间不要发生干涉现象。

⑤ 移动光标至与之相对应的刀具几何补偿号,例如 G02。

⑥ 手动移动 X、Z 轴,使刀具的刀头分别接触对刀仪的 X 向和 Z 向,当机床发出接触的声音后再移开。

⑦ 对其他所需用的刀具按⑤、⑥步骤进行刀具几何补偿,然后移开刀架回归至机械原点,将对刀仪放回原处。

⑧ 确认各刀具的刀尖圆弧半径 R(通常为 0.4、0.8、1.2),并输入给数据库中相对应的刀具补偿号。

⑨ 确认刀具的刀尖圆弧假想位置编号(例车外圆用左偏刀为 T3),确认方法见第 6 章 6.2.3 节,并输入给刀具数据库中相对应的刀具补偿号。

(2) 磨损补偿

① 按 OFFSET 键后按 PAGE ↓ 键,使 CRT 出现图 7-25 画面。

```
OFFSET/WEAR                    O0001  N0001
   NO      X         Z         R      T
   W01    0.00      0.00       0      0
   W02   -0.03     -0.05       0      0
   ...
   W08
        ACTURAL POSTION (RELATIVE)
   U0.000              W0.000
   H0.000
   ADRS                  S 0 T
                                ZRN
```

图 7-25 磨损补偿界面

② 将光标移至所需进行磨损补偿的刀具补偿号位置。

例 7-15 测量用 T0202 刀具加工的工件外圆直径为 $\varPhi$45.03 mm,长度为 20.05 mm,而规定直径应为 $\varPhi$45 mm,长度应为 20 mm。实测值直径比要求值大 0.03 mm、长度大 0.05 mm,应进行磨损补偿:将光标移至 W02,键入 U-0.03 后按 INPUT 键,键入 W-0.05 后按 INPUT 键,X 值变为在以前值的基础上加 -0.03 mm;Z 值变为在以前值的基础上加 -0.05 mm。

③ Z 轴方向的磨损补偿与 X 轴方向的磨损补偿方法相同,只是 X 轴方向是以直径方式来计算值的。

- 输入数据的命令符:

X 轴:U(数值) INPUT

Z 轴:W(数值) INPUT

C 轴:R(数值) INPUT

- 进行负方向补偿时数值前加负号。

9. 对程序零点(工作零点)

① 手动或自动使 X、Z 轴回归机械原点。

② 安装工件在主轴的适当位置,并使主轴旋转。

在模式开关"MDI"状态下输入 G97(96)S ____ M03(M04),按下 OUTPT 键或"CYCLE START"按钮启动主轴旋转后,再按"CYCLE STOP"暂停。

③ 刀具选择开关选择 2 号刀具(2 号刀为基准刀),并予调用。

④ 模式选择开关选择为手动进给、机动快速进给、零点回归三种状态之一。

⑤ 提起 Z 轴功能测量按钮"Z-axis shift measure",CRT 出现如图 7-26 所示画面。

⑤ 手动移动刀架的 X、Z 轴,使 2 号刀具接近工件 Z 向的右端面,如图 7-27 所示。

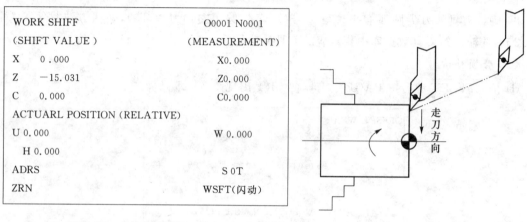

图 7-26 Z 轴功能测量　　　　图 7-27 设置程序零点

⑦ 基准刀试切削工件端面,按下"POSITION RECORD"按钮,控制系统会自动记录刀具切削点在工作坐标系中 Z 向的位置,其数值显示在 WORK SHIFT 工作画面上。

⑧ X 轴不须进行对刀,因为工件的旋转中心是固定不变的,在刀具进行几何补偿时,已经设定。

10. 程序的执行

① 手动或自动回归机械原点。

② 模式开关处于"EDIT"状态,调出所需程序并进行检查、修改,确认完全正确,并按 RESET 键使光标移至程序最前端。

③ 模式开关置于"AUTO"状态。

按 PRERM 键,按 PAGE ↑ 键,CRT 显示图 7-28 的 PROGRAM CHECK 界面。

- 将快速进给开关置为不同倍率 25%、50%或 100%,此进给速度为程序运行中 G00 速度,X 轴的最快速度为 8 000 mm/min,Z 轴的最快速度为 12 000 mm/min。
- 选择"SINGLE BLOCK"按钮为有效或无效。
- 刀具进给速率控制盘和主轴转速控制盘选择为适当的倍率。

④ 按循环启动"CYCLE START"按钮,程序即开始运行,运行时可以调节进给速率开关以调节进给速度,当旋钮调节至 0%时进给停止,主轴转速可以在设定值的 60%~120%中进行无级变速。

图 7-28 显示的界面中,(DISTANCE TO DO)可以比较程序运行过程中程序设定值与刀具当前位置。刀具的实际走刀量、转速及设置的走刀量、转速在图 7-28 中均有显示。

```
PROGAM CHECK                    O0001 N0001
O0001;
N1;
G50 S1500;
G0G97G99S1000T0202F0.12M04;
(RELATIVE)      (DISTANCE TO DO)       (G)
U125.30         X0.000              G00 G99 G25
W56.250         Z0.000              G97 G21 G22
C0.000          C0.000              G69 G40
     F    S
     M    T                             SACT 0
ADRS                                S0T
                AUTO
```

图 7-28 坐标显示界面

⑤ 程序执行完毕后，X 轴、Z 轴均自动回归机械原点。

⑥ 工件加工结束，测量、检验合格后卸下工件。

7.2 数控车床编程实例

本节中所有示例均以 LJ-10MC 车铣中心为例，本台数控车床刀架台共有 12 个刀位，原则上可装 6 把车刀和 6 把铣刀，但铣刀刀位可装车刀，而车刀刀位不能装铣刀。各刀具在刀架台的布局应有一定的科学性、合理性，更应考虑刀具在静止和工作时，刀具与机床、刀具与工件以及刀具之间的干涉现象。根据本台机床的工作特点，所用到的刀具如图 7-29 所示，安装位置在表 7-5 中列出。

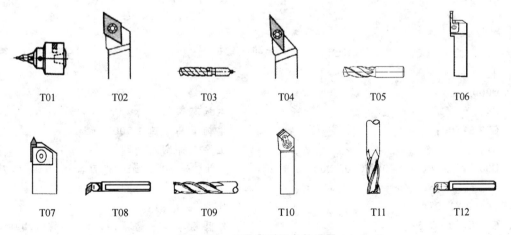

图 7-29 刀具类型及参数设置

表 7-5 刀具清单

刀具类型	刀具号	刀具补偿号	刀尖圆弧假想位置编号
中心钻	T01	01	T7
外圆左偏粗车刀	T02	02	T3
麻花钻 1	T03	03	T7
外圆左偏精车刀	T04	04	T3
麻花钻 2	T05	05	T7
外圆切槽刀	T06	06	T3
外圆螺纹刀	T07	07	T8
粗镗孔刀	T08	08	T2
Z 向铣刀	T09	09	T7
45°端面刀	T10	10	T7
X 向铣刀	T11	11	T8
精镗孔刀	T12	12	T2

例 7-16 加工如图 7-30 所示零件。毛坯为 Φ42 mm 的棒料,从右端至左端轴向走刀切削,粗加工每次进给深度 1.5 mm,进给量为 0.15 mm/r,精加工余量 X 向 0.5 mm,Z 向 0.1 mm,切断刀刃宽 4 mm,工件程序原点在左端面。试编程。

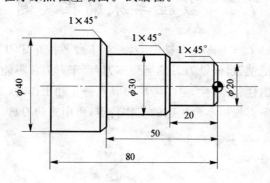

图 7-30 工件

程　序	说　明
O0001;	
M41;	主轴高速挡
G50 S1500;	主轴最高限速 1 500 r/min
N1;	工序 1 外圆粗切削
G00 G40 G97 G99 S600 T0202 M03 F0.15;	主轴转速 600 r/min,走刀量 0.15 mm/r,刀具号 T02
X44.0 Z1.0;	外圆粗车循环点
G71 U1.5 R0.5;	外圆粗车纵向循环,每次吃刀深 1.5 mm,退刀量 0.5 mm
G71 P10 Q11 U0.5 W0.1;	X 向精加工余量为 0.5 mm,Z 向精加工余量 0.1 mm
N10 G0 G42 X0;	工件轮廓程序起始序号(N10),刀具以 G0 速度至 X0,进行右刀补

程序	说明
G01 Z0;	进刀至 Z0
X20.0 K-1.0;	切削端面,倒角 1×45°
Z-20.0;	切削 Φ20 外圆,长 20 mm
X30.0 K-1.0;	切削端面,倒角 1×45°
Z-50.0;	切削 Φ30 外圆至 50 mm
X40 K-1.0;	切削端面,倒角 1×45°
Z-84.0;	切削 Φ40 外圆至 84 mm
N11 G01 G40 X43.0;	工件轮廓程序结束序号(N11),刀具至 Φ43,取消刀补
G28 U0 W0 M05;	X 轴、Z 轴自动回归机械原点
N2;	工序 2 外圆精车
G00 G40 G97 G99 S1000 T0404 M03 F0.08;	主轴转速 1 000 r/min,走刀量 0.08 mm/r,刀具号 T04
X44.0 Z1.0;	外圆精车循环点
G70 P10 Q11;	精车外圆指令,执行(N10)至(N11)程序段
G28 U0 W0 T0 M05;	刀具自动回归机械原点
N3;	工序 3 切断
G0 G40 G97 G99 S300 T0606 M04 F0.05;	主轴转速 300 r/min,走刀量为 0.05 mm/r
X42.0 Z-84.0;	切断刀循环点
G75 R0.5;	切断循环加工指令,R0.5 指切削时的每次退刀量
G75 X0 P2000;	X0 为刀具切削终点坐标值,P2000 为每次切削深度为 2 000 μm
G00 X100.0;	
G28 U0 W0 M05;	X 轴、Z 轴自动回归机械原点
M30;	程序结束

例 7-17 加工如图 7-31 所示零件。毛坯为 Φ62 mm 的棒料,从右端至左端轴向走刀切削,粗加工每次进给深度 1.5 mm,进给量为 0.15 mm/r,精加工余量 X 向为 0.5 mm,Z 向为 0.1 mm,切断刀刀宽 4 mm,工件程序原点如图 7-31 所示。试编程。

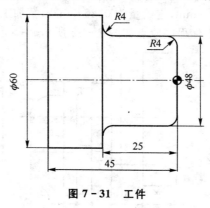

图 7-31 工件

程　序	说　明
O0002	

```
G50 S1500;
N1;                                              工序1 外圆粗切削
G00 G40 G97 G99 S500 T0202 M03 F0.15;
X64.0 Z1.0;
G71 U1.5 R0.5;
G71 P10 Q11 U0.5 W0.1;
N10 G0 G42 X0;
G01 Z0;
X40.0;
G03 X48.0 Z-4.0 R4.0;                            车削 R4 凸圆弧
G01 Z-25.0 R4.0;                                 倒圆角方式车削凹圆弧
X60.0;
Z-49.0;
N11 G01 G40 X63.0;
G28 U0 W0 M05;
N2;                                              工序2 外圆精加工
G0 G40 G97 G99 S800 T0404 M03 F0.08;
X64.0 Z1.0;
G70 P10 Q11;
G28 U0 W0 M05;
N3;                                              工序3 切断
G00 G40 G97 G99 S300 T0606 M03 F0.05;
X62.0 Z-49.0;
G75 R0.5;
G75 X0 P2000;
G0 X100.0;
G28 U0 W0 M05;
M30;
```

例 7-18 加工如图 7-32 所示零件。毛坯为 Φ60×95 的棒料，从右端至左端轴向走刀切削，粗加工每次进给深度 2.0 mm，进给量为 0.25 mm/r，精加工余量 X 向为 0.4 mm，Z 向为 0.1 mm，切槽刀刃宽 4 mm，工件程序原点如图 7-32 所示。

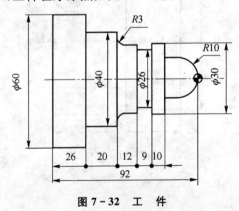

图 7-32 工件

| 程　　序 | 说　　明 |

```
O0003;
M41;
G50 S1500;
N1;                                        工序 1 端面车削
G00 G40 G97 G99 S400 T1010 M03 F0.1;
X62.0 Z1.5;
G96 S120;                                  切换工件速度,线速度为 120 m/min
G01 X0;
G00 X62.0 Z1.5;
Z0;
G01 X0;
G00 G97 S500 Z50.0;                        切换工件转速,转速为 500 r/min
G28 U0 W0 M05;
N2;                                        工序 2 外圆粗加工
G00 G40 G97 G99 S400 T0202 M03 F0.25;
X67.0 Z1.0;                                刀具定位至粗车循环点
G71 U2.0 R0.5;
G71 P10 Q11 U0.4 W0.1;
N10 G00 G42 X0;
G01 Z0;
G03 X20.0 Z-10.0 R10.0;
G01 Z-15.0;
X30.0;
Z-46.0 R3.0;
X40.0;
Z-66.0;
X61.0;
N11 G01 G40 X65.0;
G28 U0 W0 M05;
N3;                                        工序 3 外圆精加工
G00 G40 G97 G99 S600 T0404 M03 F0.1;
X67.0 Z1.0;                                刀具定位至精车循环点
G96 S150;
G70 P10 Q11;
G00 G97 S600 X100.0;
G28 U0 W0 M05;
N4;                                        工序 4 切槽加工
G00 G40 G97 G99 S300 T0606 M03 F0.05;
```

```
X31.0 Z-29.0;
G01 X26.0;                              进刀时进给量为 0.05 mm/r
G01 X31.0 F0.2;                         退刀时进给量为 0.2 mm/r
G00 Z-33.0;
G01 X26.0 F0.05;
G01 X31.0 F0.2;
G00 Z-34.0;
G01 X26.0 F0.05;
G01 X31.0 F0.2;
G28 U0 W0 M05;
M30;                                    程序结束
```

例 7-19 加工如图 7-33 所示零件,图 7-33(a)为毛坯,图 7-33(b)为零件图。外圆精加工余量 X 向为 0.4 mm,Z 向为 0.1 mm,内孔精加工余量 X 向为 0.4 mm,Z 向为 0.1 mm,钻头直径为 Φ23 mm,螺纹加工用 G92 命令,工件程序原点如图 7-33(b)所示。试编程。

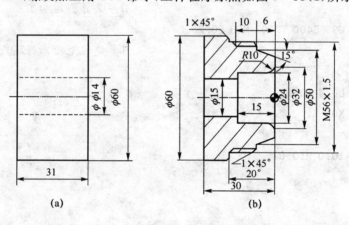

图 7-33 工 件

```
程序                                    说明
O0004;
M41;
G50 S1500;
N1;                                     工序 1 端面车削
G00 G40 G97 G99 S400 T1010 M03 F0.1;
X62.0 Z0;
G96 S120;
G01 X0;
G00 G97 Z50.0 S500;
G28 U0 W0 M05;
N2;                                     工序 1 扩孔(钻头直径 Φ23 mm)
G00 G40 G97 G99 S250 T0505 M03 F0.2;
X0 Z2.0;
```

G74 R0.5;	钻孔时每次退刀量为 0.5 mm
G74 Z-15.0 Q4000;	每次钻孔深度为 4 mm
G28 U0 W0 M05;	
N3;	工序 3 外圆粗加工
G0 G40 G97 G99 S400 T0202 M03 F0.25;	
X64.0 Z2.0;	
G71 U1.5 R0.5;	
G71 P10 Q11 U0.4 W0.1;	
N10 G00 G42 X0;	
G01 Z0;	
X46.8;	锥面小端直径为 Φ46.8 mm
X50.0 Z-6.0;	
X56.0 K-1.0;	
Z-20.0;	
X58.0;	
X62.0 Z-22.0;	倒角 1×45°
N11 G01 G40 X64.0;	
G28 U0 W0 M05;	
N4;	工序 4 内径粗加工
G0 G40 G97 G99 S300 T0808 M03 F0.20;	
X12.0 Z2.0;	刀具定位至粗加工循环点
G71 U1.5 R0.5;	内孔粗车每次切深1.5 mm,退刀量0.5 mm
G71 P12 Q13 U-0.4 W0.1;	内孔径向留精加工余量 0.4 mm,端面留精加工余量 0.1 mm
N12 G00 G41 X32.0;	刀尖 R 补偿方向切换为左刀补
G01 Z0;	
G02 X24.0 Z-8.0 R10.0;	
G01 Z-15.0;	
X15.0;	
Z-17.0;	
N13 G1 G40 X12.0;	
G28 U0 W0 M05;	
N5;	工序 5 外圆精加工
G0 G40 G97 G99 S400 T0404 M03 F0.1;	
X64.0 Z2.0;	刀具定位至外圆精车循环点
G96 S150;	
G70 P10 Q11;	
G0 G97 Z50.0 S400;	
G28 U0 W0 M05;	
N6;	工序 6 内孔精加工

程序	说明
G0 G40 G97 G99 S300 T1212 M03 F0.1;	刀具定位至内孔精车循环点
X12.0 Z2.0;	
G96 S120;	
G70 P12 Q13;	
G0 G97 Z50.0 S400;	
G28 U0 W0 M05;	
N7;	工序 7 螺纹加工
G0 G40 G97 G99 S450 T0707 M03;	
X58.0 Z-1.0;	刀具定位至螺纹车削循环点
G92 X55.4 Z-16.0 F1.5;	螺距为 1.5 mm
X54.9;	
X54.5;	
X54.2;	
X54.05;	
G28 U0 W0 M05;	
M30;	程序结束

例 7-20 加工如图 7-34 所示零件。采用大副偏角(30°)、主偏角为 90°的外圆粗、精车刀车削外轮廓,使用 G72 指令编写程序,螺纹加工指令使用 G92 指令,Φ32 外圆已粗车至尺寸,不需要再加工。采用三爪卡盘夹持外圆,工件程序原点如图,试编程。

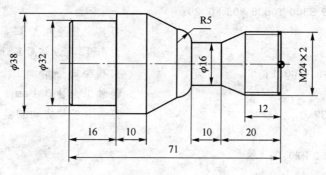

图 7-34 所示零件

程序	说明
O0005;	
M41;	
N1;	工序 1 外圆粗加工
G0 G40 G97 G99 S500 T0202 M03 F0.15;	
X40.0 Z2.0;	
G72 U1.0 R0.5;	粗车每次切深 1.5 mm,退刀量 0.5 mm
G72 P10 Q11 U0.3 W0.1;	X 向精加工余量为 0.3 mm,Z 向精加工余量 0.1 mm
N10 G0 G41 Z-55.0;	工件轮廓程序起始序号(N10),刀具以 G0 速度至 Z-55.0,左刀补

```
G01 X38.0;
G01 Z-45.0;
X26.0 Z-35.0;
G02 X16.0 Z-30.0 R5.0;
G01 W10.0;
X24.0 Z-12.0;
G01 Z-1.0;
G01 X-22.0 Z0;
N11 G01 X0;                              工件轮廓程序结束序号(N11)
G28 U0 W0 M05;
N2;                                      工序 2 外圆精加工
G0 G40 G97 G99 S800 T0303 M03 F0.08;
X40.0 Z2.0;
G70 P10 Q11;
G28 U0 W0 M05;
N3;                                      工序 3 螺纹加工
G0 G40 G97 G99 S300 T0707 M03;
X28.0 Z2.0;
G92 X24.0 Z-12.0 F2.0;
X23.0;
X22.5;
X22.0;
X21.7;
X21.5;
X21.4;
G28 U0 W0 M05;
M30;                                     程序结束
```

例 7-21 加工零件如图 7-35 所示。其外圆精加工余量 X 向 0.4 mm, Z 向 0.1 mm, 采用主程序调用子程序的方法循环执行加工编写程序, 切断刀为刀宽 4 mm 的标准刀具, 切削刃左刀尖为基准点, 夹持 Φ40 mm 毛坯外圆, 工件程序原点如图。试编程。

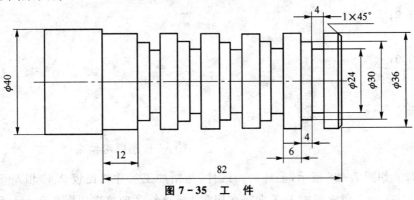

图 7-35 工 件

程 序	说 明
M41;	
G50 S1500;	
N1;	工序 1 外圆粗加工
G0 G40 G97 G99 S500 T0202 M03 F0.15;	
X42.0 Z2.0;	
G71 U1.5 R0.5;	
G71 P10 Q11 U0.4 W0.1;	
N10 G0 G42 X0;	
G01 Z0;	
G01 X36.0 K-1.0;	
N11 Z-82.0;	
G28 U0 W0 M05;	
N2;	工序 2 外圆精加工
G0 G40 G97 G99 S500 T0404 M03 F0.05;	
X42.0 Z2.0;	
G28 U0 W0 M05;	
N3;	工序 3 切槽
G0 G40 G97 G99 S300 T0606 M03 F0.05;	
X38.0 Z-10.0;	
M98 P50100;	调用 O0100 子程序
G0 X45.0 Z10.0;	
G28 U0 W0 M05;	
M30;	
子程序	
O0100;	
G01 X24.0;	
G01 U1.0;	
G00 X38.0;	
W-4.0;	
G01 X30.0;	
G01 U1.0;	
G0 X38.0;	
W-6.0;	
M99;	子程序调用结束

例 7-22 如图 7-36 所示,毛坯为一锻件,与精加工尺寸相比较 X 向相差 5 mm(半径值),Z 向相差 3 mm。要求粗加工 X 向每次切深 1.6 mm,Z 向每次切深 0.9 mm,精加工留量

X 向 0.4 mm(直径值),Z 向 0.3 mm,所有倒角均为 $1\times45°$,试编程。

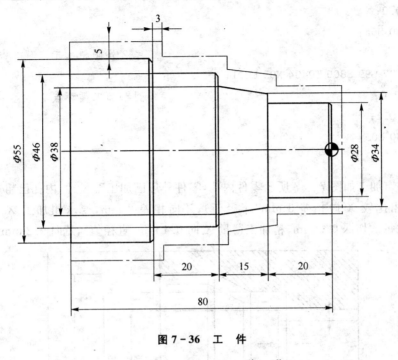

图 7-36 工　件

程　序	说　明
O0006;	
M41;	
G50 S1500;	
N1;	工序 1 外圆粗加工
G0 G40 G97 G99 S500 T0202 M03 F0.2;	
X57.0 Z2.0;	外圆粗加工循环点
G73 U3.4 W2.1 R3;	粗加工第一次循环时,X 轴方向的退出距离为 3.4 mm(半径值),Z 轴方向的退出距离为 2.1 mm,粗加工循环次数为 3 次
G73 P10 Q11 U0.4 W0.3;	X 向精加工余量为 0.4 mm(直径值)Z 向精加工余量为 0.3 mm
N10 G0 G42 X0;	
G01 Z0;	
X28.0 K-1.0;	
Z-20.0;	
X34.0;	
X38.0 Z-35.0;	
X46.0 K-1.0;	
Z-55.0;	

```
    X55.0 K-1.0;
N11 Z-80.0;
G28 U0 W0 M05;
N2;                                          工序2外圆精加工
G0 G40 G97 G99 S800 T0404 M03 F0.1;
X57.0 Z2.0;                                  外圆精加工循环点
G70 P10 Q11;
G28 U0 W0 M05;
M30;
```

例 7-23 加工如图 7-37 所示零件内孔,零件外形已加工至尺寸,内孔已粗加工成形,与精加工尺寸相比较 X 向相差 3 mm(半径值),Z 向相差 2 mm,要求粗加工 X 向每次切深 1.4 mm,Z 向每次切深 0.9 mm,精加工留量 X 向 0.4 mm(直径值),Z 向 0.2 mm,试编程。

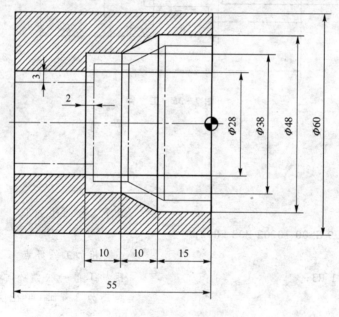

图 7-37 工 件

```
程 序                                         说 明
O0006;
M41;
G50 S1500;
N1;                                          工序1内孔粗加工
G0 G40 G97 G99 S400 T0808 M03 F0.15;
X26.0 Z2.0;                                  内孔粗加工循环点
G73 U-1.6 W1.1 R2;                           粗加工第一次循环时,X 轴方向的退出
                                             距离为 -1.6 mm(半径值),Z 轴方向的
                                             退出距离为 1.1 mm,粗加工循环次数为
                                             2 次
```

```
G73 P10 Q11 U-0.4 W0.2;                    X 向精加工余量为 -0.4 mm(直径值), Z
                                           向精加工余量为 0.2 mm
N10 G0 G41 X48.0;
G01 Z-15.0;
X38.0 Z-25.0;
Z-35.0;
X28.0;
N11 Z-56.0;
G28 U0 W0 M05;
N2;                                        工序 2 内孔精加工
G0 G40 G97 G99 S500 T1212 M03 F0.08;
X26.0 Z2.0;                                内孔精加工循环点
G70 P10 Q11;
G28 U0 W0 M05;
M30;
```

例 7-24 外圆精加工余量 X 向 0.5 mm, Z 向 0.1 mm, 切槽刀刃宽 4 mm, 螺纹加工用 G92 命令, X 向铣刀直径为 Φ8 mm, Z 向铣刀直径为 Φ6 mm, 工件程序原点如图 7-38 所示 (毛坯上 Φ70 mm 的外圆已粗车至尺寸, 不需加工)。试编程。

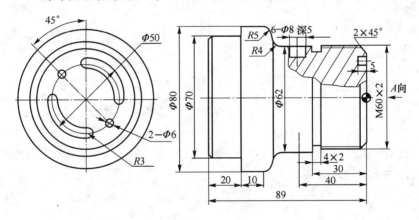

图 7-38 工 件

```
程  序                                     说  明
O0005;
M41;
G50 S1500;
N1;                                        工序 1 外圆粗切削
G0 G40 G97 G99 S500 T0202 M03 F0.15;
X84.0 Z2.0;
G71 U1.5 R0.5;
G71 P10 Q11 U0.5 W0.1;
```

```
N10 G0 G42 X0;
G01 Z0;
X60.0 K-2.0;
Z-30.0;
X62.0;
Z-50.0;
G02 X70.0 Z-54.0 R4.0;
G03 X80.0 Z-59.0 R5.0;
Z-69.0;
N11 G01 G40 X82.0;
G28 U0 W0 M05;
N2;                                         工序 2 外圆精车
G0 G40 G97 G99 S800 T0404 M03 F0.08;
X84.0 Z2.0;
G70 P10 Q11;
G28 U0 W0 M05;
N3;                                         工序 3 切槽
G0 G40 G97 G99 S200 T0606 M03 F0.05;
X64.0 Z-30.0;
G01 X56.0;
X62.0 F0.2;
G0 X100.0;
G28 U0 W0 M05;
N4;                                         工序 4 车螺纹
G0 G40 G97 G99 S300 T0707 M03;
X62.0 Z5.0;
G92 X59.2 Z-28.0 F2.0;
X58.5;
X58.0;
X57.7;
X57.5;
X57.4;                                      进刀至尺寸 $\Phi 57.4$，$(60-1.3\times 2)$ mm = 57.4 mm
G0 X100.0;
G28 U0 W0 M05;
N5;                                         工序 5 铣径向孔
M54;                                        C 轴离合器合上
G28 H-30;                                   C 轴反向转动 30°，有利于 C 轴回零点
G50 C0;                                     设定 C 轴坐标系
```

G0 G40 G97 G98 S1000 T1111 M03 F10;	铣刀转速1 000 r/min,进给量10 mm/min
X64.0 Z-40.0;	铣刀定位
M98 P61000;	调用子程序O1000六次,铣Φ8 mm孔
G0 X100.0;	
G28 U0 W0 C0 M05;	
N6;	工序6铣端面槽及孔
G50 C0;	
G0 G40 G97 G98 S1000 T0909 M03 ;	
X44.0 Z1.0;	铣刀定位
M98 P21001;	调用子程序O1001两次
G0 H-45.0;	
G01 Z-5.0 F5;	
Z1.0 F20;	
G0 H180.0;	
G01 Z-5.0 F5;	
G01 Z1.0 F20;	
G0 X100.0;	
G28 U0 W0 C0 M05;	
M55;	C轴离合器断开
M30;	程序结束

子程序
O1000;
G01 X52.0 F5;
G04 U1.0;
X64.0 F20;
G00 H60.0;
M99   子程序调用结束

O1001;
G00 Z-5.0 F5;
G01 H90.0 F20;
Z2.0 F20.0;
H90.0;
M99;

例 7-25 加工如图7-39所示零件。外圆精加工余量 X 向0.4 mm,Z 向0.1 mm;内孔精加工余量 X 向0.4 mm,Z 向0.1 mm,切槽刀刃宽4 mm,钻头直径为Φ18 mm,螺纹加工用G92命令,X 向铣刀直径为Φ8 mm,工件程序原点如图所示(毛坯上Φ50 mm的外圆已粗车至尺寸,无须加工),试编程。

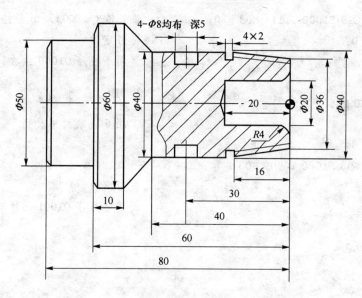

图 7-39 工件

程 序	说 明
O0006;	
M41;	
G50 S1500;	
N1;	工序 1 端面车削
G0 G40 G99 S400 T1010 M03 F0.1;	
X62.0 Z0;	
G96 S120;	
G01 X0;	
G0 G97 S500 Z50.0;	
G28 U0 W0 M05;	
N2;	工序 2 打中心孔
G0 G40 G97 G99 S800 M03 T0101 F0.02;	
X0 Z2.0;	
G74 R0.2;	打中心孔时每次退刀量为 0.2 mm
G74 Z-5.0 Q2000;	孔深 5 mm,每次钻削深度 2 mm
G28 U0 W0 M05;	
N3;	工序 3 钻孔(钻头直径 Φ18 mm)
G0 G40 G97 G99 S250 M03 T0303 F0.2;	
X0 Z2.0;	
G74 R1.0;	钻孔时每次退刀量 1 mm
G74 Z-24.0 Q3000;	孔深 24 mm,每次钻孔深度 3 mm
G28 U0 W0 M05;	
N4;	工序 4 外圆粗加工

```
G0 G40 G97 G99 S400 M03 T0202 F0.25;
X64.0 Z2.0;
G71 U2.0 R0.5;
G71 P10 Q11 U0.4 W0.1;
N10 G0 G42 X16.0;
G01 Z0;
X36.0;
X40.0 Z-16.0;
Z-40.0;
X60.0 Z-50.0;
Z-60.0;
N11 G01 G40 X64.0;
G28 U0 W0 M05;
N5;                                    工序 5 内径粗加工
G0 G40 G97 G99 S350 T0808 M03 F0.2;
X16.0 Z2.0;                            刀具定位至内径粗加工循环点
G71 U1.5 R0.5;                         粗车每次切深 1.5 mm,退刀量 0.5 mm
G71 P12 Q13 U-0.4 W0.1;
N12 G00 G41 X28.0;                     刀尖 R 补偿方向切换为左刀补
G01 Z0;
G02 X20.0 Z-4.0 R4.0;
G01 Z-20.0;
X18.0;
N13 G01 G40 X16.0;
G28 U0 W0 M05;
N6;                                    工序 6 外径精加工
G00 G40 G97 G99 S500 M03 T0404 F0.1;
X64.0 Z2.0;
G96 S150;
G70 P10 Q11;
G0 G97 X100.0 S500;
G28 U0 W0 M05;
N7;                                    工序 7 内径精加工
G0 G40 G97 G99 S300 M03 T1212 F0.1;
X16.0 Z2.0;
G96 S120;
G70 P10 Q11;
G0 G97 Z50.0 S300;
G28 U0 W0 M05;
```

```
N8;                                        工序 8 切槽加工
G0 G40 G97 S250 T0606 M03 F0.05;
X42.0 Z-20.0;
G01 X36.0;
G01 X42.0 F0.2;
G28 U0 W0 M05;
N9;                                        工序 9 锥螺纹加工
G0 G40 G97 G99 S500 T0707 M03;
X42.0 Z6.0;                                刀具定位至螺纹加工循环点
G92 X39.7 Z-18.0 R-3.0 F1.5;
X39.1;
X38.7;
X38.6;
X38.55;
G28 U0 W0 M05;
N10;                                       工序 10 铣径向孔
M54;
G28 H-30.0;
G50 C0;                                    设定 C 轴坐标系
G0 G40 G97 G98 S700 M03 T1111;
Z-30.0;
X42.0;
M98 P40010;                                调用 O0010 子程序 4 次
G28 U0 W0 H0 M05;                          X 轴、Z 轴、C 轴自动回归原点
M55;                                       C 轴离合器脱开
M30;                                       程序结束


子程序
O0010;
G01 X30.0 F5;
G01 X42.0 F20;
G00 H90.0;
M99;                                       子程序调用结束
```

7.3 数控车床的维护与保养

数控车床具有机、电、液集于一身的、技术密集和知识密集的特点,是一种自动化程度高、结构复杂且又昂贵的先进加工设备。为了充分发挥其效益,减少故障的发生,必须做好日常维护工作,所以要求数控车床维护人员不仅要有机械、加工工艺以及液压气动方面的知识,也要

具备电子计算机、自动控制、驱动及测量技术等知识,这样才能全面了解、掌握数控车床,及时搞好维护工作。

7.3.1 数控机床主要的日常维护与保养工作内容

1. 选择合适的使用环境

数控车床的使用环境(如温度、湿度、振动、电源电压、频率及干扰等)会影响机床的正常运转,所以在安装机床时应严格要求做到符合机床说明书规定的安装条件和要求。在经济条件许可的条件下,应将数控车床与普通机械加工设备隔离安装,以便于维修与保养。

2. 应为数控车床配备数控系统编程、操作和维修的专门人员

这些人员应熟悉所用机床的机械部分、数控系统、强电设备、液压、气压等部分及使用环境、加工条件等,并能按机床和系统使用说明书的要求正确使用数控车床。

3. 长期不用数控车床的维护与保养

在数控车床闲置不用时,应经常将数控系统通电,在机床锁住情况下,使其空运行。在空气湿度较大的霉雨季节应该天天通电,利用电器元件本身发热驱走数控柜内的潮气,以保证电子部件的性能稳定可靠。

4. 数控系统中硬件控制部分的维护与保养

每年让有经验的维修电工检查一次。检测有关的参考电压是否在规定范围内,如电源模块的各路输出电压、数控单元参考电压等,若不正常并清除灰尘;检查系统内各电器元件连接是否松动;检查各功能模块使用风扇运转是否正常并清除灰尘;检查伺服放大器和主轴放大器使用的外接式再生放电单元的连接是否可靠,清除灰尘;检测各功能模块使用的存储器后备电池的电压是否正常,一般应根据厂家的要求定期更换。对于长期停用的机床,应每月开机运行4 h,这样可以延长数控机床的使用寿命。

5. 机床机械部分的维护与保养

操作者在每班加工结束后,应清扫干净散落于拖板、导轨等处的切屑;在工作时注意检查排屑器是否正常以免造成切屑堆积,损坏导轨精度,危及滚珠丝杠与导轨的寿命;在工作结束前,应将各伺服轴回归原点后停机。

6. 机床主轴电机的维护与保养

维修电工应每年检查一次伺服电机和主轴电机。着重检查其运行噪声、温升,若噪声过大,应查明原因,是轴承等机械问题还是与其相配的放大器的参数设置问题,采取相应措施加以解决。对于直流电机,应对其电刷、换向器等进行检查、调整、维修或更换,使其工作状态良好。检查电机端部的冷却风扇运转是否正常并清扫灰尘;检查电机各连接插头是否松动。

7. 机床进给伺服电机的维护与保养

对于数控车床的伺服电动机,要在10～12个月内进行一次维护保养,加速或者减速变化频繁的机床要在2个月进行一次维护保养。

维护保养的主要内容有:用干燥的压缩空气吹除电刷的粉尘,检查电刷的磨损情况,如需更换,需选用规格相同的电刷,更换后要空载运行一定时间使其与换向器表面吻合;检查清扫电枢整流子以防止短路;如装有测速电机和脉冲编码器时,也要进行检查和清扫。数控车床中的直流伺服电机应每年至少检查一次,一般应在数控系统断电的情况下,并且电动机已完全冷却的情况下进行检查;取下橡胶刷帽,用螺钉旋具刀拧下刷盖取出电刷;测量电刷长度,如

FANUC 直流伺服电动机的电刷由 10 mm 磨损到小于 5 mm 时,必须更换同一型号的电刷;仔细检查电刷的弧形接触面是否有深沟和裂痕,以及电刷弹簧上是否有无打火痕迹。如有上述现象,则要考虑电动机的工作条件是否过分恶劣或电动机本身是否有问题;用不含金属粉末及水分的压缩空气导入装电刷的刷孔,吹净粘在刷孔壁上的电刷粉末;如果难以吹净,可用螺钉旋具尖轻轻清理,直至孔壁全部干净为止,但要注意不要碰到换向器表面;得新装上电刷,拧紧刷盖。如果更换了新电刷,应使电动机空运行跑合一段时间,以使电刷表面和换向器表面相吻合。

8. 机床测量反馈元件的维护与保养

检测元件采用编码器、光栅尺的较多,也有使用感应同下尺、磁尺、旋转变压器等。维修电工每周应检查一次检测元件连接是否松动,是否被油液或灰尘污染。

9. 机床电气部分的维护与保养

电气部分的检查可按如下步骤进行:

① 检查三相电源的电压值是否正常,有无偏相,如果输入的电压值超出允许范围则进行相应调整;

② 检查所有电气连接是否良好;

③ 检查各类开关是否有效可借助于数控系统 CRT 显示的自诊断画面及可编程机床控制器(PMC)、输入输出模块上的 LED 指示灯检查确认,若不良应更换;

④ 检查各继电器、接触器是否工作正常,触点是否完好;可利用数控编程语言编辑一个功能试验程序,通过运行该程序确认各元器件是否完好有效;

⑤ 检验热继电器、电弧抑制器等保护器件是否有效,等等。能上电气保养应由车间电工实施,每年检查调整一次。电气控制柜及操作面板显示器的箱门应密封,不能用打开柜门使用外部风扇冷却的方式降温。操作者应每月清扫一次电气柜防尘滤网,每天检查一次电气柜冷却风扇或空调运行是否正常。

10. 机床液压系统的维护与保养

各液压阀、液压缸及管子接头是否有外漏;液压泵或液压电机运转时是否有异常噪声等现象;液压缸移动时工作是否正常平稳;液压系统的各测压点压力是否在规定的范围内,压力是否稳定;油液的温度是否在允许的范围内;液压系统工作时有无高频振动;电气控制或撞块(凸轮)控制的换向阀工作是否灵敏可靠,油箱内油量是否在油标刻线范围内;行位开关或限位挡块的位置是否有变动;液压系统手动或自动工作循环时是否有异常现象;定期对油箱内的油液进行取样化验,检查油液质量,定期过滤或更换油液;定期检查蓄能器的工作性能;定期检查冷却器和加热器的工作性能;定期检查和旋紧重要部位的螺钉、螺母、接头和法兰螺钉;定期检查更换密封元件;定期检查清洗或更换液压元件;定期检查清洗或更换滤芯;定期检查或清洗液压油箱和管道。操作者每周应检查液压系统压力有无变化,如有变化,应查明原因,并调整至机床制造厂要求的范围内。操作者在使用过程中,应注意观察刀具自动换刀系统、自动拖板移动系统工作是否正常;液压油箱内油位是否在允许的范围内,油温是否正常,冷却风扇是否正常运转;每月应定期清扫液压油冷却器及冷却风扇上的灰尘;每年应清洗液压油过滤装置;检查液压油的油质,如果失效变质应及时更换,所用油品应是机床制造厂要求品牌或已经难确认可代用的品牌;每年检查调整一次主轴箱平衡缸的压力,使其符合出厂要求。

11. 机床气动系统的维护与保养

保证供给洁净的压缩空气,压缩空气中通常都含有水分、油分和粉尘等杂质。水分会使管道、阀和气缸腐蚀;油液会使橡胶、塑料和密封材料变质;粉尘造成阀体动作失灵。选用合适的过滤器可以清除压缩空气中的杂质,使用过滤器时应及时排除和清理积存的液体;否则,当积存液体接近挡水板时,气流仍可将积存物卷起。保证空气中含有适量的润滑油,大多数气动执行元件和控制元件都有要求适度的润滑。润滑的方法一般采用油雾器进行喷雾润滑,油雾器一般安装在过滤器和减压阀之后。油雾器的供油量一般不宜过多,通常每 $10\ m^3$ 的自由空气供 $1\ mL$ 的油量(即 $40\sim50$ 滴油)。检查润滑是否良好的一个方法是:找一张清洁的白纸放在换向阀的排气口附近,如果阀在工作 $3\sim4$ 个循环后,白纸上只有很轻的斑点时,表明润滑是良好的。

保持气动系统的密封性,漏气不仅增加了能量的消耗,也会导致供气压力的下降,甚至造成气动元件工作失常。严重的漏气在气动系统停止运行时,由漏气引起的噪声很容易发现;轻微的漏气则利用仪表,或用涂抹肥皂水的办法进行检查。保证气动元件中运动零件的灵敏性,从空气压缩机排出的压缩空气,包含有粒度为 $0.01\sim0.08\ \mu m$ 的压缩机油微粒,在排气温度为 $120\sim220\ ℃$ 的高温下,这些油粒会迅速氧化,氧化后油粒颜色变深,粘性增大,并逐步由液态固化成油泥。这种微米级以下的颗粒,一般过滤器无法滤除。当它们进入到换向阀后便附着在阀芯上,使阀的灵敏度逐步降低,甚至出现动作失灵。

为了清除油泥,保证灵敏度,将气动系统的过滤器之后,安装油雾分离器,将油泥分离出。此外,定期清洗液压阀也可以保证阀的灵敏度。保证气动装置具有合适的工作压力和运动速度,调节工作压力时,压力表应当工作可靠,读数准确。减压阀与节流阀调节好后,必须紧固调压阀盖或锁紧螺母,防止松动。操作者应每天检查压缩空气的压力是否正常;过滤器需要手动排水的,夏季应两天排一次,冬季一周排一次;每月检查润滑器内的润滑油是否完,及时添加规定品牌的润滑油。

12. 机床润滑部分的维护与保养

各润滑部位必须按润滑图定期加油,注入的润滑油必须清洁。润滑处应每周定期加油一次,找出耗油量的规律,发现供油减少时应及时通知维修工检修。操作者应随时注意 CRT 显示器上的运动轴监控画面,发现电流增大等异常现象时,及时通知维修工维修。维修工每年应进行一次润滑油分配装置的检查,发现油路堵塞或漏油应及时疏通或修复。底座里的润滑油必须加到油标的最高线,以保证润滑工作的正常进行。因此,必须经常检查油位是否正确,润滑油应 $5\sim6$ 个月更换一次。由于新机床各部件的初磨损较大,所以,第一次和第二次换油的时间应提前到每月换一次,以便及时清除污物。废油排出后,箱内应用煤油冲洗干净(包括床头箱及底座内油箱)。同时清洗或更换滤油器。

13. 可编程机床控制器(PMC)的维护与保养

对 PMC 与 NC 完全集成在一起的系统,不必单独对 PMC 进行检查调整;对其他两种组态方式,应对 PMC 进行检查。主要检查 PMC 的电源模块的电压输出是否正常;输入输出模块的接线是否松动;输出模块内各路熔断器是否完好;后备电池的电压是否正常,必要时进行更换。对 PMC 输入输出点的检查可利用 CRT 上的诊断画面用置位复位的方式检查,也可用运行功能试验程序的方法检查。

14. 及时更换电池

有些数控系统的参数存储器是采用 CMOS 元件,其存储内容在断电时靠电池带电保持。一般应在一年内更换一次电池,并且一定要在数控系统通电的状态下进行,否则会使存储参数丢失,导致数控系统不能工作。

15. 及时清扫

如空气过滤气的清扫,电气柜的清扫,印制线路板的清扫。

16. 及时更换润滑脂

X,Z 轴进给部分的轴承润滑脂,应每年更换一次,更换时,一定要把轴承清洗干净。

17. 及时清除及更换

自动润滑泵里的过滤器,每月清洗一次,各个刮屑板,应每月用煤油清洗一次,发现损坏时应及时更换。

7.3.2 数控车床维护与保养一览表

数控车床维护与保养详如表 7-6 所列各项。

表 7-6 数控车床维护与保养一览表

序号	检查周期	检查部位	检查内容
1	每天	导轨润滑机构	油标、润滑泵,每天使用前手动打油润滑导轨
2	每天	导轨	清理切屑及脏物,滑动导轨检查有无划痕,滚动导轨润滑情况
3	每天	液压系统	油箱泵有无异常噪声,工作油面高度是否合适,压力表指示是否正常,有无泄漏
4	每天	主轴润滑油箱	油量、油质、温度有无泄漏及显示
5	每天	液压平衡系统	工作是否正常
6	每天	气源自动分水过滤器自动干燥器	及时清理分水器中过滤出的水分和检查压力
7	每天	电器箱散热、通风装置	冷却风扇工作是否正常,过滤器有无堵塞并及时清洗过滤器
8	每天	各种防护罩	有无松动、漏水,特别是导轨防护装置
9	每天	机床液压系统	液压泵有无噪声,压力表示数个接头有无松动,油面是否正常
10	每周	空气过滤器	坚持每周清洗一次,保持无尘、通畅,发现损坏及时更换
11	每周	各电气柜过滤网	清洗粘附的尘土
12	半年	滚珠丝杠	洗丝杠上的旧润滑脂及时换新
13	半年	液压油路	清理各类阀、过滤器,清洗油箱底,换油
14	半年	主轴润滑箱	清洗过滤器,油箱,更换润滑油
15	半年	各轴导轨上镶条,压紧滚轮	按说明书要求调整松紧状态
16	一年	检查和更换电机碳刷	检查换向器表面,去除毛刺,吹净碳粉,磨损过多的碳刷及时更换
17	一年	冷却油泵过滤器	清洗冷却油池,更换过滤器
18	不定期	主轴电动机冷却风扇	除尘,清理异物
19	不定期	运屑器	清理切屑,检查是否卡住
20	不定期	电源	供电网络大修,停电后检查电源的相序及电压
21	不定期	电动机传动带	调整传动带松紧
22	不定期	刀库	刀库定位情况,机械手相对主轴的位置
23	不定期	冷却液箱	随时检查液面高度,及时添加冷却液,太脏应及时更换

第8章 加工中心的编程

8.1 加工中心简介

8.1.1 概述

本书所涉及的加工中心是指镗铣类加工中心,它把铣削、镗削、钻削、攻螺纹和切削螺纹等功能集中在一台设备上,使其具有多种工艺手段。又由于工件经一次装夹后,能对两个以上的表面自动完成加工,并且有多种换刀或选刀功能及自动工作台交换装置(APC),从而使生产效率和自动化程度大大提高。加工中心为了加工出零件所需形状,至少要有三个坐标运动,即由三个直线运动坐标 X、Y、Z 和三个转动坐标 A、B、C 适当组合而成,多者能达到十几个运动坐标。其控制功能应最少两轴半联动,多的可实现五轴联动,六轴联动,现在又出现了并联数控机床,从而保证刀具按复杂的轨迹运动。加工中心应具有各种辅助功能,如:各种加工固定循环,刀具半径自动补偿,刀具长度自动补偿,刀具破损报警,刀具寿命管理,过载自动保护,丝杆螺距误差补偿,丝杠间隙补偿,故障自动诊断,工件与加工过程显示,工件在线检测和加工自动补偿乃至切削力控制或切削功率控制和提供 DNC 接口等,这些辅助功能使加工中心更加自动化、高效、高精度。同样,生产的柔性促进了产品试制、实验效率的提高,使产品改型换代成为易事,从而适应于灵活多变的市场竞争战略。

8.1.2 工艺特点

加工中心作为一种高效多功能机床,在现代化生产中扮演着重要角色,它的制造工艺与传统工艺及普通数控加工有很大不同。加工中心自动化程度的不断提高和工具系统的发展使其工艺范围不断扩展。现代加工中心更大程度地使工件一次装夹后实现多表面、多特征、多工位的连续、高效、高精度加工,即工序集中,但一台加工中心只有在合适的条件下才能发挥出最佳效益。

1. 适合于加工中心加工的零件

(1) 周期性重复投产的零件

有些产品的市场需求具有周期性和季节性,如果采用专门生产线则得不偿失,用普通设备加工效率又太低,质量不稳定,数量也难以保证,以上两种方式在市场中必然淘汰。而采用加工中心首件(批)试切完后,程序和相关生产信息可保留下来,下次产品再生产时,只要很少的准备时间就可开始生产。进一步说,加工中心工时包括准备工时和加工工时,加工中心把很长的单件准备工时平均分配到每一个零件上,使每次生产的平均实际工时减少,生产周期大大缩短。

(2) 高效、高精度工件

有些零件需求甚少,但属关键部件,要求精度高且工期短,用传统工艺需用多台机床协调工作,周期长、效率低,在长工序流程中,受人为影响容易出废品从而造成重大经济损失。而采用加工中心进行加工,生产完全由程序自动控制,避免了长工艺流程,减少了硬件投资及人为干扰,具有生产效益高及质量稳定的特点。

(3) 具有合适批量的工件

加工中心生产的柔性不仅体现在对特殊要求的快速反应上,而且可以快速实现批量生产,拥有并提高市场竞争能力。加工中心适合于中小批量生产,特别是小批量生产,在应用加工中心时,尽量使生产批量大于经济批量,以达到良好的经济效果。随着加工中心及辅具的不断发展,经济批量越来越小,对一些复杂零件5~10件就可生产甚至单件生产时也可考虑用加工中心。多工位和工序可集中工件。

(4) 形状复杂的零件

四轴联动、五轴联动加工中心的应用以及CAD/CAM技术的成熟、发展使加工零件的复杂程度大幅提高。分布式数控(DNC,distributed numerical control)的使用使同一程序的加工内容足以满足各种加工需要,使复杂零件的自动加工成为易事。

(5) 难测量零件

难测量的零件可自行掌握因人而异。装夹困难或完全由找正定位来保证加工精度的零件不适合在加工中心上生产。

2. 工序集中带来的问题

加工中心的工序集中加工方式固然有其独特的优点,但也带来一些问题,例如:

① 粗加工后直接进入精加工阶段,工件的温升来不及回复,冷却后尺寸变动。

② 工件由毛坯直接加工为成品,一次装夹中金属切除量大,几何形状变化大,没有释放应力的过程,加工完了一段时间后内应力释放,使工件变形。

③ 切削不断屑,切屑的堆积、缠绕等会影响加工的顺利进行及零件表面质量,甚至使刀具损坏、工件报废。

④ 装夹零件的夹具必须满足即能克服粗加工大的切削力又能在精加工中准确定位的要求,而且零件夹紧变形要小。

⑤ 由于自动刀库(ATC)的应用,使工件尺寸、大小、高度都受到一定的限制,钻孔深度、刀具长度、刀具直径和重量等也要予以考虑。

3. 各种加工中心的功能特点

(1) 立式加工中心

立式加工中心装夹工件方便,便于操作,找正容易,宜于观察切削情况,调试程序容易,占地面积小,应用广泛。但它受立柱高度及ATC的限制,不能加工太高的零件,在加工型腔或下凹的型面时,切屑不容易排出,严重时会损坏刀具,破坏已加工表面,影响加工的顺利进行。

(2) 卧式加工中心

一般情况下卧式加工中心比立式加工中心复杂,占地面积大,具有作精确分度的数控回转工作台,可实现对零件的一次装夹多工位加工,适合于加工箱体类零件及小型模具型腔。但调试程序及试切时不宜观察,生产时不宜监视,装夹不便,测量不便,加工深孔时切削液不易到位(若没有用内冷却钻孔装置)。由于许多不便使卧式加工中心准备时间比立式更长,但加工件数越多,其多工位加工、主轴转数高、机床精度高的优势就表现得越明显,所以卧式加工中心适合于批量加工。

(3) 带 APC 的加工中心

立式加工中心、卧式加工中心都可带有自动回转工作台(APC)装置,交换工作台可有两个或多个。在有的制造系统中,工作台在各机床上通用,通过自动运送装置工作台带着装夹好的工件在车间内形成物流,因此这种工作台也叫托盘。因为装卸工件不占机时,因此其自动化程度更高,效率也更高。

(4) 复合加工中心

复合加工中心兼有立式和卧式加工中心的功能,工艺范围更广,使本来要两台机床完成的任务则可在一台上完成,工序更加集中。由于没有二次定位,精度也更高,但价格昂贵。

8.2 加工中心的辅具及辅助设备

8.2.1 刀 柄

加工中心所用的切削工具由两部分组成,即刀具和供自动换刀装置夹持的通用刀柄及拉钉,如图 8-1 所示。

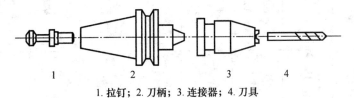

1. 拉钉;2. 刀柄;3. 连接器;4. 刀具

图 8-1 刀具的组成

在加工中心上所使用的刀柄,一般采用 7:24 锥柄,这是因为这种锥柄不自锁,换刀比较方便,并且与直柄相比有较高的定心精度和刚性,刀柄和拉钉已经标准化,各部分尺寸如图 8-2 和表 8-1 所示。

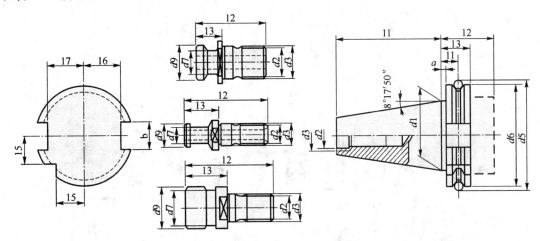

图 8-2 刀柄与拉钉

表 8-1 刀柄尺寸

型号	a	b	d_1	d_2	d_3	d_5	d_6	d_8	f_1	f_2	f_3	11	15	16	17
30	3.2	16.1	31.75	M12	13	59.3	50	45	11.1	35	19.1	47.8	15	16.4	19
40	3.2	16.1	44.45	M16	17	72.30	63.55	50	11.1	35	19.1	68.4	18.5	22.8	25
50	3.2	25.7	69.85	M24	25	107.35	97.50	80	11.1	35	19.1	101.75	30	35.5	37.7

在加工中心上加工的部位繁多,使刀具种类很多,造成与锥柄相连的装夹刀具的工具多种多样,把通用性较强的装夹工具标准化、系列化就成为工具系统。

镗铣工具系统可分为整体式与模块式两类。整体式镗铣工具系统(见图 8-3(a))针对不同刀具都要求配有一个刀柄,这样工具系统规格、品种繁多,给生产、管理带来不便,成本上升。为了克服上述缺点,国内、外相继开发出多种多样的模块式镗铣工具系统,如图 8-3(b)所示。

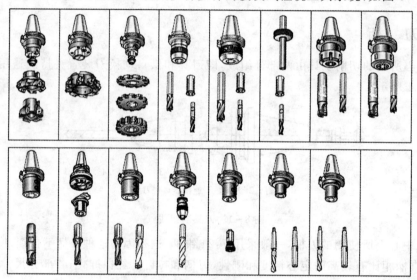

(a) 整体式镗铣工具

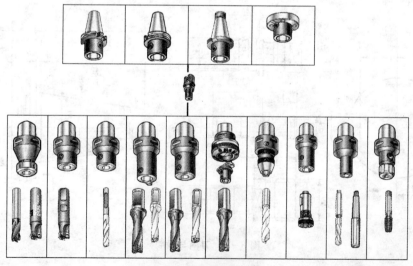

(b) 模块式镗铣工具

图 8-3 镗铣工具系统

8.2.2 刀具系统

加工中心多工序集中,尤其在自动线上,连续工作时间更长,所用刀具只有具备了很高的切削性能,才能充分发挥加工中心的优势。

现代数控机床不停顿地向高速、高刚性和大功率方向发展。高速、高精度加工正成为主流,而刀具必须适应这种需要。预计不久的将来,硬质合金刀具车削和铣削低碳钢的最高线速度将由现在的 300~400 m/min 提高到 500~800 m/min,陶瓷刀具切削灰铸铁的切削速度将由现在的 600~800 m/min 提高到 1 000~1 500 m/min。当前在加工中心上越来越多的使用了涂层硬质合金、涂层高速钢和陶瓷刀具。

加工中心上的刀具系统一般由钻削系统、端面铣刀系统、立铣刀系统、螺纹、槽加工刀具组成。

1. 钻削系统

这里叙述一些钻头在加工中心上的应用,表 8-2 以三菱工具为例介绍了几种钻头。

表 8-2 加工中心钻头

型号直径	示意图	用 途	特 点
MZE $\Phi2.8\sim\Phi20$		钢、铸铁自动机、加工中心、各种机床	直线切削刃,刀尖强度高,重磨容易,通用性好,排屑性能好
MZS $\Phi5\sim\Phi16$		钢、铸铁、不锈钢、难加工材料自动机、加工中心、各种机床	直线型切削刃,刀尖强度高,重磨容易,排屑槽采用宽深槽,内部冷却式,寿命长,效率高
新尖点钻 $\Phi8\sim\Phi40$		钢、铸铁、难加工材料加工中心、NC 车床、通用铣床等	无横刃,加工精度是高速钢钻头的 5 倍以上,可以高效率加工,重磨容易
高速钻 $\Phi16\sim\Phi70$		钢、铸铁加工中心、NC 车床、通用铣床等	使用范围广,从一般进给到大进给,碳钢、合金钢大进给加工
加工中心用枪钻 $\Phi6\sim\Phi20$		铸铁、轻合金专用	用加工中心进行深孔加工,可以无导套加工深孔,最大长径比 $L/D=20$

为适应自动化生产,加工中心用钻头有其特殊处理。

(1) 钻头的表面处理

表 8-3 列出了钻头的表面处理种类。

表 8-3 钻头的表面处理

种 类	特 点	目 的	用 途
氧化处理(高压蒸气处理)	Fe_3O_4 氧化被 1~3 μm 防粘结,对加工非金属不适用	抗粘结	用于加工普通不锈钢、软钢,不适合加工铝等
氮化处理	处理层 30~50 μm,表面硬度 1 000~1 300 HV	耐磨损	用于加工对刀具磨损性大的切削材料、铸铁、热硬化性树脂等
TiN 涂层	处理层 2~3 μm,表面硬度 2 000 HV 以上,磨擦系数小,防粘结	耐磨损	用于加工难切削材料、硬度高的合金钢、不锈钢、耐热钢等
TiCN 涂层	处理层 5~6 μm,表面硬度 2 700 HV 以上,耐磨性好,摩擦系数小	抗粘结 耐磨损	用于干式切削、高速切削及对刀具使用寿命要求高的切削

注:这些方法也适用于其他刀具。

(2) 钻头横刃的处理

为了减小轴向切削力,除了修磨横刃外,使用新尖点钻是比较理想的选择,其无横刃结构使轴向切削力大幅降低。

（3）切屑处理

钻头工作时切屑的形状对钻头的切削性能非常重要，形状不合适时，将引起细微的切屑阻塞刃沟（粉状屑、扇形屑）、长的切屑缠绕钻头（螺旋屑、带状屑）、长切屑阻碍切削液进入（螺旋屑、带状屑）等现象。为此可采用增大进给、断续进给、装断屑器等断屑方法。

2. 铣削系统

加工中心上常用的铣刀有端铣刀、立铣刀两种，特殊情况下也可安装锯片铣刀等。端铣刀主要用来加工平面，而立铣刀则使用灵活，具有多种加工方式。图8-5(a)和8-5(b)为立铣刀系统及针对不同加工方式的选用办法。

3. 镗削系统

见图8-3，加工中心的镗削系统普遍采用模块式刀柄及复合刀具。图8-4为复合镗刀的应用，图8-4(a)用于粗、精加工及倒角一次完成，图8-4(b)用于阶台孔同轴度要求高的场合，减少了ATC动作次数。另外，镗刀刀杆内部可通切削液，使切削油直接冲入切削区，带走切屑及温度。

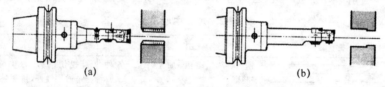

图8-4 复合镗刀的应用

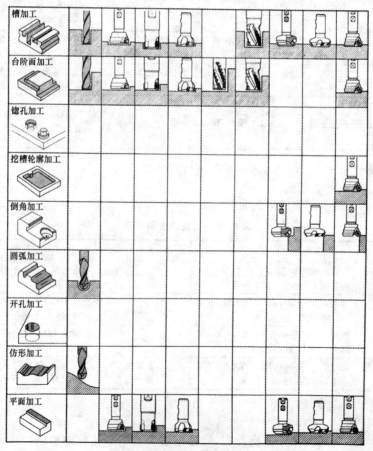

(a) 立铣刀选用办法（一）

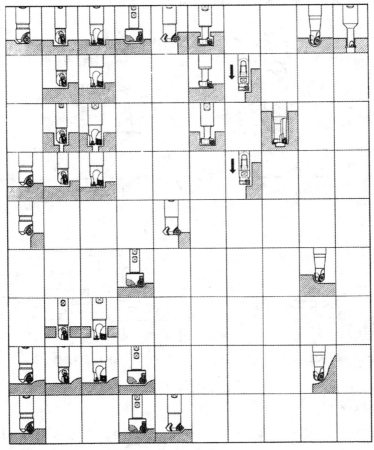

(b) 立铣刀选用办法（二）

图 8-5 立铣刀选用办法（续）

4. 攻丝系统

丝锥装在丝锥夹头上进行攻丝，为了避免丝锥折断，丝锥夹头有 3～5 mm 的浮动距离，有的攻丝夹头能在攻到盲孔底时保护丝锥不会折断。在螺纹加工刀具中，内冷丝锥、加工中心丝锥、螺旋铣刀是专门为加工中心设计的。

螺纹铣刀利用加工中心的三轴联动功能，使螺纹铣刀做行星运动，切削加工出内螺纹，只要一把螺纹铣刀就可加工出同螺距的各种直径的内螺纹。

8.2.3 常用工具

1. 对刀器

对刀器的功能是测定刀具与工件的相对位置。其形式多种多样，图 8-6(a) 所示为量块对刀，图 8-6(b) 所示为电子式对刀器。

对刀块的材料有淬火钢、人造大理石及陶瓷。

2. 找正器

找正器的作用是确定工件在机床上的位置，即确定工件坐标系，它有机械式及电子式两种。机械找正器如图 8-7(a) 所示。电子式找正器需要内置电池，当其找正球接触工件时，发光二极管亮,其重复找正精度在 2 μm 以内,如图 8-7(b)所示。

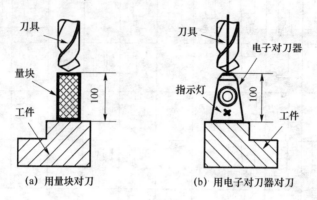

图 8-6 对刀器

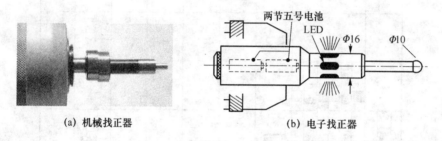

图 8-7 找正器

3. 刀具预调仪

此装置用于在机床外部对刀具的长度、直径进行测量和调整,还能测出刀具的几何角度,测量时不占机动工时。

8.2.4 辅助轴

在三坐标加工中心上加工表面的繁杂程度是有限制的,而且有些表面即使能加工,精度也不高。如果刀轴矢量与曲面法向不重合,刀具长度和半径不准确时将造成加工误差。而对于回转体零件、螺旋曲面、多倾斜孔箱体、桨叶等复杂零件,即使是五面加工中心也没办法,这时只能使用四坐标或五坐标加工中心利用四轴或五轴联动实现加工目的。但从另一方面,不能因为某类零件或某个零件而购置价格昂贵的五轴加工中心,这时可以考虑选用辅助回转轴,如图 8-8 所示。

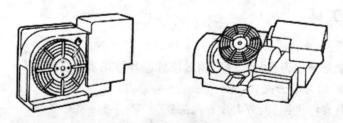

图 8-8 辅助回转轴

四轴加工中心与五轴加工中心常见的加工零件如图 8-9 所示。

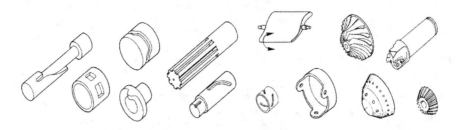

图 8-9 常见的四轴与五轴加工零件

另外,在大型零件或箱体零件、模具型腔的加工中,常遇到局部的不规则回转体加工。针对这种情况,最好采用 U 轴控制。CNC 镗头可从刀库调出,并完成刀柄与机床控制系统的连接。加工时,主轴带动镗刀旋转,同时镗头 U 轴按 NC 程序横向移动实现加工功能,实际上它是在加工中心上进行车削。

8.2.5 夹具系统

1. 夹具种类

制造自动化系统的夹具系统主要由机床夹具、托盘、自动上下料装置三部分组成,本书涉及的是机床夹具。根据加工中心机床特点和加工需要,其夹具类型主要有专用夹具、组合夹具、通用夹具和成组夹具。

2. 夹具选择

在加工中心上,要想合理应用夹具必须对加工中心的加工方式有深刻了解,同时还要考虑加工零件的精度,批量大小,制造周期和制造成本。

一般的选择顺序是单件生产中尽量用虎钳、压板螺钉等通用夹具,批量生产时优先考虑组合夹具,其次考虑用可调整夹具,最后选用专用夹具和成组夹具。设计和选用夹具时,不能和各工序刀具轨迹发生干涉。例如有时在加工箱体时刀具轨迹几乎包容了整个零件外形,为了避免干涉现象发生,可把夹具安置在箱体内部。

在现代生产中,还广泛采用液压夹具、气动夹具、电动夹具和磁力夹具等,可根据不同情况做出选择。

卧式加工中心广泛采用刚性夹具体,其与组合夹具的夹具体基本相同,只是刚性更好,装夹在回转工作台上。使用时配上通用夹具元件,例如压板、垫铁和螺钉等,也可装夹组合夹具的标准元件。采用两个以上刚性夹具体,配上 APC 系统,就可以实现不占用机动时间装夹工件的功能从而提高效率;若安装在托盘上,就可以形成物流,兼具单件生产及批量生产的特点。所以,卧式加工中心有高的使用价值和低的价格,应用广泛。

3. 装夹工件

用于加工中心的夹具必须有大的夹紧力和高的精度,不仅如此,对于某些零件还要考虑到要产生小的夹紧变形,否则工件被松开后恢复变形就不合格了,因此夹具的夹紧点的确定是十分重要的。

对于刚性较低的零件和精度较高的零件,应力变形和夹紧变形情况是十分严重的,甚至不得不采用粗、精加工分开,二次装夹的方法,减小工件变形。此外,是否采用二次装夹的方法还取决于零件加工前后的热处理安排。如需淬火的模具型腔,可采用粗加工、淬火和高速精加工的方法。

子程序

O0010；
G01 X30.0 F5；
G01 X42.0 F20；
G00 H90.0；
M99；   子程序调用结束

8.3 加工中心程序的编制

为叙述和理解方便,在本章节作如下约定:在以下示意图中:
"--------"表示快速点定位,"———"表示切削进给。

8.3.1 简单程序编制

1. 基本代码 G00、G01 的使用

例 8-1 如图 8-10 所示,进给速度 $F=100$ mm/min,主轴转数 $S=800$ r/min,其程序如下:

(1) G90 绝对值方式编程

O1；
N1 G90 G54 G00 X20.0 Y20.0 S800 M03；
N2 G01 Y50.0 F100；
N3 X50.0；
N4 Y20.0；
N5 X20.0；
N6 G00 X0 Y0 M05；
N7 M30；

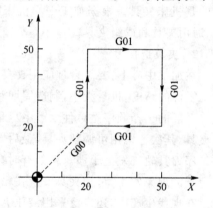

图 8-10 直线插补

(2) G91 增量值方式编程

O1；
N1 G91 G00 X20.0 Y20.0 S800 M03；
N2 G01 Y30.0 F100；
N3 X30.0；
N4 Y-30.0；
N5 X-30.0；
N6 G00 X-20.0 Y-20.0 M05；
N7 M30；

2. 基本代码 G02、G03 的使用

例 8-2 如图 8-11 所示,设主轴转数 $S=1\ 000$ r/min,进给速度 $F=100$ mm/min,A 为起点、B 为终点,程序如下:

O1；

N1 G90 G54 S1000 M03 G02 I20.0 F100;
N2 G03 X-20.0 Y20.0 I-20.0;或者(R20.0)
N3 G03 X-10.0 Y-10.0 J-10.0;或者(R-10.0)
N4 M30;

3. Z 轴移动

在实际工作中刀具不能只在一个平面内移动,否则刀具平行移动时将会与工件、夹具发生干涉,切削型腔时刀具也不能直接快速运动到所需切深,所以必须对 Z 轴移动有所控制。如图 8-12 所示,刀具从 Z100.0 高度快速移动至工件上方 5 mm 处后以进给速度

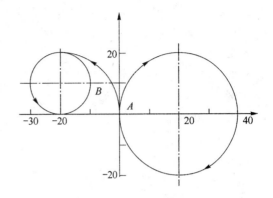

图 8-11 圆弧插补

切至所需深度,避免了工件毛坯尺寸不同和残留切屑带来的危险。但由于切削进给的速度慢,此接近高度不能大到影响加工效率。

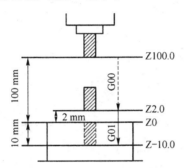 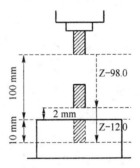

图 8-12 绝对方式与增量方

例 8-3 如图 8-13 所示,程序从原点上方 100 mm 开始,快速运动到 A 点,Z 轴降至 2 mm 高度开始切削进给至 -10 mm 深(B 点),沿顺时针方向切削,在 B 点快速运动到 A 点,最后返回原点。

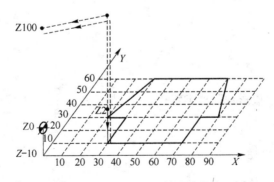

图 8-13 加工中 Z 轴移动轨迹

(1) G90 绝对值方式编程

O0001;
G90 G54 G00 X30.0 Y10.0 S1000 M03;
Z2.0;

```
G01 Z-10.0 F100;
Y30.0;
X20.0;
X30.0 Y60.0;
X70.0;
X80.0 Y30.0;
X70.0;
Y10.0;
X30.0;
G00 Z100.0 M05;
X0 Y0;
M30;
```

(2) G91增量值方式编程

```
O0001;
G91 G00 X30.0 Y10.0 S1000 M03;
Z-98.0;
G01 Z-12.0 F100;
Y20.0;
X-10.0;
X10.0 Y30.0;
X40.0;
X10.0 Y-30.0;
X-10.0;
Y-20.0;
X-40.0;
G00 Z110.0 M05;
X-30.0 Y-10.0;
M30;
```

以上编程方法适合于成形铣削槽类零件,一次走刀完成加工,工件加工部位尺寸取决于刀具尺寸,如图 8-5 所示。

8.3.2 刀具半径补偿

1. 不同平面内的半径补偿

刀具半径补偿用 G17、G18 和 G19 命令在被选择的工作平面内进行补偿。例如当 G17 命令执行后,刀具半径补偿仅影响 X、Y 移动,而对 Z 轴没有作用。

刀具半径补偿 G41、G42 和 G40 的指令格式(XY 平面):

执行刀补:G17G41G00(G01)X __ Y __ D __
　　　　　G17G42G00(G01)X __ Y __ D __

取消刀补:G40G00(G01)X __ Y __ D __

式中:X、Y 为建立补偿直线段的终点坐标值;

D 为刀补号地址,用 D00～D99 来指定,它用来调用内存中刀具半径补偿的数值。

2. 主轴顺时针旋转

当主轴顺时针旋转时,G41 为顺铣,G42 为逆铣,而在数控铣床上经常要用顺铣。

例 8-4 在 XY 平面内使用半径补偿(没有 Z 轴移动)进行轮廓铣削,见图 8-14。

提示:图示刀具路径中的快速移动轨迹与机床实际动作有所不同。

```
O0001;
N1 G90 G54 [G17] G00 X0 Y0 S1000 M03;
N2 [G41] X20.0 Y10.0 [D01];      开始 (1)
N3 G01 Y50.0 F100;
N4 X50.0;
N5 Y20.0;                         补偿模式 (2)
N6 X10.0;
N7 [G40] G00 X0 Y0 M05;           补偿取消 (3)
N8 M30;
```

程序说明:

① 程序中有[ ]标记的地方是与没有刀具半径补偿的程序不同之处。

② 刀具半径补偿必须在程序结束前取消,否则刀具中心将不能回到程序原点上。

③ D01 是刀具补偿号,其具体数值在加工或试运行前已设定在补偿存储器中。

④ D 代码是续效(模式)代码。

3. 刀具半径补偿过程详细描述

参考图 8-14 和图 8-15。

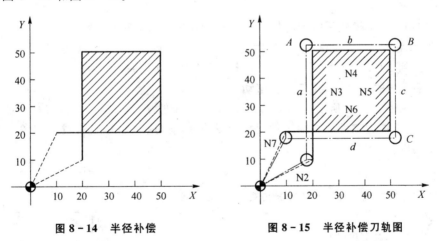

图 8-14 半径补偿　　　　图 8-15 半径补偿刀轨图

(1) 补偿建立

在刀具从起点接近工件时,刀心轨迹是从与编程轨迹重合过渡到与编程轨迹偏离一个偏置量的过程。

当以下条件成立时,机床以移动坐标轴的形式开始补偿动作:

① 有 G41 或 G42 被指定;

② 在补偿平面内有轴的移动;

③ 指定了一个补偿号或已经指定一个补偿号但不能是 D00;

④ 偏置（补偿）平面被指定或已经被指定；

⑤ G00 或者 G01 模式有效（若用 G02 或 G03 机床会报警，现在有些机床可以用 G02 或 G03）。

在例 8-4 中，当 G41 被指定时，包含 G41 句子的下边两句被预读（N3，N4）。N2 指令执行完成后机床的坐标位置由以下方法确定：将含有 G41 语句的坐标点与下边两句中最近的、在选定平面内有坐标移动语句的坐标点相连，其连线垂直方向为偏置方向，G41 为左偏，G42 为右偏，偏置大小为指定的偏置号（D01）地址中的数值。在这里 N2 坐标点与 N3 坐标点连线垂直于 X 轴，所以刀具中心位置应在（X20.0，Y10.0）左边刀具半径处，即（X(20-刀具半径)，Y10）处。

(2) 补偿模式

刀具中心始终与编程轨迹相距一个偏置量直到刀补取消。

在补偿开始以后，进入补偿模式，此时半径补偿在 G01、G02、G03、G00 情况下均有效。

在补偿模式下，机床同样要预读两句程序以确定目的点的位置。如图 8-15 所示，执行 N3 语句时刀具沿 Y 轴正向运动，但运动点不再是 Y50.0，而是现在的刀轨与下一句偏置刀轨的交点，以确保机床把下一个工件轮廓向外补偿一个偏置量。以此类推，其结果相当于把整个工件轮廓向外偏置一个补偿量，得到刀心轨迹，当前轨迹与下一轨迹的交点即为此语句的目的点。A 为 a 与 b 的交点，B 为 b 与 c 的交点，C 为 c 与 d 的交点。

(3) 取消补偿

刀具离开工件，刀心轨迹要过渡到与编程轨迹重合的过程。

当以下两种情况之一发生时补偿模式被取消，这个过程叫取消补偿。

① 给出 G40，与 G40 同时要有补偿平面内坐标轴移动。

② 刀具补偿号为 D00。

必须在 G00、G01 模式下取消补偿（用 G02、G03 机床将会报警）。

在例 8-4 程序中，当执行 N6 语句时，由于 N7 中有 G40，N6 目的点位置不再受下一句的影响而是行进到 X10.0 处，然后执行 N7 语句，刀具中心回到原点。

4. XY 平面内的半径补偿（有 Z 轴移动）

例 8-5 如图 8-16 所示，起始点在（X 0，Y 0）高度为 100 mm 处，若刀具半径补偿在起始点处开始，由于接近工件及切削工件时要有 Z 轴移动，这时容易出现过切现象。以下是一个过切程序实例。

```
O0003;
N1 G90 G54 G17 G00 X0 Y0 S1000 M03;
N2 Z100.0;
N3 G41 X20.0 Y10.0 D01;
N4 [Z2.0];
N5 G01 [Z-10.0] F100; 连续两句向 Z 轴移动
N6 Y50.0;
N7 X50.0;
N8 Y20.0;
N9 X10.0;
N10 G00 Z100.0;
```

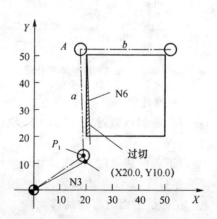

图 8-16 半径补偿的过切现象

N11 G40 X0 Y0 M05;
N12 M30;

当补偿从 N3 开始建立时,机床只能预读两句,而 N4、N5 都为 Z 轴移动没有 XY 轴移动,机床没法判断下一步补偿的矢量方向,这时机床不会报警,补偿照常进行,只是 N3 目的点发生变化。刀具中心将会运动到 P_1 点,其位置是 N3 目的点与原点连线垂直方向左偏 D01 值,于是发生过切。

例 8-6 避免过切程序例,补偿之前选择一个不与工件干涉的点,让 Z 轴降到所需高度。

O0001;
N1 G90 G54 G17 G00 X0 Y0 S1000 M03;
N2 Z100.0;
N3 X20.0;
N4 Z5.0;
N5 G01 Z-10.0 F200 ;
N6 G41 Y10.0 D01;
N7 Y50.0 F100;
N8 X50.0;
N9 Y20.0;
N10 X10..0;
N11 G00 Z100.0;
N12 G40 X0 Y0 M05;
N13 M30;

刀具半径补偿还可以用改变刀补大小的方法实现同一程序进行粗、精加工。
粗加工刀补＝刀具半径＋精加工余量;
精加工刀补＝刀具半径＋修正量。
若刀具尺寸准确或零件上下偏差相等修正量可为 0。

5. 在 ZX 平面进行半径补偿

例 8-7 如图 8-17 所示,行切法切削一圆柱,使用刀具是半径为 10 mm 的球形立铣刀。球形立铣刀编程控制点有两个,一个在刀尖一个在球心,这里使用球心。

O0001(ZX—PLANE—INC);
N1 G90 G18 G00 M03;
N2 X-60.0;
N3 Z-100.0;
N4 G01 G42 X20.0 D01 F100;
N5 G03 X80.0 I40.0 ;
N6 G40 G01 X20.0;
N7 Y20.0;
N8 G41 X-20.0;
N9 G02 X-80.0 I-40.0;

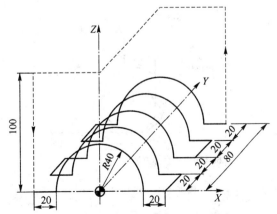

图 8-17 ZX 平面半径补偿

```
N10 G40 G01 X-20.0;
N11 Y20.0;
N12 G42 X20.0;
N13 G03 X80.0 I40.0;
N14 G40 G01 X20.0;
N15 Y20.0;
N16 G41 X-20.0;
N17 G02 X-80.0 I-40.0;
N18 G40 G01 X-20.0;
N19 Y20.0;
N20 G42 X20.0;
N21 G03 X80.0 I40.0;
N22 G40 G01 X20.0;
N23 G00 Z100.0 M05;
N24 X-60.0;
N25 Y-80.0;
N26 M30;
```

6. 使用刀具半径补偿时常见的问题

(1) 改变补偿号

一般情况下刀具半径补偿号要在刀补取消后才能变换,如果在补偿方式下变换补偿号,当前句的目的点的补偿量将按照新的给定值,而当前句开始点补偿量则不变。

(2) 半径补偿时的过切现象

① 加工半径小于刀具半径的内圆弧　当程序给定的圆弧半径小于刀具半径时,向圆弧圆心方向的半径补偿将会导至过切,这时机床报警并停止在将要过切语句的起始点上(见图 8-18)。所以只有在"过渡圆角 $R \geqslant$ 刀具半径 r + 精加工余量"情况下才可正常切削。

② 被铣削槽底宽小于刀具直径　如果刀具半径补偿使刀具中心向编程路径仅方向运动,将会导致过切。在这种情况下,机床将会报警并停留在该程序段的起始点,如图 8-19 所示。

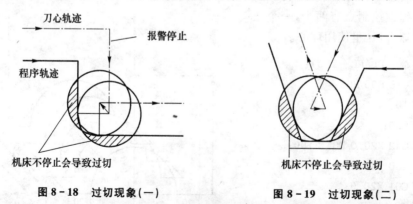

图 8-18　过切现象(一)　　　图 8-19　过切现象(二)

③ 无移动类指令　在补偿模式下使用无坐标轴移动类指令,有可能导致两个或两个以上语句没有坐标移动,出现过切的危险。无坐标轴移动语句大致有以下几种:

- M05;
- G04 X1000;
- G90;
- G91 X0;
- (G17) Z2000;
- S1000;

7. 圆角过渡模式 M96 与交角过渡模式 M97

在 M96 模式下用 G41 或 G42 进行刀具半径补偿时,如果相邻程序轨迹交角为 180°或更大,刀具以圆弧插补方式绕着交点回转。相反,在 M97 模式下,刀具中心将运动至二相邻刀心轨迹的交点而不是进行圆弧插补。M96 与 M97 命令是模式指令,可把两者之一设默认状态。机床正常情况下使用 M96 模式,但在特殊的场合下 M96 将引起过切,所以有时也应用 M97 模式。如图 8-20 所示,当刀具下降至一个高度比刀具半径小的台阶时,M96 模式将会引起过切,但 M97 模式可以顺利通过。

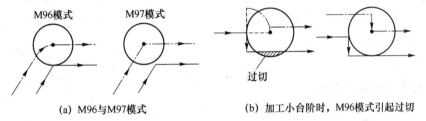

(a) M96与M97模式　　　(b) 加工小台阶时,M96模式引起过切

图 8-20　M96 模式与 M97 模式

8.3.3　子程序

1. 一次装夹加工多个相同零件或一个零件的子程序使用

例 8-8　一次装夹加工多个相同零件或一个零件有重复加工部分的情况下可使用子程序。每次调用子程序时的坐标系、刀具半径补偿值、坐标位置、切削用量等可根据情况改变,甚至对子程序进行镜像、缩放、旋转、复制等。如图 8-21 所示,加工两个工件,编制程序。Z 轴开始点为工件上方 100 mm 处,切深 10 mm。

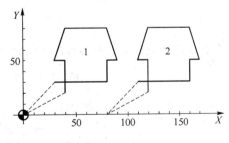

图 8-21　子程序例

主程序

O0001;
G90 G54 G00 X0 Y0 S1000 M03;
Z100.0;
M98 P100 ;
G90 G00 X80.0;
M98 P100 ;
G90 G00 X0 Y0 M05;

M30;

子程序

O100;
G91 G00 Z-95.0;
G41 X40.0 Y20.0 D1;
G01 Z-15.0 F100;
Y30.0;
X-10.0;
X10.0 Y30.0;
X40.0;
X10.0 Y-30.0;
X-10.0;
Y-20.0;
X-50.0;
G00 Z110.0;
G40 X-30.0 Y-30.0;
M99;

2. 使用子程序注意事项

(1) 变换主、子程序间的代码

小心变换主、子程序间的模式代码,如 M 代码和 F 代码

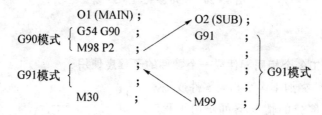

(2) 在半径补偿模式中的程序不能被分支

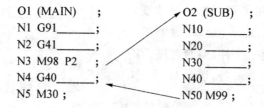

以上情况下,在调用子程序过程中 N3 M98 P2 与子程序 O2(SUB)两段程序被执行,除非有特殊考虑否则这样的程序要尽力避免。

(3) 调用不同的工件坐标系

子程序中应用 G91 模式是因为使用 G90 模式将会使刀具在同一位置加工,所以调用 G90 模式的子程序时要用不同的工件坐标系。

例 8-9 如图 8-22 所示,Z 轴起始高度 100 mm,切深 10 mm,使用 L 命令。

O1;

```
N1 S1000 M03;
N2 G90 G54 G00 G17 X0 Y0;
N3 Z100.0;
N4 M98 P100 L3;
N5 G90 G00 X0 Y60.0;
N6 M98 P100 L3;
N7 G90 G00 X0 Y0 M05;
N8 M30;
O100;
N100 G91 Z-95.0;
N101 G41 X20.0 Y10.0 D01;
N102 G01 Z-15.0 F200;
N103 Y40.0 F100;
N104 X30.0;
N105 Y-30.0;
N106 X-40.0;
N107 G00 Z110.0;
N108 G40 X-10.0 Y-20.0;
N109 X50.0;
N110 M99;
```

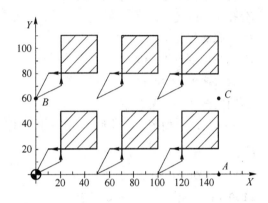

图 8-22 子程序的使用

3. 其他编程技巧

当 M99 在主程序中出现时,程序将会返回主程序头。例如在主程序中加入"/M99;",当跳段选择开关关闭时(机床控制面板上一按键)主程序执行 M99 并返回程序头重新开始工作并循环下去。当跳段选择开关有效时,主程序跳过 M99 语句执行下边程序。

有些情况下,可以用 M99 指定跳转的目的语句,其格式为"/M99 P;",程序不是跳转到程序头,而是跳转到 P 后所指定的行号。

主程序

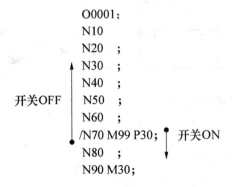

8.3.4 固定循环

1. 固定循环程序中需 G 代码、参数及孔的位置

固定循环程序中需 G 代码、参数和所需孔的位置,而各个位置上的动作不需再次重复该命令,参见图 8-23,固定循环各参数的意义定义如下:

G98:返回平面为初始平面
G99:返回平面为安全平面(R 平面)
X,Y:孔位置,mm
R:安全平面高度(接近高度),mm
Z:孔深,mm
P:在孔底停留时间,ms
Q:每步切削深度,mm
F:进给速度,mm/min
L:固定循环的重复次数

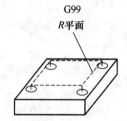

图 8-23 固定循环刀具轨迹图

① **例 8-10** 如图 8-24 所示,在平板上打 4 个孔。

O1;
G90 G54 G00 X0 Y0 S1000 M03;
Z100.0;   初始平面
G98 G81 X50.0 Y25.0 R5.0 Z-10.0 F100;
X-50.0;   在各个指定位置循环
Y-25.0;
X50.0;
G80 X0 Y0 M05;   取消循环
M30;

② **例 8-11** 如图 8-25 所示,Z 轴开始高度为 100 mm,切深 20 mm,使用 L 控制循环次数。

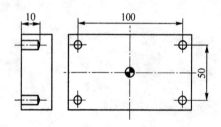

图 8-24 用固定循环加工多孔

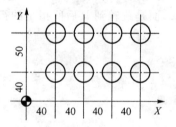

图 8-25 固定循环的灵活使用

O1;
G90 G54 G00 X0 Y0 S1000 M03;
Z100.0;
G98 G83 Y40.0 R2.0 Z-20.0 Q1.0 F100 L0;
G91 X40.0 L4;

X-160.0 Y50.0 L0;
X40.0 L4;
G90 G80 X0 Y0 M05;
M30;

程序说明：
- L0 表示机床运动到当前句坐标点，但并不执行循环动作。
- L 命令需要用 G91 方式。
- 上边介绍的程序为 G90 与 G91 的混合应用，即 Z 轴动作为 G90 方式，包括初始平面高度 R、Z、Q 值，而 XY 平面内移动为 G91 方式。
- L 命令仅在当前句有作用。
- 允许在主程序中指定固定循环参数，在子程序中指定坐标位置。

2. 常用固定循环方式

① 钻孔循环　G81、G83、G73，如图 8－26 所示。
- G81 钻孔循环，定点镗孔循环　指令格式：
  G98(G99)G81 X___ Y___ Z___ R___ F___ K___;

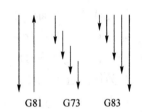

图 8－26　典型钻孔循环方式

式中：X、Y 为孔位坐标值；
　　　Z 为从 R 点到孔底的距离，mm；
　　　R 为从初始平面到 R 点的距离，mm；
　　　F 为切削进给速度，mm/min；
　　　K 为重复次数（仅限需要重复时）。

- G83 钻深孔（排屑）循环　指令格式：
  G98(G99)G83 X___ Y___ Z___ R___ Q___ F___ K___;

式中：X、Y 为孔位坐标值；
　　　Z 为从 R 点到孔底的距离，mm；
　　　R 为从初始平面到 R 点的距离，mm；
　　　Q 为每次进刀量，始终以增量值来指定；
　　　F 为切削进给速度，mm/min；
　　　K 为重复次数（仅限需要重复时）。

- G73 适于高速钻深孔（断屑）循环　指令格式：
  G98(G99)G73 X___ Y___ Z___ R___ Q___ F___ K___;

高速钻深孔循环沿 Z 轴方向间歇进给，金属切屑容易从孔中清除，可以设定较小的退刀量，使得钻孔能有效进行。在参数（No.5114）中设置退刀量。

② 攻丝循环　G74、G84
- G74 反向攻丝循环，（左旋）需主轴逆时针旋转　指令格式：
  G98(G99)G74 X___ Y___ Z___ R___ P___ F___ K___;

式中：X、Y 为孔位坐标值；
　　　Z 为从 R 点到孔底的距离，mm；
　　　R 为从初始平面到 R 点的距离，一般不小于 7 mm；
　　　P 为丝锥在螺纹孔底暂停时间，ms；

F 为进给速度,$F=$ 转数(r/min)×螺距(mm);

K 为重复次数(仅限需要重复时)。

注意:在指定 G74 之前,利用 M 代码使主轴反转;在反向攻丝中,不可忽略进给速度倍率,在完成返回动作之前,进给暂停不会使机床停止。

- G84 攻丝循环,(右旋)需主轴顺时针旋转 指令格式:
  G98(G99)G84 X___Y___Z___R___P___F___K___;
  在指定 G84 之前,利用 M 代码使主轴旋转。

  ③ 镗孔循环 G76,G81,G82。

- G76 是精镗孔循环,退刀时主轴定向停止,并有让刀动作,避免擦伤孔壁,让刀值由 Q 设定(mm)。

指令格式:

G98(G99)G76 X___Y___Z___R___Q___P___F___K___;

式中:Z 为从 R 点到孔底的距离,mm;

R 为从初始平面到 R 点的距离,mm;

Q 这孔底的位移量,mm;

P 为孔底的暂停时间,ms;

F 为切削进给速度,mm/min;

K 为重复次数(仅限需要重复时)。

- G81 钻孔循环,定点镗孔循环。
- G82 适用于盲孔、台阶孔的加工,镗刀在孔底停止进给一段时间后退刀,暂停时间由 P 设定(ms)。

指令格式:

G98(G99)G82 X___Y___R___Z___P___F___;

④ 取消循环 G80(G00,G01,G02,G03)

指令格式:

G80

指令执行后,将取消所有固定循环,R 点平面和 Z 点也被取消。

8.3.5 镜像指令

(1)关于镜像的使用注意事项

① 当只对 X 轴或 Y 轴进行镜像时,刀具的实际切削顺序将与源程序相反,刀补矢量方向相反,圆弧插补转向相反。当同时对 X 轴和 Y 轴进行镜像时,刀具的切削顺序、刀补方向、圆弧时针方向均不变,如图 8-27 所示。

② 使用镜像功能后,必须用 M23 取消镜像。

③ 在 G90 模式下,镜像功能必须在工件坐标系坐标原点开始使用,取消镜像也要回到该点。

(2)依例 8-12 使用镜像功能

例 8-12 如图 8-28 所示,Z 轴起始高度 100 mm,切深 10 mm,使用镜像功能。

第 8 章 加工中心的编程

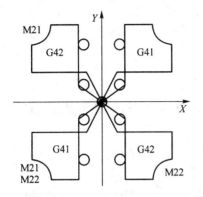

图 8-27 镜像时刀补的变化

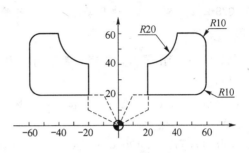

图 8-28 镜像功能

程　　序	说　　明
O10;	M30;
G90 G54 G00 X0 Y0 S1000 M03;	O100;
Z100.0;	G90 Z2.0;
M98 P100;	G41 X20.0 Y10.0 D01;
M21;	G01 Z-10.0 F100;
M98 P100;	Y40.0;
M23;	G03 X40.0 Y60.0 R20.0;
G01 X50.0;	G00 Z100.0;
G02 X60.0 Y50.0 R10.0;	G40 X0 Y0;
G01 Y30.0;	M99;
G02 X50.0 Y20.0 R10.0;	
G01 X10.0;	

8.3.6 自动回归原点 G28

(1) 依例 8-13 返回到轴的机械原点

例 8-13 利用 G28 指令能让机床返回到任一轴或所有轴的机械原点，并且可以指定一个中间途经点，如图 8-29 与图 8-30 所示。

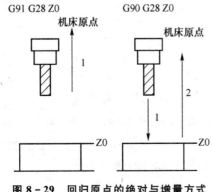

图 8-29 回归原点的绝对与增量方式

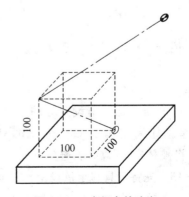

图 8-30 中间点的确定

程序：

O0011;
G91 G28 Z0;刀具自动快速移动至 Z 轴机床原点
M30;

① G91 与 Z0 指出了刀具要经过距当前点为 Z0 的点移动至机床 Z 轴原点,相当于直接运动至机床原点。

② 若为 G91 G28 X0,则刀具直接返回机床 X 轴原点。若为 G91 G28 X0 Y0 Z0,则直接返回机床 X、Y、Z 原点。

③ 若为 G91 G28 X-100.0 Y-100.0 Z100.0,则刀具要经过如图 8-30 所示路径。

④ G90 G28 X__ Y__ Z__ 表示经过以工件坐标系为参考的坐标点,容易出问题。

(2) 注意事项

① 使用 G28 前,必须消除刀具半径补偿。

② 在返回原点后使用刀具长度补偿取消(G49)机能。

8.3.7 局部坐标系 G52

例 8-14 局部坐标系相当于一个子坐标系,方便编程,G52 同时影响工件坐标系 G54~G59 坐标系。以下程序的走刀轨迹如图 8-31 所示。

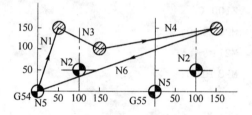

图 8-31 局部坐标系

程序：

O1;
G90 G54 G00 X0 Y0;
N1 X50.0 Y150.0;
N2 G52 X100.0 Y50.0;   设置局部坐标系,没有轴移动
N3 G90 G54 X50.0 Y50.0;
N4 G55 X50.0 Y100.0;
N5 G52 X0 Y0;   取消局部坐标系,没有轴移动
N6 G54 X0 Y0;
M30;

8.3.8 设定工件坐标系 G92

(1) 坐标系的设定

G54~G59 是在加工前设定好的工件坐标系,而 G92 是在程序中设定坐标系。如果使用了 G54~G59,就没有必要使用 G92,否则 G54~G59 将被替换,所以必须避免。

例 8-15 先将刀具移至欲设坐标系正上方 100 mm 处,执行下列程序,把工件坐标系设在图 8-32 所示的上表面处。

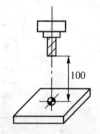

图 8-32 G92 命令

```
O1;
G92 X0 Y0 Z100.0;
G90 G00 X__ Y__;
……
M30;
```

(2) G92 与工件坐标系的区别

表 8-4 列出了 G92 与工件坐标系 G54~G59 的区别所在。

表 8-4 G92 与工件坐标系的区别

项 目	G92	G54~G59
设置方法	通过 MDI 方式	手工输入或用 G10 命令
程序例	O1; G92 X0 Y0 Z100.0; ~(轴不移动) M30;	O1; G90 G54 X0 Y0; ~(轴可能会移动) M30;
优 点	容易使用旧系统中比较多	即使电源关断,坐标系数值也能保存下来,能够使用 G52
缺 点	电源断后,基准点将消失	—

8.3.9 刀具长度补偿

(1) 加工中心运行时应更换刀具

加工中心运行时要经常交换刀具,而每把刀具长度的不同给工件坐标系的设定带来了困难。可以想像第一把刀具正常切削工件,而更换一把稍长的刀具后如果工件坐标系不变,零件将被过切。刀具长度补偿原理如图 8-33 所示。

设定工件坐标系时,让主轴锥孔基准面与工件上表面理论上重合。在使用每一把刀具时可以让机床按刀具长度升高一段距离,使刀尖正好接触工件上表面上,这段高度就是刀具长度补偿值,其值可在刀具预调仪或自动测长装置上测出。

实现这种功能的 G 代码是 G43、G44、G49。G43 是把刀具向上抬起,G44 是把刀具向下补偿,G49 是取消长度补偿(G49 在 Z 轴回原点后使用比较安全)。

图 8-33 中钻头用 G43 命令向上正向补偿 H1 值,铣刀用 G43 命令向上正向补偿 H2 值。

刀具长度补偿指令格式:

G43 G0(G01) Z__ H__;

式中:H 为刀具长度补偿号,与半径补偿类似,H 后边指定的地址中存有刀具长度值。

当刀具较长时,主轴需作离开工件补偿,执行 G43:

Z 实际值 = Z 指令值 + (H)

当刀具较短时,主轴需作趋近工件补偿,执行 G44:

Z 实际值 = Z 指令值 - (H)

注意:进行长度补偿时,刀具要有 Z 轴移动;其中 H 寄存器中的补偿量,其值可以是正值或者是负值。当刀长补偿量取负值时,G43 和 G44 的功效将互换。

图 8-34 为不同命令下刀具的实际位置。其中"G90 G54 G0 Z0;"语句在有长度补偿的情况下没有 G43 命令,将造成严重事故。

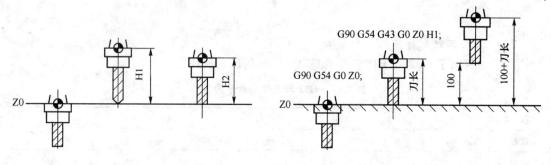

图 8-33 长度补偿原理　　　　图 8-34 正向补偿方法

(2) 换刀命令

在加工中心换刀时要用到 T(选刀)代码及 M06(换刀)代码。

例 8-16 换刀程序。

程　序	说　明
O8999(ATC);	换刀子程序,适合于立式加工中心
M05 M09;	主轴停,切削液停
G80;	取消固定循环
G91 G28 Z0;	Z 轴回原点
G49 M06;	取消长度补偿,换刀
M99;	
O8999(ATC);	换刀子程序,适合于卧式加工中心
M05 M09;	主轴停,切削液停
G80;	取消固定循环
G91 G28 Z0;	Z 轴回原点
G91 G30 X0 Y0;	回到换刀原点(第二参考点)
G49 M06;	取消长度补偿,换刀
M99;	

这是两个换刀子程序,实现刀库中当前换刀位置中的刀具与主轴上刀具进行交换,前者适合于立式加工中心,后者适合于卧式加工中心。

例 8-17 长度补偿与半径补偿的综合应用。

见图 8-24,矩形尺寸为 130 mm×80 mm×20 mm,坐标原点在零件上表面对称中心,四个 M5 螺孔深度为 5 mm,底孔深度为 10 mm。使用刀具为:T1 Φ20 立铣刀 D01 H1,T2 Φ4.2 钻头 H2,T3 M5 丝锥 H3。

程　序：
O1;
T1 M98 P8999;
G90 G54 G0 X0 Y0;
G43 Z100.0 H01 M08;
S350 M03;
X-80.0 Y-60.0;
Z5.0;
G01 Z-10.0 F100;
G41 X-65.0 Y-50.0 D01 F50;
Y40.0;
X65.0;
Y-40.0;
X-75.0;
G40 X-80.0 Y-60.0;
G0 Z100.0;
T2 M98 P8999;

G90 G54 G0 X0 Y0;
G43 Z100.0 H02 M08;
S500 M03;
G73 X-50.0 Y-25.0 R5.0 Q3.0 Z-10.0 F30;
Y25.0;
X50.0;
Y-25.0;
T3 M98 P8999;
G90 G54 G0 X0 Y0;
G43 Z100.0 H03 M08;
S300 M03;
G84 X-50.0 Y-25.0 R7.0 Z-5.0 F240;
Y25.0;
X50.0;
Y-25.0;
T0 M98 P8999;
M30;

8.4　宏程序编制

8.4.1　概　述

在一般的程序编制中程序字为一常量，一个程序只能描述一个几何形状，所以缺乏灵活性和适用性。有些情况下机床需要按一定规律动作，如在钻孔循环中，用户应能根据工况确定切削参数，一般程序达不到这种要求，在进行自动测量时人或机床要对测量数据进行处理，这些数据存储在变量中，一般程序是不能处理的。针对这种情况，数控机床提供了另一种编程方式即宏程序。

在程序中使用变量，通过对变量进行赋值及处理的方法达到程序功能，这种有变量的程序叫宏程序。

1. 宏程序使用格式

宏程序格式与子程序一样，结尾用 M99 返回主程序。

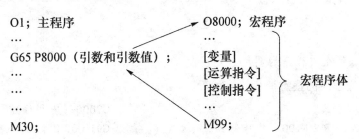

2. 选择程序号

程序在存储器中的位置决定了该程序一些权限,根据程序的重要程度和使用频率用户可选择合适的程序号,具体如表8-5所列。

表8-5 程序的存储区间

程序号	程序存储空间作用
O1～O7999	程序能自由存储、删除和编辑
O8000～O8999	不经设定该程序就不能进行存储、删除和编辑
O9000～O9019	用于特殊调用的宏程序
O9020～O9899	如果不设定参数就不能进行存储、删除和编辑
O9900～O9999	用于机器人操作程序

3. 宏程序调用方法

① 非模态调用(单纯调用) 指一次性调用宏主体,即宏程序只在一个程序段内有效,叫非模态调用。其格式为:

G65 P××××(宏程序号)L(重复次数)＜指定引数值＞

一个引数是一个字母,对应于宏程序中变量的地址,引数后边的数值赋给宏程序中对应的变量。同一语句中可以有多个引数,见例8-18。

例8-18 非模态调用宏程序。

O1;主程序   O7000;宏程序
…   G91 G00 X#24 Y#25;
G65 P7000 L2 X100.0 Y100.0 Z-12.0 R-7.0 F80.0;   Z#18;
G00 X-200 Y100;   G01 Z#26 F#9;
…   #100=#18+#26;
…   G00 Z-#100;
M30;   M99;

注意:G65必须放在该句首,引数指定值为有小数点的正、负数。L为执行次数,可达9999次。

② 模态调用 模态调用功能近似固定循环的续效作用。在调用宏程序的语句以后,机床在指定的多个位置循环执行宏程序。宏程序的模态调用用G67取消,其指令格式为:

…
G66 P×××(宏程序号)L重复次数 ＜指定引数＞;(此时机床不动)
X Y;   (机床在这些点开始加工)
X Y;
…
G67;   (停止宏程序的调用)

例8-19 宏程序的模态调用。

…(主程序)   O8000;(宏程序)
G66 P8000 Z-12 R-2 F100;(机床不动)   G91 G00 Z#18;

X100.0 Y-50.0;（机床开始动作）
X100.0 Y-80.0;
G67;
M30;

G01 Z#26 F#9;
#100=#18+#26;
G00 Z-#100;
M99;

③ 多重调用　宏程序也可以进行多重调用,最多四次。
④ 多重模态调用　宏程序的多重模态调用方式与一般程序不同。

例 8-20　多重模态调用,零件如图 8-35 所示。

主程序
N1 G66 P5001 L6 R-7.0 Z-15.0 F30.0 X50.0;
N2 X50.0;　　　　　　　　　　在 X50.0 处开始宏程序 P5001,循环 6 次
N3 G66 P5002 L4 X-300.0 Y-50.0;　运动至 X-300.0 Y-50.0 点(G91)
N4 Y0;　　　　　　　　　　　在 Y0 处(G91)开始 P5002,之后返回 N1 对
　　　　　　　　　　　　　　　P5001 再次调用,一共 4 次
N5 G67;…取消 P5002
N6 G67;…取消 P5001
N7 G00 X-350.0 Y200.0;
…

宏程序
O5001;
G91 G00 Z#18;
G01 Z#26 F#9;
#100=#18+#26;
G00 Z-#100;
X#24;
M99;
O5002;
G00 X#24 Y#25;
M99;

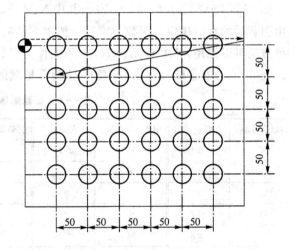

图 8-35　多重调用宏程序

⑤ 用 G 代码调用宏程序　让 G 代码与相应宏程序对应起来,调用宏程序时只需使用 G 代码并给变量赋值。例如可设定参数 0323 值为 12,即表示 G12<引数指定>与 G65 P9010 <引数指定>相同,这里的 G12 代替了 G65 P9010。
⑥ 可用 M 代码、T 代码、S 代码、B 代码调用宏程序。

8.4.2　变　量

(1) 变量的表示
一个变量由 # 符号和变量号组成。
如:#i(i=1,2,3,…),也可用表达式来表示变量,如:#[<表达式>]。
例:#[#50]　#[2001-1]　#[#4/2]

(2) 变量的使用

在地址号后可使用变量,如:

F♯9　　若♯9=100.0,则表示 F100

Z-♯26　若♯26=10.0,则表示 Z-10.0

G♯13　　若♯13=2.0,则表示 G02

M♯5　　若♯5=08.0,则表示 M08

……

(3) 变量的赋值

① 直接赋值　变量可在操作面板 MACRO 内容处直接输入,也可用 MDI 方式赋值,也可在程序内用以下式方式赋值,但等号左边不能用表达式。

♯__=数值(或表达式)

② 引数赋值　宏程序体以子程序方式出现,所用的变量可在宏调用时赋值。

如:G65 P9120 X100. Y20. F20;其中 X、Y、F 对应于宏程序中的变量号,变量的具体数值由引数后的数值决定。引数与宏程序体中变量的对应关系有两种(见表 8-6 和表 8-7),此两种方法可以混用,其中 G、L、N、O、P 不能作为引数为变量赋值。

表 8-6 为变量赋值方法Ⅰ,表 8-7 为变量赋值方法Ⅱ。

表 8-6　变量赋值方法Ⅰ

引数(自变量)	变量	引数(自变量)	变量	引数(自变量)	变量	引数(自变量)	变量
A	♯1	H	♯11	R	♯18	X	♯24
B	♯2	I	♯4	S	♯19	Y	♯25
C	♯3	J	♯5	T	♯20	Z	♯26
D	♯7	K	♯6	U	♯21		
E	♯8	M	♯13	V	♯22		
F	♯9	Q	♯17	W	♯23		

表 8-7　变量赋值方法Ⅱ

自变量地址	变量	自变量地址	变量	自变量地址	变量	自变量地址	变量
A	♯1	I3	♯10	I6	♯19	I9	♯28
B	♯2	J3	♯11	J6	♯20	J9	♯29
C	♯3	K3	♯12	K6	♯21	K9	♯30
I1	♯4	I4	♯13	I7	♯22	I10	♯31
J1	♯5	J4	♯14	J7	♯23	J10	♯32
K1	♯6	K4	♯15	K7	♯24	K10	♯33
I2	♯7	I5	♯16	I8	♯25		
J2	♯8	J5	♯17	J8	♯26		
K2	♯9	K5	♯18	K8	♯27		

例 8-21 用两种变量方法来赋值。

变量赋值方法 Ⅰ：

                G65   P9120   A200.0   X100.0   F100.0
                                             ↓   ↓   ↓
                                           #1   #24   #9

变量赋值方法 Ⅱ：

              G65   P2012   A10.0   I5.0   J0   K0   I0   J30   K9
                                      ↓   ↓   ↓   ↓   ↓   ↓   ↓
                                    #1   #4   #5 #6 #7 #8 #9

（4）变量的种类

变量有局部变量、公用变量（全局变量）和系统变量三种。

① 局部变量 #1～#33 局部变量是一个在宏程序中局部使用的变量。当宏程序 A 调用宏程序 B 而且都有 #1 变量时，因为它们服务于不同的局部，所以，A 中的 #1 与 B 中的 #1 不是同一个变量，互不影响。

② 公用变量（全局变量） #100～#149、#500～#509 公用变量贯穿整个程序过程，包括多重调用。上例中若 A 与 B 同时调用全局变量 #100，则 A 中的 #100 与 B 中的 #100 是同一个变量。

③ 系统变量 宏程序能够对机床内部变量进行读取和赋值，从而可完成以下复杂任务：

- 接口信号；
- 刀具补偿 #2000～#2200，其中长度补偿与半径补偿均在此区内；
- 工件偏置量 #5201～#5326；
- 报警信息 #3000，#3000 中存储报警信息地址，如：#3000=n，则显示 n 号警告；
- 时钟 #3001，#3002；
- 禁止单程序段停止和等待辅助功能结束信号 #3003；进给保持（不能手动调节机床进给速率）#3004；
- 模态信息 #4001～#4120，如：#4001 为 G00～G03，若当前为 G01 状态，则 #4001 中值为 01。#4002 为 G17～G19，若当前为 G17 平面，则 #4002 值为 17；
- i 位置信息 #5001～#5105 保存各种坐标值，包括绝对坐标，距下一点距离等；系统变量还有多种，为编制宏程序，提供了丰富的信息来源。

④ 未定义变量的性质 未定义变量又叫空变量，有其特殊性质，与变量值为零的变量是有区别的；变量 #0 总是空变量。

表 8-8～8-10 给出了空变量的性质。

表 8-8 使用空变量

#1=<空>	#1=0
G90 X100.0 Y#1;相当于 G90 X100.0;	G90 X100.0 Y#1;相当于 G90 X100.0 Y0;

表 8-9 空变量运算

#1=<空>	#1=0
#2=#1,则 #2=<空>	#2=#1,则 #2=0
#2=#1*5,则 #2=0	#2=#1*5,则 #2=0
#2=#1+#1,则 #2=0	#2=#1+#1,则 #2=0

表 8-10 条件式

#1=<空>		#1=0	
#1=#0	√	#1=#0	×
#1≠#0	√	#1≠0	×
#1≥#0	√	#1≥0	√
#1>#0	×	#1>0	×

8.4.3 运算指令

宏程序具有赋值、算术运算、逻辑运算和函数运算等功能。表 8-11 所列为变量的各种运算。

表 8-11 变量的各种运算

No	名称	形式	意义	具体实例
1	定义转换	#i=#j	定义、转换	#102=#10 #20=500
2	加法型演算	#i=#j+#K #i=#j-#k #i=#j OR #k #i=#j XOR #k	和 差 逻辑和 异或	#5=#10+#102 #8=#3+100 #20=#3-#8 #12=#5-25
3	乘法型演算	#i=#j*#K #i=#j/#k #i=#j AND #k #i=#j MOD #k	积 商 逻辑乘 取余	#120=#1*#24 #20=#7*360 #104=#8/#7 #110=#21/12 #116=#10 AND #11 #20=#8 MOD #2
4	函数运算	#i=SIN[#j] #i=COS[#j] #i=TAN[#j] #i=ATAN[#j] #i=SQRT[#j] #i=ABS[#j] #i=ROUND[#j] #i=FIX[#j] #i=FUP[#j] #i=ACOS[#j] #i=LN[#j] #i=EXP[#j]	正弦(度) 余弦(度) 正切 反正切 平方根 绝对值 四舍五入整数化 小数点以下舍去 小数点以下进位 反余弦(度) 自然对数 e^x	#10=SIN[#5] #133=COS[#20] #30=TAN[#21] #148=ATAN[#1]/[#2] #131=SQRT[#10] #5=ABS[#102] #112=ROUND[#23] #115=FIX[#109] #114=FUP[#33] #10=ACOS[#16] #3=LN[#100] #7=EXP[#9]

8.4.4 控制指令

控制指令起到控制程序流向的作用。

(1) 分支语句(GOTO)其格式为：
IF[<条件表达式>]GOTO n

若条件表达式成立，则程序转向程序号为 n 的程序段；若条件不满足就继续执行下一句程序，条件式的种类有以下几种，如表 8-12 所列。

表 8-12 条件式种类

条件式	意 义
#j EQ #K	=
#j NE #K	≠
#j GT #K	>
#j LT #K	<
#j GE #K	≥
#j LE #K	≤

(2) 循环指令
WHILE[<条件式>] DO m(m=1,2,3…);
  …
END m;

当条件式满足时，就循环执行 WHILE 与 END 之间的程序段 m 次；若条件不满足就执行 END m;的下一个程序段。

8.4.5 宏程序体编制

例 8-22 此例为机床启动暖机程序，程序使机床在加工前以一定条件达到热平衡。

```
O0002 四位数(暖机程序)
G65 P9008 D4.0 V12.0;           D=工具直径，V=切削速度
#3005=128;                       用#3005变量确定机床初始状态(机床初始
                                 化，不同的机床有不同的数值)
G49 G40 G80 G17 G98;
G91 G00 G28 X0 Y0 Z0;            各轴回原点
G65 P9009 F0.1 T2;               F=切削条件(每齿进给量)，T=刀具齿数
M03 S#110;
G01 Z-100.0 F#111;
M69;                             回转工作台锁定开关开(放开)
G00 G28 Z0 A0;       ⎫
X500.0;              ⎬
G28 X-500.0;         ⎬
G00 Y-250.0 A360.0;  ⎬   机械运动(有卧式加工中心的回转工作台运动)
G28 Y250.0 A-360.0;  ⎬
M05;                 ⎬
G04 P2000;           ⎭
M06;
/M99;                            重复运动直至跳步开关开
```

```
T01;
M06;
M30;
O9008;                                      (计算主轴转数)
#100 = #22;                                  把#22(V)、#7(D)的数值赋给公用变量
#101 = #7;
IF[#7 LE 20.0]GOTO 5;                        如果刀具直径小于 20 mm 程序转至 N5
#110 = [#100/[3.1415 * #101]] * 1000;        计算主轴转数并赋给#110
M99;
N5#110 = [#100/[3.1415 * #101]] * 500;       把过高的转数降半(也可编为在一定转数下锁定)
M99;
O9009;                                       (进给速度的计算)
#102 = #9;                                   把#9(F 每齿进给量)、#20(齿数)数值赋给全
                                             局变量
#103 = #20;
#111 = #102 * #103 * #110;                   计算每分钟进给速度,mm/min
IF[#111 GE 500]GOTO 6;                       若进给速度在 500 mm/min 以上转至 N6
M99;
N6#111 = 500;                                锁定进给速度,避免速度过高
M99;
```

例 8-23 极坐标方式加工孔,如图 8-36 所示;变量含义如表 8-13 所列。

```
O9190(ARC);
IF[[#4 * #2 * #7]EQ 0]GOTO 990;
IF[#24 EQ #0]GOTO 990;
IF[#25 EQ #0]GOTO 990;
IF[4009 EQ 80]GOTO 10;
IF[#19 NE #0]GOTO 992;
N10#31 = #4003;
#10 = 0;
#27 = #7-1;
#27 = ROUND[#27 * 1000]/1000;
WHILE[#!0 LE #27]DO 1;
#11 = #1 + #10 * #2;
#12 = #24 + #4 * COS[#11];
#13 = #25 + #4 * SIN[#11];
G90 X#12 Y#13;
IF[#19 EQ #0]GOTO 20;
```

G#31;
G65 P#19;
N20 #10 = #10 + 1;
END 1;
GOTO 999;
N990 #3000 = 140(DATA LACK);
N992 #3000 = 142(DATA ERROR);
N999 G#31 M99;

O9190 的使用方法：

O100;
G90 G00 G54 S800 M03;
G76 R2.0 Z-15.0 Q0.5 F80 L0;
G65 P9190 X70. Y80. I55. B60. D3. A30.;
G80 X0 Y0 M05;
M30;

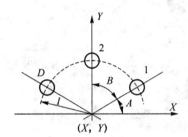

图 8-36 极坐标方式加工孔

表 8-13 变量含义

引数	意义	缺省状态
X	旋转中心坐标 X	报警 140
Y	中心坐标 Y	报警 140
I	旋转半径	报警 140
B	等分角度	报警 140
D	个数	报警 140
A	第一孔的开始角	A=0

第 9 章 加工中心的操作与加工

9.1 数控系统面板的基本操作

9.1.1 概 述

数控系统面板即 CRT/MDI 操作面板。本书介绍的操作面板是 FANUC 公司的 FANUC 0I 系统的操作面板,其中 CRT 是阴极射线管显示器的英文缩写(CRT,cathode radiation tube),而 MDI 是手动数据输入的英文缩写(MDI,manual date input)。图 9-1 所示为 9″CRT 全键式的操作面板和标准键盘的操作面板。

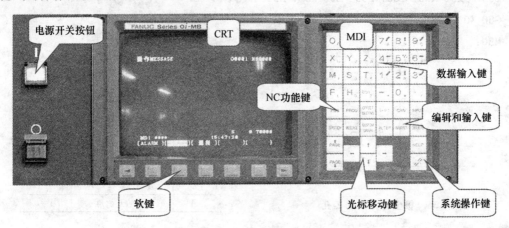

图 9-1 CRT/MDI 操作面板

可以将面板的键盘分为以下几个部分:

1. 软 键

该部分位于 CRT 显示屏的下方,除了左右两个箭头键外,键面上没有任何标识。这是因为各键的功能都被显示在 CRT 显示屏下方的对应位置,并随着 CRT 显示的页面不同而有着不同的功能,这就是该部分被称为软键的原因。

2. 系统操作键

这一组有二个键,分别为右下角 RESET 键和 HELP 键,其中 RESET 为复位键,HELP 键为系统帮助键。

3. 数据输入键

该部分包括了机床能够使用的所有字符和数字。可以看到,字符键上都有两种字符,因此都具有两个功能:较大的字符为该键的第一功能,即按下该键可以直接输入该字符;较小的字符为该键的第二功能,要输入该字符须先按 SHIFT 键(按 SHIFT 键后,屏幕上相应位置会出现一个"^"符号)然后再按该字符键。另外键"6/SP"中"SP"是"空格"的英文缩写(space)。也就是说,该键的第二功能是空格。

4. 光标移动键和翻页键

在 MDI 面板下方的上、下箭头键("↑"和"↓")和左、右箭头键("←"和"→")为光标前后移动键,标有"PAGE"的上、下箭头键为翻页键。

5. 编辑键

这一组有 6 个键:CAN、INPUT、ALTER、INSERT 和 DELETE,均位于 MDI 面板的右上方,这几个键为编辑键,用于编辑加工程序。

6. NC 功能键

该组的 6 个键(标准键盘)或 8 个键(全键式)用于切换 NC 显示的页面以实现不同的功能。

7. 电源开关按钮

机床的电源开关按钮位于 CRT/MDI 面板左侧,红色标有"OFF"的按钮为 NC 电源关断,绿色标有"ON"的按钮为 NC 电源接通。

9.1.2 MDI 面板

CRT 为显示屏幕,用于相关数据的显示,用户可以从屏幕中看到操作数控系统的反馈信息。MDI 面板是用户输入数控指令的地方,MDI 面板的操作是数控系统最主要的输入方式。

图 9-2 是 MDI 面板上各按键的位置。

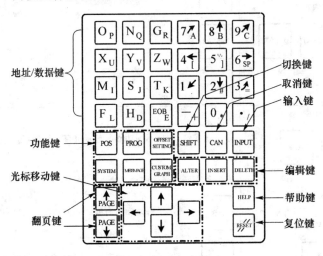

图 9-2 MDI 操作面板

表 9-1 为 MDI 面板上各键的详细说明。

表 9-1 MDI 面板上键的详细说明

编号	名称	详细说明
1	复位键 RESET	按下这个键可以使 CNC 复位或者取消报警等
2	帮助键 HELP	当对 MDI 键的操作不明白时,按下这个键可以获得帮助(帮助功能)

续表 9-1

编号	名称	详细说明
3	软键	根据不同的画面,软键有不同的功能;软键功能显示在屏幕的底端
4	地址和数字键 [O/P] [7/A]	按下这些键可以输入字母、数字或者其他字符
5	切换键 [SHIFT]	在该键盘上,有些键具有两个功能。按下 SHIFT 键可以在这两个功能之间进行切换。当一个键右下脚的字母可被输入时,就会在屏幕上显示一个特殊的字符"∧"
6	输入键 [INPUT]	当按下一个字母键或者数字键时,再按该键数据被输入到缓冲区,并且显示在屏幕上。要将输入缓冲区的数据复制到偏置寄存器中,可按下该键。这个键与软键中的 INPUT 键是等效的
7	取消键 [CAN]	按下这个键删除最后一个进入输入缓冲区的字符或符号。当键输入缓冲区后显示为:＞N001X100Z_;当按下该键时,Z 被取消并且显示＞N001X100_
8	程序编辑键 [ALTER] [INSERT] [DELETE]	按下如下键进行程序编辑: [ALTER] 替换 [INSERT] 插入 [DELETE] 删除
9	功能键 [POS] [PROG]	按下这些键,切换不同功能的显示屏幕。详细可参考后面功能键的讲解
10	光标移动键 [←][↑][→][↓]	有四种不同的光标移动键: [→] 该键用于将光标向右或者向前移动。光标以小的单位向前移动 [←] 该键用于将光标向左或者往回移动。光标以小的单位往回移动 [↓] 该键用于将光标向下或者向前移动。光标以大的单位向前移动 [↑] 该键用于将光标向上或者往回移动。光标以大的单位往回移动
11	翻页键 [PAGE↑] [PAGE↓]	有两个翻页键: [PAGE↑] 该键用于将屏幕显示的页面向回翻页 [PAGE↓] 该键用于将屏幕显示的页面往下翻页

9.1.3 功能键和软键

1. 功能键用来选择将要显示的屏幕种类

在 MDI 面板上的功能键，如图 9-3 所示。

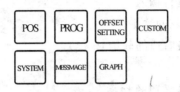

图 9-3 功能键

每一个功能键的主要功能如表 9-2 所列（标准键盘只有前 6 个键）。

表 9-2 每一个功能键的主要功能

编号	功能键	详细说明
1	POS	按下该键显示位置屏幕
2	PROG	按下该键显示程序屏幕
3	OFFSET SETTING	按下该键显示偏置/设置（SETTING）屏幕
4	SYSTEM	按下该键显示系统屏幕
5	MESSMAGE	按下该键显示信息屏幕
6	GRAPH	按下该键显示图形显示屏幕
7	CUSTOM	按下该键显示用户宏屏幕（宏程序屏幕） 如果是带有 PC 功能的 CNC 系统，该键相当于个人计算机上的 Ctrl 键
8	:	如果是带有 PC 功能的 CNC 系统，该键相当于个人计算机上的 Alt 键

2. 软键

要显示一个更详细的屏幕，按下功能键后按软键，软键也用于实际操作。下面各图标说明了按下一个功能键后软键显示屏幕的变化情况。

▢ 显示的屏幕

▨ 表示通过按下功能键而显示的屏幕(*¹)

[ ] 表示一个软键(*²)

( ) 表示由 MDI 面板进行输入

[▭] 表示一个显示为绿色的软键

▷ 表示菜单继续键(最右边的软键)(*³)

说　明：

*¹：按下功能键后常用屏幕之间的切换。

*²：根据配置的不同，有些软键并不显示。

*³：在一些情况下，当应用 12 个软键显示单元时菜单继续键被忽略。

如图 9-4 所示，软键的一般操作：

① 按下 MDI 面板上的功能键，属于所选功能的章节软键就显示出来。

② 按下其中一个章节选择键，则所选章节的屏幕就显示出来；如果有关一个目标章节的屏幕没有显示出来，按下菜单继续键(下一菜单键)，再选择一章中的附加章节。

③ 当目标章节屏幕显示后，按下操作选择键，以显示要进行操作的数据。

④ 为了重新显示章节选择软键，按下菜单返回键。

上面解释了通常的屏幕显示过程。而实际的显示过程，每一屏幕都不一样。

图 9-4　选择软键的操作方法

3. 按下功能键 [POS] 的画面显示

按下这个功能键，可以显示刀具的当前位置。数控系统用以下三种画面来显示刀具的当前位置：

- 绝对坐标系位置显示画面。
- 相对坐标系位置显示画面。
- 综合位置显示画面。

以上画面也可以显示进给速度、运行时间和加工的零件数。此外，也可以在相对坐标系的画面中设定浮动参考点。图 9-5 所示为该功能键被按下时 CRT 画面的切换，同时显示了每一画面的子画面。

下面讲解常用的显示画面：

① 绝对坐标系位置显示画面(ABS)，如图 9-6 所示。

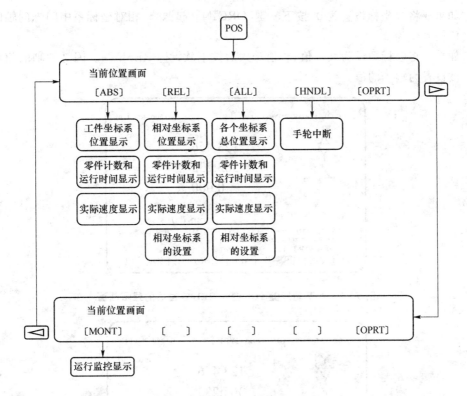

图 9-5 按下 POS 键的显示画面

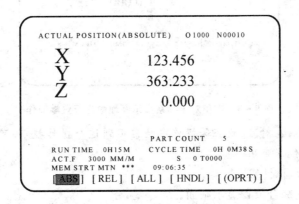

图 9-6 按下功能键 POS 键和 ABS 软键后的显示画面

这个画面是显示刀具在工件坐标系中的当前位置。当刀具移动时,当前位置也发生变化。最小的输入增量被用做数据值的单位。画面顶部的标题标明使用的是绝对坐标系。

② 相对坐标系位置显示画面(REL),如图 9-7 所示。

该画面是根据操作者设定的坐标系显示刀具在相对坐标系中的当前位置,刀具移动时当前坐标也发生变化,增量系统的单位用作数字值的单位,画面顶部标明使用的是相对坐标系。

在这个画面中,可以在相对坐标系中将刀具的当前位置设置为 0,或者按照以下步骤预设一个指定值。

- 在相对坐标画面上输入轴的地址(比如 X 或 Y)。相应的轴则出现闪烁,标明了那个指定轴,变化如图 9-8 所示。

- 如果要将该坐标设置为 0,按下软键[ORGIN](起源)。相对坐标系中闪烁的轴的坐标值被复位为 0。
- 如果要将坐标预设为某一值,将值输入后按下软键[PRESET]。闪烁的轴的相对坐标被设置为输入的值。

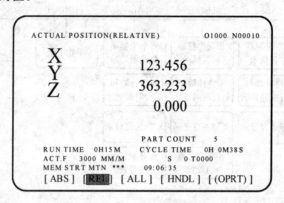

图 9-7　按下功能键 POS 键和 REL 软键后的显示画面

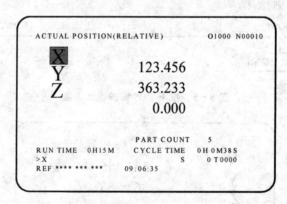

图 9-8　在相对坐标系显示画面中进行置零操作

说明:实际工作中,在对刀、找正等操作中经常用到这个操作技巧,可以完成数值计数,也就是将机床当成数显铣床来用。

4. 综合位置显示画面(ALL)

如图 9-9 所示是综合位置显示画面。

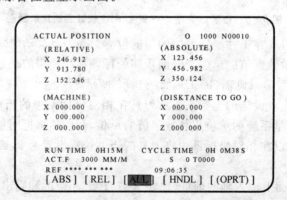

图 9-9　按下功能键 POS 键和 ALL 软键后的显示画面

图中所示的这个画面是按下功能键 POS 又按下了软键[ALL]后,CRT 屏幕显示的画面。下面解释该画面中的一些内容:

(1) 坐标显示

可以同时显示下面坐标系中刀具的当前位置:

① 相对坐标系的当前位置(相对坐标系);
② 工件坐标系的当前位置(绝对坐标系);
③ 机床坐标系的当前位置(机床坐标系);
④ 剩余的移动量(剩余移动量)。

(2) 剩余的移动量

在 MEMORY 或者 MDI 方式中可以显示剩余移动量,即在当前程序段中刀具还需要移动的距离。

(3) 机床坐标系

最小指令单位用做机床坐标系的数值单位,然而也可以通过修改系统参数 No. 3104JHJ0(MCN)的设置使用最小输入单位。

5. 按下功能键 PROG 的画面显示

在不同的操作面板模式下该功能键显示的画面是不相同的。如图 9-10 所示,在 MEMORY (AUTO)或者 MDI 模式中按下该功能键的画面切换显示,同时显示了每一画面的子画面。

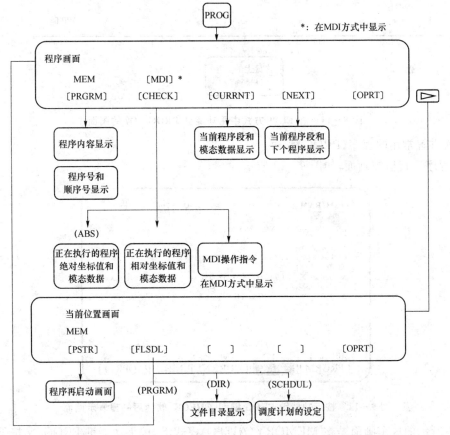

图 9-10 在 MEMORY 和 MDI 方式中用功能键 PROG 切换的画面

如图 9-11 所示,在 EDIT 模式中按下该功能键的画面切换显示,同时显示了每一画面的子画面。

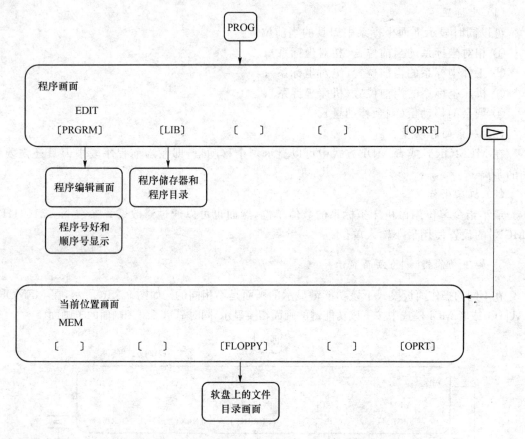

图 9-11 在 EDIT 方式中用功能键 PROG 切换的画面

下面讲解常用的程序(PROG)画面:

① 程序运行监控画面,如图 9-12 所示。

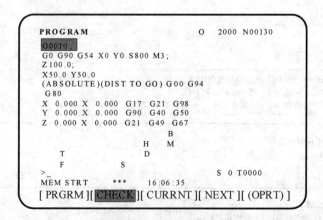

图 9-12 按下功能键 PROG 键和[CHECK]软键后的显表示画面

图中所示的这个画面是在 MEMORY(AUTO)模式下,按下功能键 PROG,又按下了软键

[CHECK]后,CRT 屏幕显示的画面。下面解释该画面中的一些内容:
- 程序显示:画面可以显示从当前正在执行的程序段开始的 4 个程序段。当前正在执行的程序段以白色背景显示。在 DNC 操作中,仅能显示 3 个程序段。
- 当前位置显示:显示在工件坐标系或者相对坐标系中的位置以及剩余的移动量。绝对位置和相对位置可以通过[ABS]和[REL]软键进行切换。
- 模态 G 代码:最多可以显示 12 个模态 G 代码。
- 在自动运行中的显示:显示当前正在执行的程序段、刀具位置和模态数据。

在自动运行中,可以显示实际转速(SACT)和重复次数。否则显示键盘输入提示符(>_)。
- T 代码:正常情况下是显示当前刀具的号码,如果系统参数 PCT(No. 3108♯2)设置为 1 时,显示由 PMC(HD. T/NX. T)指定的 T 代码,而不是程序中指定的 T 代码。

② MDI 模式下输入程序画面,如图 9-13 所示。

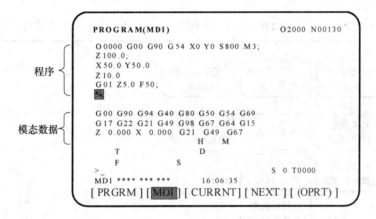

图 9-13 在 MDI 模式下按下功能键 PROG 键后的显示画面

此画面是在 MDI 模式下,按下功能键 PROG 后,CRT 屏幕显示的画面。在这个画面中,可以由 MDI 面板输入程序(只使用一次的程序)和模态数据。

③ EDIT 模式下输入程序画面,如图 9-14 所示。

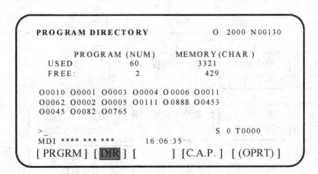

图 9-14 在 EDIT 模式下按下功能键 PROG 键后的显示画面

此画面是在 EDIT 模式下,按下功能键 PROG 后,CRT 屏幕显示的画面。由此画面,可以使用 CRT 屏幕下的软键,进入[PRGRM]和[DIR]两种画面。
- [PRGRM]画面:在这个画面中,可以完成程序的建立、程序的编辑、程序的传输等操作内容。
- [DIR]画面:在这个画面中,可以看到已经建立的程序文件名、程序的大小、剩余的系统内存等内容。

6. 按下功能键 [OFFSET SETTING] 的画面显示

按下该功能键显示和设置补偿值和其他数据。

如图 9-15 所示,为该功能键被按下时 CRT 画面的切换,同时显示了每一画面的子画面。

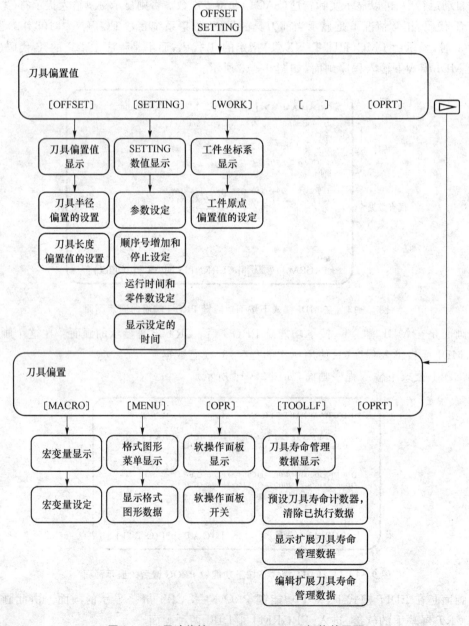

图 9-15 用功能键 OFFSET SETTING 切换的画面

下面讲解常用的补偿输入(OFFSET SETTING)画面:

① 设定和显示刀具偏置值,如图 9-16 所示。

图 9-16 所示的画面是按下功能键 OFFSET,又按下了软键[OFFSET]后,CRT 屏幕显示的画面。

```
OFFSET                           O 1000 N00010
    NO.    GEOM(H)    WEAR(H)    GEOM(D)    WEAR(D)
    001      0.000      0.000      0.000      0.000
    002   -345.000      0.000      6.000      0.000
    003   -147.000      0.000      4.000      0.000
    004      0.000      0.000      0.000      0.000
    005      0.000      0.000      0.000      0.000
    006      0.000      0.000      0.000      0.000
    007      0.000      0.000      0.000      0.000
    008      0.000      0.000      0.000      0.000
ACTUAL POSITION(RELATIVE)
           X 0.000            Y 0.000
           Z 0.000
>_                                    S 0 T0000
MDI **** *** ***        16:06:35
[ OFFSET ][ SETING ][ WORK ][       ][( OPRT )]
```

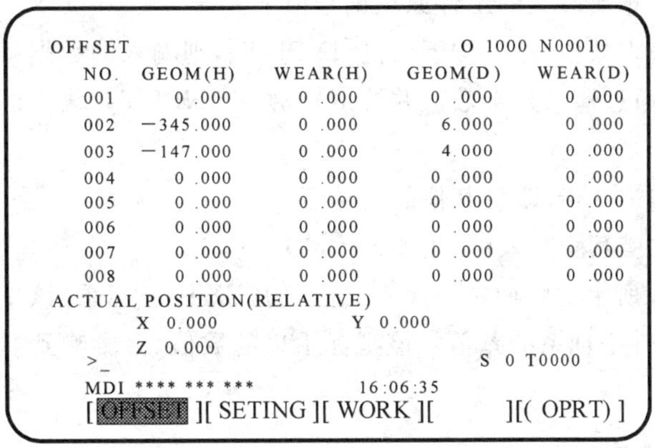

图 9-16　按下功能键 OFFSET 键和[OFFSET]软键后的显示画面

这个画面是设定和显示刀具的偏置值。刀具长度偏置值和刀具半径补偿值由程序中的 D 或者 H 代码指定。D 或者 H 代码的值可以显示在画面上并借助画面进行设定。

设置刀具补偿值的基本步骤如下:

- 通过页面键和光标键将光标移到要设定和改变补偿值的地方,或者输入补偿号码,在这个号码中设定或者改变补偿值并按下软键[NO.SRH]。
- 要设定补偿值,输入一个值并按下软键[INPUT]。要修改补偿值,输入一个将要加到当前补偿值的值(负值将减小当前的值)并按下软键[+INPUT],或者输入一个新值,并按下软键[INPUT]。

② 显示和设定工件原点偏移值(用户坐标系),如图 9-17 所示。

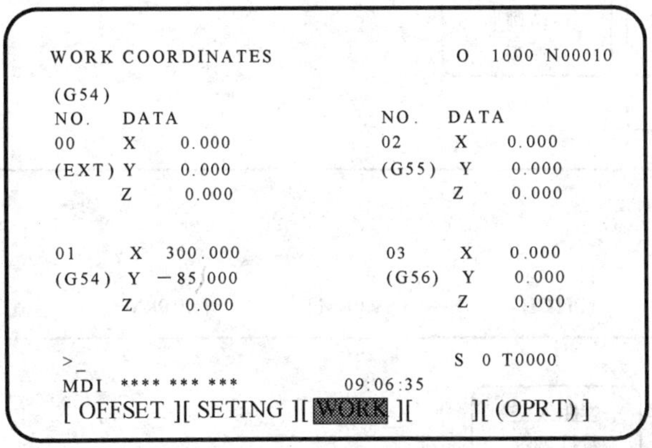

```
WORK COORDINATES              O 1000 N00010
(G54)
NO.    DATA                NO.    DATA
00     X    0.000          02     X    0.000
(EXT)  Y    0.000          (G55)  Y    0.000
       Z    0.000                 Z    0.000

01     X  300.000          03     X    0.000
(G54)  Y  -85.000          (G56)  Y    0.000
       Z    0.000                 Z    0.000

>_                                    S 0 T0000
MDI **** *** ***        09:06:35
[ OFFSET ][ SETING ][ WORK ][       ][( OPRT )]
```

图 9-17　按下功能键 OFFSET 键和[WORK]软键后的显示画面

图 9-17 所示的画面是按下功能键 OFFSET 后,又按下了软键[WORK]后,CRT 屏幕显示的画面。

这个画面是设定和显示每一个工件坐标系的工件原点偏移值(G54~G59)和外部工件原

点偏移值。工件原点偏移值和外部工件原点偏移值可以在这个画面上设定。

显示和设定工件原点偏移值的步骤如下:
- 关掉数据保护键,使得可以写入。
- 将光标移动到想要改变的工件原点偏移值上。
- 通过数字键输入数值,然后按下软键[INPUT],则输入的数据就被指定为工件原点偏移值。或者,通过输入一个数值并按下软键[+INPUT],输入的数值可以累加到以前的数值上。
- 重复第 2 步和第 3 步,改变其他的偏移值。
- 接通数据保护键禁止写入(防止他人改动)。

注意:在图 3-25 所示的画面中,有一个特殊的[EXT]坐标系,该坐标系用来补偿编程的工件坐标系与实际工件坐标系的差值。该坐标系里的数值,会影响到后面的所有用户坐标系(G54~G59)。

7. 按下功能键 SYSTEM 的画面显示

当 CNC 和机床连接调试时,必须设定有关参数以确定机床的功能、性能与规格,以充分利用伺服电机的特性。参数要根据机床设定,具体参数值应参考机床厂家提供的参数表。

如图 9-18 所示,为该功能键被按下时 CRT 画面的切换,同时显示了每一画面的子画面。

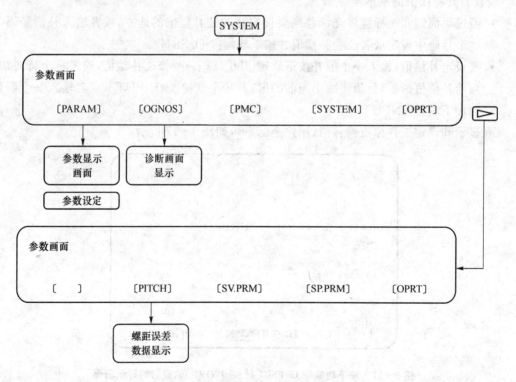

图 9-18 用功能键 SYSTEM 切换的画面

注意:对于机床使用者来说,系统参数通常不需要改变。
系统参数(SYSTEM)的画面范例如图 9-19 所示。

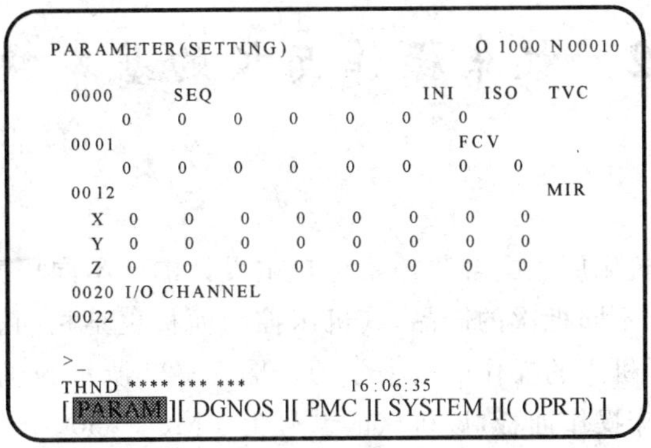

第9章 加工中心的操作与加工   237

```
PARAMETER(SETTING)           O 1000 N00010
0000      SEQ              INI  ISO  TVC
          0    0   0   0   0    0    0
0001                           FCV
          0    0   0   0   0   0    0
0012                                 MIR
  X  0    0    0   0   0   0   0    0
  Y  0    0    0   0   0   0   0    0
  Z  0    0    0   0   0   0   0    0
0020 I/O CHANNEL
0022
>_
THND **** *** ***        16:06:35
[ PARAM ][ DGNOS ][ PMC ][ SYSTEM ][( OPRT) ]
```

图9-19　按下功能键 SYSTEM 键和 PARAM 软键后的显示画面

8. 按下功能键 MESSAGE 的画面显示

按下该功能键后,可显示报警,报警记录和外部信息,如图9-20所示。

```
MESSAGE HISTORY            O 1000 N00010
99/01/01 17:25:00              PAGE:1
NO.***


MEM STRT MIN FIN ALM    16:06:35
[       ][ MSGHIS ][     ][      ][( OPRT) ]
```

图9-20　按下功能键 MESSAGE 和 MSGHIS 软键后的显示画面

9. 按下功能键 GRAPH 的画面显示

FANUC 系统具有两种图形功能:一种是图形显示功能,另一种是动态图形显示功能。

图形显示功能能够在屏幕上画出正在执行程序的刀具轨迹,图形显示功能可以放大或缩小图形。

动态图形显示功能能够在屏幕上画出刀具轨迹和实体图形。刀具轨迹的绘制,可以实现自动缩放和立体图绘制。在加工轮廓的实体绘制中,加工过程的状态可以通过模拟显示出来,毛坯也可以描绘出来,如图9-21所示。

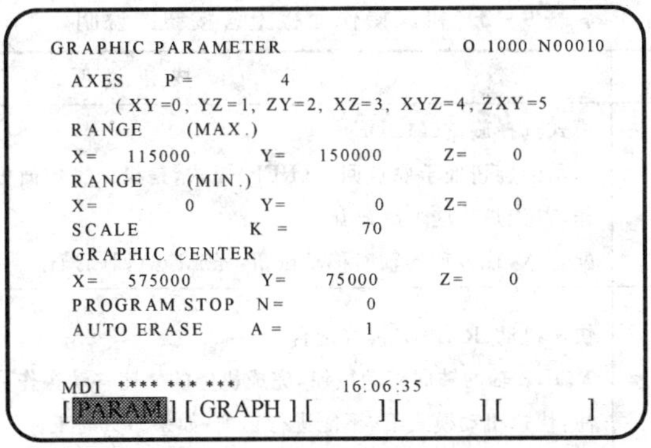

```
GRAPHIC PARAMETER          O 1000 N00010
  AXES     P =    4
         ( XY=0, YZ=1, ZY=2, XZ=3, XYZ=4, ZXY=5 )
  RANGE   (MAX.)
  X=  115000    Y=   150000    Z=    0
  RANGE   (MIN.)
  X=      0     Y=       0     Z=    0
  SCALE     K =    70
  GRAPHIC CENTER
  X=  575000    Y=    75000    Z=    0
  PROGRAM STOP  N=     0
  AUTO ERASE    A =    1

MDI **** *** ***        16:06:35
[ PARAM ][ GRAPH ][    ][    ][    ]
```

图9-21　按下功能键 GRAPH 键和 PARAM 软键后的显示画面

9.2 机床操作面板的基本操作

9.2.1 概述

机床控制面板是由机床厂家配合数控系统自主设计的。不同厂家的产品,机床控制面板各不相同,甚至同一厂家不同批次的产品,其机床控制面板也不相同。因此,这部分内容的学习,应该根据本单位实际机床的操作面板来学习。图 9-22 所示的机床操作面板为台湾乔福立式加工中心所配的机床操作面板,该机床的型号为 VMC-850。

图 9-22 机床操作面板

对于配备 FANUC 系统的加工中心来说,机床控制面板的操作基本上大同小异,除了部分按钮的位置不相同外,其他的操作基本相同。

要熟练操作加工中心,就应熟练掌握机床操作面板上各按钮的作用。以下是机床操作面板上各按钮的作用介绍。

9.2.2 机床操作面板上各按钮的说明

表 9-3 列出了机床操作面板上各按钮的说明。

表 9-3 机床操作面板上各按钮的说明

按钮图片	按钮说明
	模式选择旋钮(MODE) 图示的旋钮处于原点回归(REF)模式,是机床操作面板上最重要的功能,绝大多数操作,首先是从这个旋钮开始 配合 X,Y,Z 轴的轴向移动按钮,完成原点回归操作
	快速机动(RAPID)模式配合 X,Y,Z 轴的轴向移动按钮,完成机床的快速移动操作 注:快速机动模式下,不能进行切削,如果刀具与工件发生接触,则视为碰撞

续表 9-3

按钮图片	按钮说明
	机动(JOG)模式 配合 X,Y,Z 轴的轴向移动按钮,完成机床的机动操作 注:该模式下可以进行切削操作,配合 CRT 的刀具位置显示,可以将机床作为数显机床来使用
	手轮(HANDLE)模式 配合手轮完成 X,Y,Z 轴的轴向移动 注:该模式下可以进行切削操作,配合 CRT 的刀具位置显示,可以将机床作为数显机床来使用
	手动数据输入(MDI)模式 在此模式下,配合 MDI 键盘录入单步,少量并且不用保存的程序
	在线加工(REMOTE)或称 DNC 模式 在此模式下,可一边传输程序,一边进行加工。解决机床的内存不能容纳 250 KB 以上的程序的问题
	自动(AUTO)模式
	编辑(EDIT)模式 配合 MDI 键盘,完成程序的录入、编辑和删除等操作
	进给速率调节旋钮(FEEDRATE OVERRIDE) 在机动(JOG)模式下或试运行模式下,使用外圈的数字,调节范围 0~4 000 mm/min 在自动(AUTO)或 MDI 模式下,使用内圈数字,调节范围为程序给定 F 值的 0~200%
	快速进给速率调节旋钮(RAPID OVERRIDE) 在快速机动模式下使用,其中 LOW 的速率为 500 mm/min
	主轴转速调节旋钮 调节范围 50%~150%
	主轴负载表 该表提供目前主轴电机切削时的功率输出状态 正常操作应保持在 100% 以下,如果超过 100%~150% 时,不能连续切削超过 30 min
	主轴旋转按钮 从左到右,依次为主轴正转、主轴停止和主轴反转 注:只能在快速机动、机动、手轮和原点回归这四个模式下使用、

续表 9-3

按钮图片	按钮说明
	刀号显示(TOOL DISPLAY) 当选择开关切换到刀库一侧(图中靠左),数字显示为目前待命的刀库号码 当选择开关切换到主轴一侧(图中靠右),数字显示为目前主轴上的刀具号码
	程序保护锁 当钥匙孔旋向保护状态时(见图中所示),不能编辑程序、工件坐标系和刀具偏置值等数据。该功能能在机床运行,自动执行程序时,不被外人无意中破坏。如果要编辑程序,则要用专用钥匙将钥匙孔旋向非保护状态(图中靠右)
	超行程释放按钮(OVERTRAVEL RELEASE) 当机床行程正常时,按键灯亮;当机床行程超过极限开关的设定时。则机床停止。该按键灯熄灭,CRT屏幕显示"NOT READY"
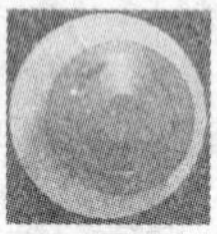	紧急停止开关(EMEERGENCY STOP) 当有紧急情况时(如机床撞刀),按下紧急停止按钮,可使机械动作全部停止,确保操作人员和机床的安全 处于紧急停止状态时:主轴停止,轴向移动停止,液压装置停止,刀库停止,切削液停止,铁屑机停止和防护门互锁
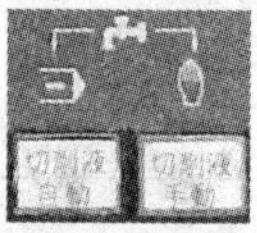	切削液开启控制开关 图中左边为程序自动控制方式。按下该键,如程序正在执行 M08 指令,则切削液打开;如正在执行 M09 指令,则关闭 图中右边为手动控制方式,按下该键,切削液打开,再按关闭
	主轴喷雾吹气开关 按一次,吹气打开,按键灯亮;再按一次,吹气关闭,按键灯熄灭。吹气功能,在程序方式下由 M07 指令打开,M12 指令关闭
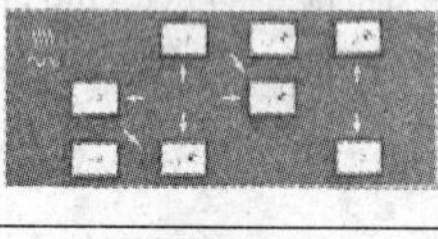	各轴移动方向,在快速机动模式或机动模式下使用。按下按钮,即按进给方向移动,放开按钮则停止。同时按下"+""-"方向,轴向不动
	程序启动按钮(CYCLE START) 按下该按钮,程序将自动执行
	程序暂停按钮(LED) 按下该按钮,按键灯亮,程序执行暂停。如果要继续执行程序,则按下程序启动键,如果不继续执行程序,需要按下"RESET"按键
	单步运行模式 按下该键,按键灯亮,程序执行一个程序段后,将暂停,等待用户按"程序启动按钮"之后,执行一个程序段 一般是在调试程序时使用该功能
	试运行模式 按下该键,按键灯亮,程序执行时,将忽略程序中设定的 F 值,而按进给速率调节旋钮指示的外圈的数字进给

续表 9-3

按钮图片	按钮说明
	**单节忽略模式** 按下该键,按键灯亮,程序执行时,将忽略以"/"开头的程序段
	**选择停止(OPTION STOP)** 按下该键,按键灯亮,程序执行至 M01 指令时,程序将暂停,等待用户按"程序启动按钮"之后,继续执行。再按该键,则取消选择停止模式,程序执行至 M01 时,不会暂停,而是直接执行下一程序段
	**辅助功能锁定键(M.S.T.LOCK)** 按下该键,按键灯亮,程序中的 M 代码、S 代码和 T 代码将被忽略无效。该功能常与机械锁定键连用,以检查程序是否正确 注:该键对 M00,M01,M02,M30,M98,M99 无效
	**机械锁定键** 按下该键,按键灯亮,机械运动被锁定。再按该键,取消机械锁定
	**Z 轴运动锁定键** 按下该键,按键灯亮,Z 轴运动被锁定。再按该键,取消 Z 轴锁定
	**控制机床防护门互锁装置开启或关闭** 在程序停止及主轴和切削液停止的状态下,可正常打开,按键灯在防护门打开状态下亮
	**NC 系统就绪键** 当机床启动时,如果机床控制系统正常,按下此键启动控制系统,并使 CNC 系统就位,CRT 屏幕显示"READY"
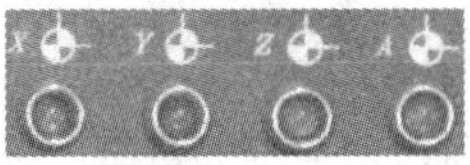	**原点指示灯** X 轴回原点时,X 轴指示灯(图中左端)产生闪烁,到原点位置时,灯亮不闪烁。其他轴向的指示灯,与 X 轴指示灯一样
	**镜像功能指示灯** X 轴指示灯亮(图中左端),表示正在使用 X 轴的镜像功能 Y 轴指示灯亮(图中右端),表示正在使用 Y 轴的镜像功能
	**换刀位置指示灯** 当 Z 轴处于换刀点时,该灯点亮 使用 G30 指令,可让 Z 轴回到该点
	**第四轴锁定指示灯** 当第四轴(例如 A 轴)处于夹紧状态时,指示灯亮,此时第四轴无法旋转

续表 9-3

按钮图片	按钮说明
	切削液开启指示灯 当切削液启动时,该指示灯亮
	程序报警指示灯 当 NC 产生 ALARM 报警时,该红灯产生闪烁
	机械装置报警指示灯 当机械装置产生 ALARM 报警时,该红灯产生闪烁
	润滑油缺油指示灯 当导轨润滑油缺油时,该红灯产生闪烁,此时可将导轨专用润滑油加入到润滑油箱中
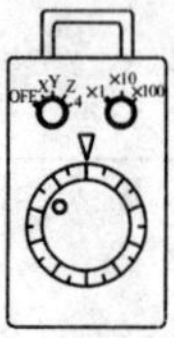	轴向控制手轮(MANUAL PULSE GENERATOR) 手轮进给操作只能在"手轮模式(HANDLE)"或手轮插入模式(MANUAL HANDLE INTERRUPTION)下使用,此时手轮上的指示灯会亮 使用时,必须仔细调节各轴向旋转的方向、比例和移动量 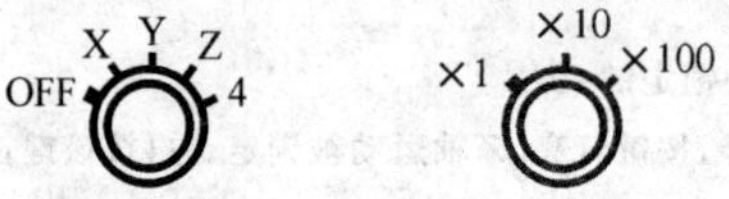 轴向选择旋钮　　速度比率选择旋钮

9.2.3 乔福加工中心的部分常用操作

1. 机床开机操作

开机操作如表 9-4 所列顺序。

表 9-4 机床开机操作

操作顺序	按钮图片
(1) 打开压缩空气开关	— —
(2) 将电气箱侧面的电源开关旋至"ON",打开机床主电源。完成该动作后,可以听到电器箱中散热风扇转动的声音	
(3) 按下数控系统面板上的电源开关(POWER ON)启动 CNC 的电源和 CRT 屏幕。该操作需要等待 10 几秒,完成 CNC 系统的装载	
(4) 将紧急开关"EMERGENCY STOP"打开	
(5) 按下 NC 系统就绪键,使 CNC 系统就位,CRT 屏幕显示"READY"	
(6) 将模式选择旋钮旋至原点回归模式,再按下程序启动按钮,执行自动回归原点操作	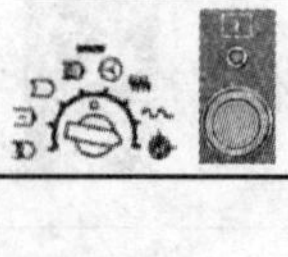

2. 机床关机操作顺序
① 将工作台移动到安全的位置；
② 将主轴停止转动；
③ 按下紧急开关,停止油压系统及所有驱动元件；
④ 按下数控系统面板上的"电源关"按键,关闭 CNC 系统和 CRT 屏幕的电源；
⑤ 将电气箱侧面的电源开关旋至"OFF",关闭机床主电源；
⑥ 关闭压缩空气开关。

3. 手动原点回归操作(RETUTRN TO REFERENCE POSITION)
手动原点回归操作如表 9-5 所列顺序。

表 9-5 手动原点回归操作

操作顺序	按钮图片
(1) 将模式选择旋钮旋至"原点回归"(ZRN)	
(2) 按下"+Z"或"-Z"均可自动回到 Z 轴机械原点 再按下"+X"或"-X"自动回到 X 轴机械原点 按下"+Y"或"-Y"自动回到 Y 轴机械原点	
(3) 如果工作台距离原点太近(小于 100 mm),原点回归无法完成,则需要将工作台反方向移动一段距离,然后再执行步骤(2)	——
(4) 在执行原点回归过程中,原点指示灯会持续闪烁。原点回归完成后,则指示灯会亮着不再闪烁	——

4. 手动资料输入的操作(MDI)
MDI 操作如表 9-6 所列顺序。

表 9-6 MDI 操作

操作顺序	按钮图片
(1) 将模式选择旋钮旋至"手动资料输入"(MDI)	
(2) 按下 PROG 功能键,切换到程序录入界面	PROG
(3) 使用 MDI 操作键,将程序录入	——
(4) 按下程序启动键,开始执行 MDI 程序	
(5) 程序执行完成后,自动清除 MDI 中的程序	——

5. 自动执行程序(AUTOMATIC)
自动执行程序操作如表 9-7 所列顺序。

表 9-7　自动执行程序操作

操作顺序	按钮图片
(1) 将模式选择旋钮旋至"自动模式"(AUTO)	
(2) 按下 PROG 功能键,切换到程序界面,选择想要执行的程序号码及程序位置	——
(3) 按下程序启动键,程序将自动执行。程序启动的指示灯将亮起	——

6. 在线加工的操作(DNC)

在线加工操作如表 9-8 所列顺序。

表 9-8　自动执行程序操作

操作顺序	按钮图片
(1) 刀具准备妥当,刀具长度和半径补偿值录入完成,用户坐标系设置完成	——
(2) 将模式选择旋钮旋至"程序传输"(REMOTE)	
(3) 将程序保护钥匙开关切换到"开"	
(4) 将外部设备(如计算机)和传输界面(如 WINDNC)准备好,打开要执行的程序	——
(5) 按下程序启动键,数控系统等待外部程序的输入	——
(6) 开始传输程序,程序填入数据缓冲区,待缓冲区填满后,数控系统从程序头开始执行	——

7. 超行程的解除

因为某种原因,工作台处于超行程位置,机床将自动停止,CRT 屏幕显示"NOT READY"。超行程解除的操作顺序如表 9-9 所列。

表 9-9　超行程解除操作

操作顺序	按钮图片
(1) 将模式选择旋钮旋至"手动"	
(2) 将"超行程"按键持续按下,按键灯亮	
(3) 再将 "NC 系统就绪键"按下,重新启动数控系统 CNC	
(4) 重新执行"原点回归"操作	——

注意：当机床超行程时,注意移动方向,如果方向错误,将造成严重的撞机事故,操作时需要特别注意方向及适当降低速度。

8. 自动换刀时要注意的问题

1) 乔福加工中心 VMC850 的刀库为斗笠式刀库,机床在进行自动换刀时,应注意以下问题：

① 使用 T 代码执行换刀,可以不要 M06 指令。当程式执行 T 码时,机床会使用子程序自动判断回换刀点,并自动换刀。因此如果希望以单步模式执行换刀,即一个动作一个动作的执行,则必须设定 PMCK6JHJ1 为 1。如果不需要单步模式换刀,请勿设定。

② 如果在换刀过程中,按下"重置"(RESET)或紧急停止按钮,将会有如下一些特殊情况产生:

- 刀库在进行上下换刀时,刀库将立即停止动作,待紧急停止解除后,会自动回复到正常位置。
- 刀库在进行上下换刀时,刀库将立即停止动作,待紧急停止解除后,不会自动回复到正常位置,此时,操作者必须配合 M 功能,一步一步执行回到安全位置。
- 换刀时,刀库会自动寻找主轴目前刀号的刀位,再进行换刀。若想更改主轴刀号请使用 M86 命令来变更主轴刀号为目前刀位刀号。

注意:操作者在使用 M 代码控制刀库回正常位置时,应注意是否有干涉碰撞的危险,并且应在单步模式下小心的操作,一步一步将刀库退回原始位置。

2) 与换刀有关的 M 代码如下:

① M80:主轴刀刀位搜寻。
② M81:刀库前进。
③ M82:刀库后退。
④ M83:刀库上。
⑤ M84:刀库下。
⑥ M86:设定主轴刀为目前刀位刀号。
⑦ M87:主轴松刀。
⑧ M88:主轴夹刀。
⑨ M77:主轴吹气开。
⑩ M78:主轴吹气关。

9. 乔福加工中心(VMC850)的 M 代码

如表 9-10 所示为 VMC850 的 M 代码功能。

表 9-10　VMC850 乔福加工中心 M 代码

M 代码	功　能	M 代码	功　能
M00	程式停止	M10	中空刀具启动
M01	程式选择停止	M11	中空刀具停止
M02	程式结束	M12	喷雾停止
M03	主轴正转	M13	主轴正转及切削液开
M04	主轴反转	M14	主轴反转及切削液开
M05	主轴停止	M15	主轴停止及切削液关
M06	自动换刀(只用于机械手换刀)	M16	自动门开(追加)
M07	喷雾启动(喷压缩空气)	M17	自动门关(追加)
M08	切削液开	M19	主轴定位
M09	切削液关	M20	夹头闭(追加)

续表 9-10

M代码	功 能	M代码	功 能
M21	夹头开（追加）	M70	镜像取消
M22	进给率调整无效	M71	X轴镜像
M23	进给率调整有效	M72	Y轴镜像
M24	卷屑机启动	M74	第四轴镜像
M25	卷屑机停止	M75	第五轴镜像
M26	分度盘旋转轴	M76	第六轴镜像
M27	第四轴夹紧（追加）	M77	主轴吹气开
M29	刚性攻丝功能开	M78	主轴吹气关
M30	程式结束并重置	M80	寻找主轴刀杯
M31	第五轴夹	M81	刀库前进/刀臂前进
M32	第五轴松	M82	刀库后退
M33	第六轴夹	M83	刀库下/刀杯下
M34	第六轴松	M84	刀库上/刀杯上
M37	冲屑开	M85	钢性攻丝功能关
M38	冲屑关	M86	主轴刀号设定/刀库重整

9.3 加工中心的编程实例

9.3.1 训练要点

掌握手工编程的编程步骤；完成二维手工编程实例的练习

本节编程示例所用加工零件如图 9-23 所示，所用刀具如表 9-11 中所列。

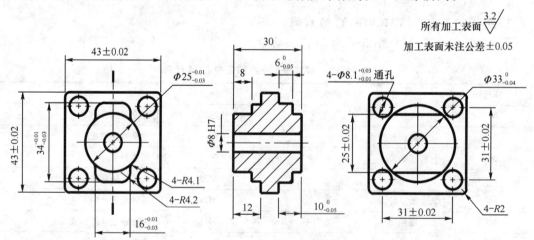

技术要求：
① 零件毛坯为 $\phi 60$ 的棒料，长度为35，材料为铝材；或零件毛坯为练习零件二。
② 刀具参数见表9-11。

图 9-23 加工零件

表 9-11 加工中心训练所用刀具参数表

刀具号码	刀具名称	刀具材料	刀具直径 Φ/mm	零件材料为铝材			零件材料为45#钢			备注
				转速 r/min	径向进给量 mm/min	轴向进给量 mm/min	转速 r/min	径向进给量 mm/min	轴向进给量 mm/min	
T1	端铣刀	高速钢	12	600	120	50	500	60	35	粗铣
T2	端铣刀	高速钢	8	1 100	130	80	800	90	50	精铣
T3	中心钻	高速钢	3	1 500	—	80	1 100	—	60	钻中心孔
T4	钻头	高速钢	7.8	800	—	60	500	—	40	钻孔
T5	钻头	高速钢	8	200	—	50	140	—	35	精铰孔

9.3.2 零件的工艺安排

1. 第一面的工艺安排

① 用虎钳和 V 型铁装夹零件,用百分表找正 Φ60 的圆,铣平零件上表面后,将零件中心和零件上表面设为 G54 的原点。

② 加工路线是:钻 5 个中心孔→钻 1 个 Φ7.8 孔→钻四周的 4 个 Φ7.8 孔→粗铣 Φ33 圆台→粗铣 25 台阶→精铣 25 台阶→精铣 Φ33 圆台→精铣一个 Φ59.5 的工艺台阶→铰 1 个 Φ8 孔。

2. 根据工艺安排第一面编程

加工程序的主程序如表 9-12 所列,子程序如表 9-13 所列。

表 9-12 第一面主程序编程

主程序内容	程序注释(加工时不需要输入)
%	传输程序时的起始符号
O1	
G91G28Z0	主轴直接回到换刀参考点
T3M6	换 3 号刀,Φ3 mm 的中心钻
G90G54G0X0Y0S1500M3	刀具初始化,选择用户坐标系为 G54
G43H3Z100.0M08	3 号刀的长度补偿
G99G81X0.Y0.Z-5.0R5.0F80	G81 钻孔循环指令钻中心孔(第 1 点 X0.Y0.)
X15.5Y15.5	(第 2 点 X15.5 Y15.5)
Y-15.5	(第 3 点 X15.5 Y-15.5)
X-15.5	(第 4 点 X-15.5 Y-15.5)
Y15.5	(第 5 点 X-15.5 Y15.5)
G80M09	
M05	
G91G28Z0	
T4M6	换 4 号刀,Φ7.8 mm 钻头
G90G54G0X0Y0S800M3	
G43H4Z100.0M08	

续表 9-12

主程序内容	程序注释(加工时不需要输入)
G99G73X0.Y0.Z-36.0Q2.0R5.0F60 G80	G73 钻孔(第 1 点 X0.Y0.),深度 Z-36.0
G99G73X15.5Y15.5Z-24.0Q2.0R5.0F60 Y-15.5 X-15.5 Y15.5 G80M09 M05 G91G28Z0 T1M6 G90G54G0X0Y0S600M3 G43H1Z100.0 X41.5Y0 Z5.0M08	G73 钻孔(第 1 点 X15.5 Y15.5),深度 Z-24.0 (第 2 点 X15.5 Y-15.5) (第 3 点 X-15.5 Y-15.5) (第 4 点 X-15.5 Y15.5) 换 1 号刀,Φ12 mm 平铣刀 刀具初始化 1 号刀的长度补偿 加工起始点(X41.5 Y0 Z100.)
G01Z-6.0F50 D1M98P100F120(D1=16) D2M98P100F120(D2=6.2) G01Z-12.0F50 D1M98P100F120(D1=16) D2M98P100F120(D2=6.2) G01Z-8.0F50 D2M98P200F120(D2=6.2)	用不同的刀具半径补偿值重复调用子程序去除工件的余量 半径补偿值和切削速度传入子程序 分层铣削圆台 铣削 25 的台阶
G0Z100.0M09 M05 G91G28Z0 T2M6 G90G54G0X0Y0S1100M3 G43H2Z100.0 X41.5Y0 Z5.0M08	 换 2 号刀,Φ8 mm 端铣刀 加工起始点(X41.5,Y0,Z100)
G01Z-4.0F80 D3M98P100F130(D3=3.99) G01Z-8.0F80 D4M98P200F130(D4=4.) D3M98P100F130(D3=3.99) G01Z-12.0F80 D3M98P100F130(D3=3.99) D3M98P100F130(D3=3.99) G01Z-16.0F80 D4M98P300F130(D4=4)	用合适的刀具半径补偿,通过调用子程序完成精加工 重复铣削一次,减小刀具弹性变形的影响 用合适的刀具半径补偿,通过调用子程序完成精加工 因为公差不同,其刀具半径补偿也不同 重复铣削一次,减小刀具弹性变形的影响

续表 9-12

主程序内容	程序注释(加工时不需要输入)
G0Z100.0M09	
M05	
G91G28Z0	
T5M6	换 5 号刀,Φ8 mm 铰刀
G90G54G0X0Y0S200M3	刀具初始化
G43H5Z100.0M08	
G99G81X0.Y0.Z-36.0R5.0F50	G81 循环指令铰孔
G80	
G0Z100.0M09	
M05	
G91G28Z0	
M30	程序结束
%	传输程序时的结束符号

表 9-13　第一面子程序编程

子程序内容	程序注释(加工时不需要输入)
%	
O100	O100 子程序(铣削 Φ33 mm 的圆台)
X41.5Y0	起始点
G01G41Y25.0	刀具半径补偿有效,补偿值由主程序传入
G03X16.5Y0.R25.0	圆弧切入
G2I-16.5J0	加工轨迹的描述,铣削整圆
G03X41.5Y-25.0R25.0	圆弧切出
G01G40Y0	刀具半径补偿取消
M99	返回主程序
%	
%	
O200	O200 子程序(铣削 25(±0.02 mm)的台阶)
X41.5Y0	起始点
G01G41Y-12.5	刀具半径补偿有效,补偿值由主程序传入
X-20.0	直线切入
Y12.5	加工轨迹的描述
X41.5	直线切出
G01G40Y0.	刀具半径补偿取消
M99	返回主程序
%	

续表 9-13

子程序内容	程序注释(加工时不需要输入)
% O300 X41.5Y0 G1G41Y11.75 G3X29.75Y0R11.75 G2I-29.75J0 G03X41.5Y-11.75R11.75 G01G40Y0 M99 %	O300 子程序(铣削 Φ59.5 mm 的工艺台阶) 起始点 刀具半径补偿有效,补偿值由主程序传入 圆弧切入 加工工艺台阶的轨迹描述 圆弧切出 刀具半径补偿取消 返回主程序
% G91G28Z0 T1M6 G90G54G0X0Y0S600M3 G43H1Z100.0 X45.0Y0 Z5.0 M08 G01Z0.F80 G01X35.0F130 G02I-35.0J0 G01X25.0 G02I-25.0J0 G01X15.0 G02I-15.0J0 G01X5.0 G02I-5.0J0 G0Z100.M09 M05 M30 %	铣工件上表面的程序,单独使用 起始点(X45.0 Y0 Z100.0) 铣削深度,可根据实际情况,调整 Z 值 程序结束 传输程序时的结束符号

3. 第二面的工艺安排

① 用虎钳装夹 25 的台阶,用百分表找正 Φ59.5 的工艺台阶,然后粗铣零件上表面,测量零件的长度,根据零件长度,精铣零件上表面后,将零件中心和零件上表面设为 G54 的原点。

② 加工路线是:粗铣 16×34 的台阶→粗铣 43×43 的台阶→粗铣 Φ25 的圆台→精铣 Φ25 的圆台→精铣 16×34 的台阶→精铣 43×43 的台阶→精铣 4 个 Φ8.1 的孔。

4. 根据工艺安排第二面编程

加工程序的主程序如表 9-14 所列,子程序如表 9-15 所列。

表 9-14 第二面主程序编程

主程序内容	程序注释(加工时不需要输入)
%	传输程序时的起始符号
O1	
G91G28Z0	主轴直接回到换刀参考点
T1M6	换 1 号刀,Φ12mm 平铣刀
G90G54G0X0Y0S600M3	刀具初始化
G43H1Z100.0	1 号刀的长度补偿
X41.5Y0	加工起始点(X41.5 Y0 Z100.)
Z5.0M08	
G01Z-5.0F50	用不同的刀具半径补偿值重复调用子程序去除工件的余量
D1M98P100F120(D1=16)	半径补偿值和切削速度传入子程序
D2M98P100F120(D2=6.2)	Z 向分层铣削
G01Z-10.0F50	XY 方向多次铣削
D1M98P100F120(D1=16)	
D2M98P100F120(D2=6.2)	
G01Z-14.0F50	
D2M98P400F120(D2=6.2)	
G01Z-18.5F50	
D2M98P400F120(D2=6.2)	
G01Z-4.0F50	
D2M98P200F120(D2=6.2)	
G0Z100.0M09	
M05	
G91G28Z0	
T2M6	换 2 号刀,Φ8mm 端铣刀
G90G54G0X0Y0S1100M3	
G43H2Z100.0	
X41.5Y0	加工起始点(X41.5,Y0,Z100)
Z5.0M08	
G01Z-4.0F80	
D3M98P200F130(D3=3.99)	精铣圆台
G01Z-10.0F80	
D4M98P300F80(D4=4.06)	半精铣 16×34 的方台
D3M98P300F130(D3=3.99)	精铣 16×34 的方台
D3M98P300F130(D3=3.99)	重复铣削一次,减小刀具弹性变形的影响
G01Z-14.0F80	
D3M98P400F130(D3=3.99)	精铣 43×43 的方台
G01Z-18.5F50	
D3M98P400F130(D3=3.99)	
D3M98P400F130(D3=3.99)	
G0Z100.	
G0X15.5Y15.5	精铣第 1 个 Φ8.1mm 的孔(孔中心坐标 X15.5Y15.5)

续表 9-14

主程序内容	程序注释(加工时不需要输入)
Z5.0 G01Z-19.0F50 D3M98P500F130(D3=3.99) D3M98P500F130(D3=3.99) G0Z100.	重复铣削一次,减小刀具弹性变形的影响
G0X-15.5Y15.5 Z5.0 G01Z-19.0F50 D3M98P500F130(D3=3.99) D3M98P500F130(D3=3.99) G0Z100.	精铣第 2 个 Φ8.1 mm 的孔(孔中心坐标 X-15.5Y15.5) 重复铣削一次,减小刀具弹性变形的影响
G0X-15.5Y-15.5 Z5.0 G01Z-19.0F50 D3M98P500F130(D3=3.99) D3M98P500F130(D3=3.99) G0Z100.	精铣第 3 个 Φ8.1 mm 的孔(孔中心坐标 X-15.5Y-15.5) 重复铣削一次,减小刀具弹性变形的影响
G0X15.5Y-15.5 Z5.0 G01Z-19.0F50 D3M98P500F130(D3=3.99) D3M98P500F130(D3=3.99) G0Z100. M09	精铣第 4 个 Φ8.1 mm 的孔(孔中心坐标 X15.5Y-15.5) 重复铣削一次,减小刀具弹性变形的影响
M05 G91G28Z0 M30 %	 程序结束 传输程序时的结束符号

表 9-15 第二面子程序编程

子程序内容	程序注释(加工时不需要输入)
% O100 X41.5Y0 G01G41Y26.5 G03X14.5Y0.R26.5 G01X8.0Y-17.0 X-8. X-14.5Y0 X-8.0Y17.0 X8.0 X14.5Y0 G03X41.5Y-26.5R26.5 G01G40Y0 M99 %	 O100 子程序(粗铣削 16×34 的方台) 起始点 刀具半径补偿有效,补偿值由主程序传入 圆弧切入 加工轨迹的描述 由于原始形状对刀具补偿值有限制,最大不超过 4.1,为了去除余量,这里构造一个六边形的加工轨迹,以去除零件余量 圆弧切出 刀具半径补偿取消 返回主程序

续表 9-15

子程序内容	程序注释(加工时不需要输入)
% O200 X41.5Y0 G01G41Y29. G03X12.5Y0.R29. G2I-12.5J0 G03X41.5Y-29.R29. G01G40Y0 M99 %	O200 子程序(铣削 Φ25 的圆台)
% O300 X41.5Y0. G01G41Y29. G03X12.5Y0.R29. G2X9.111Y-8.558R12.5 G3X8.Y-11.364I2.989J-2.807 G1Y-12.8 G2X3.8Y-17.R4.2 G1X-3.8 G2X-8.Y-12.8R4.2 G1Y-11.364 G3X-9.111Y-8.558I-4.1 G2X-12.5Y0.R12.5 X-9.111Y8.558R12.5 G3X-8.Y11.364I-2.989J2.807 G1Y12.8 G2X-3.8Y17.R4.2 G1X3.8 G2X8.Y12.8R4.2 G1Y11.364 G3X9.111Y8.558I4.1 G2X12.5Y0.R12.5 G03X41.5Y-29.R29. G01G40Y0 M99 %	O300 子程序(铣削 16×34 的方台) 起始点 刀具半径补偿有效,补偿值由主程序传入 圆弧切入 加工轨迹的描述 练习 IJ 指令 圆弧切出 刀具半径补偿取消 返回主程序

子程序内容	程序注释（加工时不需要输入）
% O400 X41.5Y0 G1G41Y20.0 G3X21.5Y0R20.0 G1Y-19.5 G2X19.5Y-21.5R2.0 G01X-19.5 G2X-21.5Y-19.5R2.0 G01Y19.5 G02X-19.5Y21.5R2.0 G01X19.5 G02X21.5Y19.5R2.0 G01Y0 G03X41.5Y-20.0R20.0 G01G40Y0 M99 %	O400 子程序（铣削 43×43 的方台） 起始点 刀具半径补偿有效，补偿值由主程序传入 圆弧切入 加工轨迹的描述 圆弧切出 刀具半径补偿取消 返回主程序
% O500 G91 G01G41X4.05 G03I-4.05J0 G01G40X-4.05 G90 M99 %	练习相对坐标系的铣削方式 O500 子程序（铣削 Φ8 的孔） 使用 G91 指令相对坐标系的方式 直线切入，刀具半径补偿有效，补偿值由主程序传入 铣削整圆 直线切出，刀具半径补偿取消 恢复绝对坐标系的方式 返回主程序
% G91G28Z0 T1M6 G90G54G0X0Y0S600M3 G43H1Z100.0 X45.0Y0 Z5.0 M08 G01Z0.F80 G01X35.0F130 G02I-35.0J0 G01X25.0 G02I-25.0J0 G01X15.0	铣工件上表面的程序，单独使用 起始点（X45.0 Y0 Z100.0） 铣削深度，可根据实际情况，调整 Z 值

续表 9-15

子程序内容	程序注释(加工时不需要输入)
G02I-15.0J0 G01X5.0 G02I-5.0J0 G0Z100.M09 M05 M30 %	 程序结束 传输程序时的结束符号

9.4 加工中心的维护

加工中心是一种自动化程度高、结构复杂且又昂贵的先进加工设备。为了充分发挥数控机床的效益,重要的是要做好预防性维护,使数控系统少出故障,即设法提高系统的平均无故障时间。预防性维护的关键是加强日常的维护、保养。主要的维护工作有下列内容:

1. 操作人员应熟悉各部件状况

加工中心操作人员应熟悉所用设备中各系统部件规定的使用环境(加工条件)等,并要严格按机床及数控系统使用说明手册的要求正确合理地使用,尽量避免因操作不当而引起故障。机床操作人员必须了解机床的行程大小,主轴转数范围,主轴驱动电机功率,工作台面大小,工作台承载能力大小,机动进给时的速率,ATC 所允许最大刀具尺寸,最大刀具重量等。在液压系统中要了解最大工作压力,流量和油箱容量。电器方面应了解各个油泵、电机的功率等。

2. 操作前的确认

在操作前必须确认(主轴)润滑油与导轨润滑油中否符合要求,润滑油不足时要及时加入合适的润滑油(如牌号、型号等),确认气压压力是否正常。

3. 空气过滤器的清扫

如果数控柜后门底部的空气过滤器灰尘过多,会使柜内冷却空气通道不畅,引起柜内温度过高而使系统不能可靠工作。因此,应针对周围环境状况,及时检查清扫。电气柜内电路板和电器件上有灰尘、油污时,也应及时清扫。

4. 加工中心的维护保养

① 日检 日检项目如表 9-16 所列。

表 9-16 日 检

序 号	项 目		正常情况	解决方法
1	液压系统	油 标	在两根红线之间	加满油
		压 力	4 MPa	调节压力螺钉
		油 温	>15℃	在控制面板上打开加热开关
		过滤器	绿色显示	清洗
2	主轴润滑系统	过程检测	电源灯亮油压泵正常运转	保持主轴停止状态并和机械工程师联系
		油 标	油显示油标的 1/2 以上	加满油

续表 9-16

序号	项目		正常情况	解决方法
3	导轨润滑系统	油标	在两根红线之间	加满油
4	冷却系统	油标	油垢面超过油标的 2/3 以上	加满油
5	气压系统	压力	0.5 MPa	调节减少阀
6	油标	润滑油油标	大约中间	加满油

② 周检 周检项目如表 9-17 所列。

表 9-17 周 检

序号	项目		正常情况	解决方法
1	机床零件	移动零件	—	清除铁屑及外部杂物
		其他细节		清扫
2	主轴润滑系统	散热片		
		空气过滤器		

③ 月检 月检项目如表 9-18 所列。

表 9-18 月 检

序号	项目		正常情况	解决方法
1	电源	电源电压	180~220 V/50 Hz	测量、调整
2	空气干燥器	过滤器	—	拆开、清洗、装配

④ 季检 季检项目如表 9-19 所列。

表 9-19 季 检

序号	项目		正常情况	解决方法	
1	机床床身	机床精度	附合手册中图表	和机械工程师联系	
		机床水平			
2	液压系统	液压油	—	仅仅在交货后	更换新油(60 L)
		油箱			清洗
3	主轴润滑系统	润滑油	—	仅仅在交货后	更换新油(20 L)

⑤ 半年检 半年检项目如表 9-20 所列。

表 9-20 半年检

序号	项目		正常情况	解决方法
1	液压系统	液压油		更换新油(60 L)
		油箱		清洗
2	主轴润滑系统	润滑油	—	更换新油(20 L)
3	X 轴	滚珠丝杠	—	注满润滑脂

5. 液压系统异常现象的原因与处理

液压系统异常现象的原因与处理的方法如表 9-21 所列。

表 9-21 液压系统异常现象的原因与处理

异常现象	原　因	解决方法
油泵不喷油	油箱内液面低	注满油
	油泵反转	确认标牌油泵转向,当反转时,变更过来
	转速过低	确认是否按规定转数放置旋转,如果低,调整过来
	油粘度过高、油温低	用温度计确认是否低,如果低,升温
	过滤器堵塞	清洗过滤器
	吸油管配管容积过大	从出油口节口处把空气排出,反启动油泵
	进油口处吸入空气	垫圈是否损伤,立即更换垫圈
	轴和转子有破损处	更换轴或转子
	叶轮从转子槽中出来	拆下转子,清洗毛边尘土
压力过高或过低	油泵不喷油中的任何一个原因	参考 1
	压力设定不适当	按规定压力设置
	压力调节阀线圈动作不良	拆开,清洗
	压力调节控制提开阀动作不良	拆开,清洗
	压力表不正常	换一个正常压力表
	油压系统有漏	按各系统依次检查
压力过高或过低	配管中有空气	排除系统内空气,检查配管是否在油中
	油中混入异物	清洗油箱,换新油
	压力调节控制提开阀片位置不当	拆开它,换一个新片
	使用流量超出阀的额定范围	调整流量
油泵有噪音	油的粘度高(油温低)	升油温
	油泵和吸油管的结合处有空气	在油泵和吸油管结合处盖上黄油或其他的油来确认噪音的变化,如有变化,交换结合处垫圈
	过滤网太小,吸油管堵	清洗过滤网和吸油管
	油泵轴与电机轴不同心	同轴度小于 0.25 mm
	油中有气泡	放出系统中的空气
	与其他控制阀发生共振	设定合适的压力
阀有噪音	流量超过额定流量	适当调整流量

参考文献

[1] 龙光涛. 数控铣削(含加工中心)编程与考级[M]. 北京：化学工业出版社,2006.
[2] 姜爱国. 数控机床技能实训[M]. 北京：北京理工大学出版社,2006.
[3] 赵太平. 数控车削编程与加工技术[M]. 北京：北京理工大学出版社,2006.
[4] 孙立. 数控车床编程与操作[M]. 北京：北京理工大学出版社,2006.
[5] 孙德茂. 数控机床车削加工直接编程技术[M]. 北京：机械工业出版社,2006.
[6] 何平. 数控加工中心操作与编程实训教程[M]. 北京：国防工业出版社,2005.
[7] 方沂. 数控机床编程与操作[M]. 北京：国防工业出版社,1999.
[8] 华茂发. 数控机床加工工艺[M]. 北京：机械工业出版社,1999.
[9] 唐应谦. 数控加工工艺学[M]. 北京：中国劳动保障出版社,2000.
[10] 刘雄伟等. 数控加工理论与编程技术[M]. 第2版. 北京：机械工业出版社,2000.
[11] 李善术. 数控机床及其应用[M]. 北京：机械工业出版社,2001.
[12] 许祥泰,刘艳芒. 数控加工编程实用技术[M]. 北京：机械工业出版社,2000.
[13] 李郝林,方健. 机床数控技术[M]. 北京：机械工业出版社,2000.
[14] 罗学科,张超英. 数控机床编程与操作实训[M]. 北京：化学工业出版社,2001.
[15] 许发樾. 模具制造工艺装备及应用[M]. 北京：机械工业出版社,1999.
[16] 李华. 机械制造技术[M]. 北京：机械工业出版社,2002.
[17] 陈日曜. 金属切削原理[M]. 北京：机械工业出版社,2002.
[18] 余促裕. 数控机床维修[M]. 北京：机械工业出版社,2001.
[19] 王睿,张小宁等. Master CAM 8.X 实用培训教程[M]. 北京：清华大学出版社,2001.
[20] 严烈. Master CAM 8 模具设计超级宝典[M]. 北京：冶金工业出版社,2000.
[21] 邓奕,苏先辉,肖调生. Mastercam 数控加工技术[M]. 北京：清华大学出版社,2004.
[22] 乔福加工中心. VMC850 机床操作说明书.
[23] 北京 DELCAM 公司. POWERMILL 软件操作说明书.
[24] 北京 FANUC 公司. BEJING-FANUC 0i Mate-MB 操作说明书.
[25] 北京 FANUC 公司. BEJING-FANUC 0-MD 操作说明书.
[26] 北京 FANUC 公司. BEJING-FANUC 维修说明书.
[27] 北京 FANUC 公司. BEJING-FANUC 0i Mate-TB 操作说明书.